遺伝子は、変えられる。

あなたの人生を根本から変える
エピジェネティクスの真実

Inheritance
How Our Genes Change Our Lives– and Our Lives Change Our Genes

シャロン・モアレム
Sharon Moalem, MD, PhD

中里京子 訳

ダイヤモンド社

INHERITANCE
by
Sharon Moalem, MD, PhD

This edition published by arrangement with Grand Central Publishing, New York, New York, USA.
Japanese translation rights arranged with Hachette Book Group, Inc., New York
through Tuttle-Mori Agency, Inc., Tokyo

プロローグ——人生も遺伝子も、あなたの手で変えられる

あなたは、中学1年生のときのことを思い出せるだろうか。

クラスメートの顔。先生、事務の人、校長先生の名前。始業や終業のチャイムの音。スロッピージョー〔ひき肉をはさんだバーガー〕が献立に出た日のカフェテリアの匂い。初恋の胸の痛みはどうだろう。いじめっ子にトイレで出くわしてパニックに陥ったときのことは？

そうしたことすべてを鮮明に覚えている人もいるだろうし、中学時代の日々は、子供時代の他の多くの記憶といっしょに、ぼんやりした霧に埋もれているという人もいるだろう。

だがいずれにしても、そうした記憶が今でもあなたの中に残っていることは間違いない。

人は、経験したことすべてを精神というナップサックの中にしまって背負いつづける、という事実は、かなり前からわかっていた。たとえ意識の上に呼び起こせなくても、精神のどこかにとどまり、潜在意識の中にたゆたって、予期せぬときに浮かびあがってくる——本人の都合などおかまいなしに。

だが実際は、もっと複雑だ。人の身体は常に変わって再生しつづけ、いじめっ子や初恋、はたまたスロッピージョーのような些細な記憶までのあらゆることが、ぬぐい去れない印となって残っていく。

さらに重要なのは、それらがゲノムに刻み込まれるということだ。

もちろんこれは、30億個の文字が連なった遺伝的「継承物（インヘリタンス）」について学校で習ってきた話とは違うだろう。グレゴール・メンデルによって19世紀半ばに行われたえんどう豆の遺伝形質に関する研究*が遺伝学の基礎に据えられて以来、「あなたがどんな人間になるかは、祖先から引き継がれてきた遺伝子に完全に依存している」とされてきた。お母さんからちょっともらってきて、お父さんからもちょっともらってきて、ちゃちゃちゃっと混ぜれば、さあ、あなたの出来上がり、とでもいうように。

遺伝に関するこの化石然とした考えは今でも中学校で教えられていて、生徒たちはこうした考えのもとに、目の色、巻き毛、舌の両側を巻いて筒型にする能力、指にあるムダ毛などがどこから来たのかを調べようとして家系図を作る。そうして得た、まるでメンデル自身が石板に書いたみたいな結論は、「お母さんとお父さんがあなたを作った瞬間に、遺伝によって受け継ぐものは完全に決まってしまったのだから、あなたが何をもらったか、何を子孫に与えるかについては、選択の余地などほぼまったくありません」というものだ。

でも、これは完全に誤っている。

なぜなら、たった今も――デスクの前の椅子に座ってコーヒーをすすっていようが、自宅のリクライニングシートに沈みこんでいようが、ジムでサイクリングマシンを漕いでいようが、はたまた国際宇宙ステーションで地球周回軌道に乗っていようが――あなたのＤＮＡは常に改変されつづけているからだ。それは言ってみれば、何千という小さな電球の個々のスイッチが、あなたがやっていること、見ていること、感じていることに応じて、オンになったり、オフになったりするようなものだ。

このプロセスは、あなたがどこでどのように暮らすか、どんなストレスを被るか、何を食べるかなどによって仲介され、調整される。

そして、これらはすべて変えることができる。つまり、あなたは確実に変わることができるのだ――遺伝子的に。**

とは言っても、ぼくらの人生が遺伝子によって形づくられてもいることを否定するわけではない。それは、ほぼ間違いないだろう。実際、ぼくらの遺伝的な継承物――ゲノムを構成しているヌクレオチド〔DNAやRNAを構成する単位となる物質〕の「文字」――は、どんな突飛なSF作家でもほんの数年前まで思いつかなかったような方法で、ぼくらの人生を形づくり、影響をおよぼしていることが判明しつつある。

ぼくらは日々、新たな遺伝の旅路に乗り出すためのツールと知識を増やしつづけている――使い古された海図を人生というテーブルの上に広げ、その上に、自分自身、子供たち、そしてさらなる

＊ グレゴール・メンデルは、1865年2月8日と3月8日にブリュン自然協会でこの研究を口頭発表し、研究結果はそれから1年経って『ブリュン自然科学会誌会報』に論文として掲載された。ところが、英語に翻訳されたのは、ようやく1901年になってからだった。

＊＊ これには後天性の突然変異から、遺伝子の発現と抑制を変えるちょっとしたエピジェネティックな改変まで、あらゆるものが含まれる。

子孫がたどることになる新たな航路を描くために。また、何らかの発見がなされるたびに、遺伝子がぼくらにおよぼす影響とぼくらが遺伝子におよぼす影響の理解もそれだけ深まっている。そしてこの「フレキシブルな遺伝」という考えが、あらゆる物事を変えつつある。

食物と運動。心理と人間関係。医薬、訴訟、教育、法律、権利、長年信奉されてきた定説と深く根差した信念。

こうしたものすべてが変わろうとしているのだ。

死さえもしかり。今の今までほとんどの人は、自分の人生の経験は自分の命が終わるときに消えると考えてきた。だが、それすら誤りなのだ。ぼくらは自分の人生経験の集大成であるだけでなく、自分の両親や祖先の人生経験の集大成でもある。遺伝子は、簡単には物事を忘れない。

戦争、平和、饗宴、飢饉、離散、病気——あなたの祖先がこうしたものを経験して生き延びてきたのだとしたら、あなたもその影響を受け継いでいる。受け継いでいるなら、何らかの方法でそれを次の世代に受け渡す可能性もそれだけ高いというわけだ。

それはがんを患うことかもしれないし、アルツハイマー病、肥満になることかもしれない。あるいは長寿をまっとうできることかもしれないし、ストレスを乗り切る力や、幸福そのものを手にすることかもしれない。

そして受け継いだものがよいものであれ悪いものであれ、それを受け入れたり、拒否したりすることが不可能ではないことをぼくらは学びつつある。

この本は、その道筋を示すガイドブックだ。

ぼくは、医師および科学者として得た人類遺伝学における最先端の知識を日々の診療に応用している。これからみなさんに、その際に使っているツールを披露していこう。ぼくの患者にも引き合わせよう。さらには臨床経験の中から、一般の人々の人生にも大きく関わってくる研究例を取り出し、ぼく自身が関与した研究の一部についても紹介したい。歴史について、芸術について、スーパーヒーローについて、スポーツ選手やセックス産業に関わる人たちについても語ることになる。そして、そうしたことを、あなたが世の中を見る方法、ひいては自分自身を見る見方さえ変えてしまうような事実に結びつけていくつもりだ。

本書ではまた、読者のみなさんに、すでにわかっていることと、まだわかっていないことの境目に張り渡されている綱の上を歩いてもらうことになる。当然それは不安定だが、歩く価値は十分にある。何といっても、そこからの眺めは最高だ。

確かに、世の中を見るぼくの視点は型破りかもしれない。しかし、遺伝性疾患を人間の基本的な生態を理解するためのテンプレートに据えたおかげで、ぼくは、一見無関係な分野を結びつけて画期的な発見を成しとげることができた。このアプローチにより、従来の薬剤が効かないスーパー耐性菌（バグ）を標的にする「シデロシリン」という新たな抗生物質が発見できただけでなく、健康増進を目的としたバイオテクノロジー関連の発明で10を超える国際特許を獲得することもできた。

ぼくはまた、世界最高の医師や研究者と共同作業をする幸運にも恵まれてきた。だれも遭遇したことのない非常に稀（まれ）で複雑な遺伝子疾患の症例に、直にたずさわることもできた。そして長年にわたる仕事を通して、何百人という人々が、この世でもっとも大事な命——彼らの子供たちの命——

を託してくれた。

ぼくは、これらすべてのことを心底真剣にとらえている。

だからと言って、この本の内容は辛いことばかりではない。もちろん、これから見ていくことには心が痛む話もあるだろう。本書のコンセプトの一部は、あなたの深い信念を揺るがすものになるかもしれないし、ぞっとするような考えにも出会うだろう。

けれども、この驚くべき新世界に目を向ければ、あなたは頭を切りかえることができる。自分の生き方を見直すきっかけが得られるかもしれないし、遺伝学的な観点から、自分が人生の今の瞬間にどうやって立ち至ったのかを考える拠りどころにもなるだろう。

そしてこれだけは約束しよう。本書を読み終えるころには、あなたのゲノムすべて、そしてそれが形づくってきたあなたの人生がまったく違って見えるようになる、と。

さあ、遺伝というテーマをまったく新しい見地から見ていく準備が整ったら、人類のさまざまな共通の過去から、現在の困惑に満ちた数々の瞬間を縫って、希望と危険に満ちた将来へと続く道をぼくに案内させてほしい。

そうするなかで、みなさんをぼくの住む世界に招待し、ぼくが遺伝的に受け継いだものをどのように見ているか知っていただこう。まずは、ぼくが物事をどう考えるかについて、具体的に紹介したい。というのは、遺伝学者の考え方がわかれば、これから見ていく世界に入りやすくなるからだ。

そして、ぜひお伝えしたいことがある——遺伝子の世界は心躍る場所で、あなたは厖大(ぼうだい)な発見の時代がまさに幕を開けようとするときに本書に巡りあったのだということを。ぼくらはどこからやってきたのか？　ぼくらはどこへ行くのか？　ぼくらは何を手にしたのか？　ぼくらは何を与えるのか？　こうした疑問は、まだだれも解明していない。

これが、ぼくらのすぐ目の前にある、たとえ避けたくとも避けられない未来の姿だ。

そしてこれこそが、ぼくらが引き継いだ「遺産（インヘリタンス）」なのである。

遺伝子は、変えられる。

目次

CONTENTS

第2章　遺伝子が悲劇をもたらすとき
――アップル、コストコ、デンマーク人の精子提供者が教えてくれる「遺伝子発現」の仕組み

第3章　運命を変える「遺伝子スイッチ」
――トラウマ、いじめ、ローヤルゼリーが導くエピジェネティクスの話

第4章 たった1個の書き間違い、ほんの少しの環境の違い

――骨折だらけの女の子と全身骨化した男性が人類に遺した贈り物

第5章　遺伝子の口に合わない食事
――祖先の食生活、完全菜食主義者、腸内フローラから見えたほんとうの栄養学

第6章 薬が効くかどうかも遺伝子次第
——鎮痛剤で死んだ子と5000歳のイタリア人が変える医療の未来

第7章 右か左か、それが大事だ
——生命というオーケストラの指揮者が奏でる遺伝子のハーモニー

第8章 ぼくらはみんな「突然変異」を抱えてる
——シェルパ、剣呑み曲芸師、遺伝子にドーピングされたアスリートに見る「進化」と遺伝子の関係

第9章 それでもゲノムをハックする？
――遺伝子検査がもたらした新たな選択肢と新たな差別

第10章 染色体を見ても性別が決められない？

――10億人にひとりの「男性」が教えてくれた性差の不思議

第11章 遺伝子とともに生きる

——6000の希少疾患に学ぶ「健康」のほんとうの意味

＊は原著者による脚注、(1)、(2)……は同じく原著者による原注を表す／〔 〕は訳者による注記を表す

第1章

「顔」からゲノムを解き明かす

――「遺伝学者×医師」のちょっと失礼な仕事の流儀

HOW GENETICISTS THINK

医師に勧められた「健康的な食生活」でがんになった男

　ニューヨーク中のレストランというレストランが、菜食、グルテンフリー、3段階の有機認証取得からなる超ヘルシー主義の迷路というウサギ穴に客たちを追い込もうとしている。一時期、少なくともぼくにはそんなふうに見えていた。メニューには星印や脚注がつき、給仕人は、原産地や風味ペアリングやフェアトレード認証の名称のみならず、混乱をきたす各種の脂肪に関する見解、中でも「あれにはいいけど、これには悪い」という紛らわしい性質を持つ各種オメガ脂肪酸に詳しい専門家に変身していた。

　けれどもジェフ(1)は、そんな時流には乗らなかった。といっても、十分な訓練を積み、この大都市のレストランに繰り出す客たちの絶え間なく変わる嗜好(しこう)に精通していたこの若いシェフは、特段ヘルシーな食事を毛嫌いしていたわけではない。単に「体にいい」メニューが最優先されるべきだとは思っていなかっただけだ。というわけで、ほかのだれもがスーパーフードの「フリーカ」や「チアシード」を試していたときにも、ジェフは食欲をそそる、うっとりするほどおいしい、山盛りの肉、ジャガイモ、チーズからなる料理をはじめ、天国で作られたとしか思えない（そして動脈を詰まらせがちな）美食をせっせと作りつづけていた。

　あなたはお母さんから、「人に言うことは、自分でもしなさい」と聞かされて育ったのではないだろうか。ジェフも母親から「人に作る料理は、自分でも食べなさい」と常に言われていた。そこで、ジェフは母の教えに素直に従ったのだった——それも限りなく忠実に！

しかし血液検査で高濃度の「低比重リポ蛋白コレステロール」（心疾患リスクの増大に関わりのある悪玉タイプのコレステロールで、ふつうLDLとして知られている）が示されるようになると、さすがのジェフもついに食習慣を変える必要に迫られた。そして、ジェフの家族歴に明らかな心血管疾患があることを見つけた担当医は、それをただちに実行に移すよう迫った。食習慣の大幅な改善を行って、果物と野菜をたっぷり食べなければ、将来起こりうる心臓発作のリスクを避ける手段は薬を飲むことしかない、と医師は通告した。

その医師にとって、それはことさら例外的な助言というわけではなかった。ジェフのような家族歴とLDLの数値を持つ患者に与えるべきものとして医学部で習い、それ以来ずっと与えてきたアドバイスだった。

当初、ジェフは抵抗した。何といっても、並外れた料理とその食習慣にちなんで業界関係者から「ザ・ステーキ」というあだ名を授けられていた彼にとって、自ら果物や野菜中心の生活に切り変えるようなことは、評判を落とすことにつながりかねないと思われたからだ。

だが結局のところ、彼とともに末永く年を重ねたいと望む美しい婚約者に懇願されて、ジェフも折れた。料理人として積んできた訓練と煮詰めて作るソースづくりの才能を生かし、ジェフは人生のこの新たな章を、まず果物と野菜を日々のレパートリーに加えることから始めたが、それには、そのまま食べるのは気の進まない材料を隠すことが必要だった。ヘルシー志向の親が子供の朝食に出すマフィンにズッキーニを隠し入れるように、ジェフも「ブラック&ブルー」の焼き具合（外側の表面だけが焼けて中は冷たい）のポーターハウス・ステーキに使う照りを出すための煮出し汁や煮詰めたソースに、より多くの果物や野菜を使うようになった。

そうこうするうちに、医師から指示された食習慣のバランスを理解するだけでなく、ジェフはそれに入れ込むようになっていた。肉は、牛肉や羊肉などの赤い色の肉だけを少量食べるようにし、果物や野菜はずっと多めにとり、理にかなった朝食と昼食をとるように心がけた。

こうして3年間にわたって「正しい」食べ方を実践しつづけた結果、コレステロールの値も順調に下がり、ジェフは自分の健康問題は完全に克服できたものと思った。そして、食事療法だけで健康管理に成功したことを誇らしく感じた。ほとんどの人にとって、これはまさにあっぱれな成果と言えるだろう。

けれども、新たな食習慣を厳守すれば絶好調になるはずだと思っていたのに、実のところジェフの体調は以前より悪化していた。バイタリティーが増すどころか、膨満感と吐き気に襲われ、疲労感もとれなかった。そこで、これらの症状について検査を受けたところ、まず軽度の肝臓機能異常が見つかった。そのすぐあとに腹部超音波検査およびＭＲＩ検査が行われ、最終的に肝生検を行った結果、がんが見つかったのである。

それは、だれにとっても驚きだった——とりわけ、担当医にとっては。というのも、ジェフはB型肝炎にもC型肝炎にも（これらは肝臓がんの原因になる）かかっていなかったからだ。彼はアルコール依存症でもなかったし、有毒な化学物質にさらされたこともなかった。

つまり、健康な若者が肝臓がんにかかる典型的な原因のようなことは、何ひとつしていなかったのだ。彼が唯一やったのは食習慣を変えること。それも医師の指示に従って。ジェフは自分に起きたことが信じられなかった。

1日1個のリンゴが健康の素になる人、命取りになる人

ほとんどの人にとって果糖（フルクトース）は、果物に特徴的な甘さを与えている物質でしかない。だがあなたがジェフのように「遺伝性果糖不耐症（HFI）」という稀な遺伝子疾患、つまり遺伝病を抱えていたら、食物として摂取した果糖は、体内で完全には分解されない。* その結果、「フルクトース2リン酸アルドラーゼB」という酵素が十分に生成できないため、毒性代謝物が体内とりわけ肝臓に蓄積するようになる。ジェフのような人には、1日1個のリンゴが、健康の素どころか、命取りになるのだ。

運よくジェフのがんは、早期に発見されたうえ治療が可能ながんだった。食習慣の改善——今度は果糖を避けるという正しい改善——を行えば、彼はこれからも長きにわたって、ニューヨーカーたちの食欲をそそりつづけることになるだろう。

だが、遺伝性果糖不耐症を抱えた人すべてが、ジェフのように幸運であるとは限らない。この疾患を持つ多くの人は一生涯にわたり、ジェフが大量の果物と野菜を食べたときに感じたような吐き気と膨満感に悩まされ、理由はわからないままになる。たいていの場合、だれも真面目に取りあっ

＊　問題を引き起こすのは果糖だけでなく、蔗糖（しょとう）（スクロース）とソルビトール（いずれも体内で分解されて果糖になる）も同じだ。ソルビトールは通常「シュガーフリー」のガムなどに含まれている。

てくれないからだ――担当医でさえ。

そして、気づいたときには手遅れになる。

遺伝性果糖不耐症を抱える人は、人生のある時点で自然に果糖が大嫌いになる人が多い（これが天然の予防策になっている）。そして自分でも理由がわからないまま、この種類の糖を含む食品を避けるようになる。

ぼくがジェフに出会ったのは、彼が自分の遺伝病について知ったすぐあとのことだった。その際に説明したことだが、遺伝性果糖不耐症を抱える人が身体の声に耳を傾けなかったり――そしてさらに悪いことに、医師から正反対の医学的助言を与えられたりすると――最終的には、卒中や昏睡、そして臓器不全やがんによって早すぎる死を迎えることになる可能性がある。

だがありがたいことに、状況は変わりつつある。それも急速に。

ついこの前まで、どんな人でも――たとえ世界一の金持ちでも――自分のゲノムを覗き見るようなことはできなかった。そもそもそんな科学技術が存在しなかった。けれども今日では、エクソーム解析（全ゲノムのうち、1・5パーセントほどのエクソンの配列のみを網羅的に解析する手法）や全ゲノム解読のコスト、すなわち、ぼくらのDNAを構成する数百万個のヌクレオチドの「文字」という貴重な遺伝的スナップショットを見るのにかかる費用は、高品質の大型テレビを買うより安くてすむ[2]。そしてその価格は、日を追って下がっている。今まで見たこともなかった遺伝子データの真の「洪水」が到来したのだ。

では、これらの文字に何が隠されているのかというと、何よりもまず、そこにあるのは、ジェフとその医師が遺伝性果糖不耐症と高コレステロール血症によりよく立ち向かうために活用できたはずの情報だ。つまり何を食べ、何を避けるべきかについて、自分に適した判断を下すためにだれもが使える情報である。あなた以前にこの世に存在していた先祖全員のモノグラムが付された、あなた個人への贈り物であるこの知識があれば、何を食べるべきかについて——さらには後に見ていくことだが、どのような人生を選ぶべきかについても——知識に基づいた適切な判断を下すことができるようになる。

とはいっても、ジェフを担当した最初の医師が間違っていたと言うわけではない。少なくとも伝統的な医療という見地から考えれば、その医師は正しいことをしていた。というのも、ヒポクラテスの時代以来、内科医は常に、以前手がけた患者の病態に照らして新たな患者の診断を下してきたからだ。最近このコンセプトはさらに拡大され、統計学を駆使した高度な研究が応用されている。最大数の患者に効果がある治療法は何かを医師に教えるため、苦労しながらパーセンタイル値を導き出すようなことまでやっているのだ。

もちろん、それはそれで結構だ——ほとんどの人にとって。ほとんどの場合は[*]。だがジェフは、ほとんどの人とは違っていた。ほとんどの場合からも外れていた。実は、あなたもジェフと同じなのだ。ぼくらはみな、ひとりひとり違うのだから。

＊　これについては、第6章でさらに詳しく検討する。

あらゆる人が、突然変異を抱えている!?

最初にヒトゲノムの塩基配列が解読されてから、すでに10年以上が経つ。今では世界中にいる人々のゲノム全体または一部が判明しているが、「平均的」な人などひとりも――絶対に――いないことがわかっている。実際、最近ぼくが関与したある研究プロジェクトでも、こんなことがあった。遺伝的な基準値を作成する目的で「健康である」とみなした人たちすべての遺伝子配列に、それまで健康的だと考えられていた配列と一致しない何らかのタイプの変異*が必ず見つかったのだ。こうした変異は「治療のための標的となりうる」変異であることが多い。すなわち、それが何であるかがすでに判明していて、何ができるかについてもある程度までわかっている変異だ。

もちろん、だれもがジェフの遺伝子変異ほど人生に与えるインパクトの大きい変異を抱えているわけではないだろう。だが、そうだからといって、このような変異を無視していいということにはならないはずだ。とりわけ、そうした変異を見つけ、評価し、ますます個人に特化した方法で介入できるようになりつつある今日ではなおさらだ。

それでも、あらゆる医師が患者に代わって対策を講じるツールを持っているわけでも、その訓練を積んでいるわけでもない。彼らのせいではないものの、多くの医療従事者は――したがってその患者も――疾患治療の考え方を変えさせるような科学的発見が生じているのに、そうした状況から取り残されてしまっている。

医師の状況をさらに悪化させているのは、今や遺伝学を理解するだけでは足りないという現実だ。

今日の医師は「エピジェネティクス」、すなわち1世代のあいだに遺伝形質がどのように変化し、変化させられるか、さらにはその変化がどのようにして次の世代に引き継がれるかを研究する学問の知識も身につけていなければならない。

そのひとつの例が「ゲノム刷り込み（インプリンティング）」だ。この場合、母親と父親のうち、どちらから特定の遺伝子を受け継いだかが、実際に受け継いだ遺伝子そのものよりも重要になることがある。プラダー・ウィリー症候群とアンジェルマン症候群は、このタイプの遺伝を示す好例だ。一見すると、これらふたつの症候群は完全に別個の病気に見える。そして、実際、症状が異なる別個の疾患なのだ。しかし遺伝学的に少し掘り下げて見ると、刷り込まれた同じ遺伝子をどちらの親から受け継いだかによって、いずれかの疾患になることがわかる。

1800年代の半ばにグレゴール・メンデルが記述した単純な2値（バイナリ）形質遺伝の法則を長いこと教義として崇めてきた今日の世界では、急激に登場しつつある21世紀の遺伝学に、多くの医師が置き去りにされて途方に暮れている。その差は、まるで馬車の脇を新幹線が走っているようなものだ。

もちろん、医学は最終的には正しい知識に追いつくことだろう。今までもいつだってそうだった。だが、あなたは、そのときがくるまで（そして正直なところ、そうなったあとも）できるだけ多くの正しい情報で身を守りたいと思わないだろうか？

＊ このような変異の一部については臨床結果を医学的に確定することができないため、「意義不明の変異」と呼ばれている。

よし。そうくると思った。だからここで、ジェフに初めて出会ったときにぼくがしたことを、これからみなさんにもして差し上げたい。それは検査だ。

遺伝学者の診察室へようこそ

ぼくはいつも、何かを学ぶ最善の方法は、現場に身を置いて、実際にやってみることだと思っている。

だからここでも、さっそく腕をまくって始めたい。

いや、そうじゃなくて、腕をまくるのはぼくではなく、あなたのほうだ。でも心配はご無用。注射針を刺して、血を抜くようなことはしないから。腕をまくる目的はそれではない。ぼくが最初にするのは採血だろうとよく思われるが、それは誤解だ。ぼくがしたいのは、ただ、あなたの腕をじっくり見ること。皮膚の触感を調べて、肘を曲げるところを見たい。そして、手首に指をはわせて、手の平の皺をじっくり見たい。

それだけで——血液も唾液も髪の毛も検体として使わず——あなたの最初の遺伝子検査は終了だ。ぼくはすでにあなたに関して、かなりのことを知っている。

医師が患者の遺伝子に関心を示したときには、まずそのＤＮＡを調べるはずだと考える人も少なくないだろう。人のゲノムの構成状態を研究する細胞遺伝学者の中には、実際に顕微鏡を使って人々のＤＮＡを覗き見る者もいるが、それは通常、ゲノムの「染色体」がすべて揃っているかどうか、そしてその数と特定の順序が適切であるかどうかを調べるためだ。

染色体はごく小さく、その長さは数ミクロン〔1ミクロンは1ミリメートルの1000分の1〕しかないが、適切な環境を整えれば実際に見ることができる。さらには、染色体の一部や染色体自身が欠損していないか、重複していないか、逆位〔染色体の一部が切断され、180度回転して元の場所に結合すること〕になっていないか、というようなことまで目にすることができる。

では、個人の遺伝子、つまりあなたをあなたたらしめる、ごくごく小さく、非常に特化したDNAの配列はどうか？　それはもっと難しい。たとえ倍率の限界まで拡大したとしても、DNAはぐじゃぐじゃになった紐のようにしか見えない。ちょうど、きれいに包装されたバースデープレゼントに結ばれている、カールしたリボンみたいなものだと言えばいいかもしれない。

とはいえ、そうしたプレゼントの包装を解いて、その中にある個々の断片すべてを見る方法はある。通常その場合は、DNAの鎖を温めてほどき、酵素を使ってコピーを作製したあと特定の部分で切断し、化学物質を加えて可視化するというプロセスをたどる。その結果示されるのは、どんな写真やX線やMRIよりも、ずっと詳しくあなたのことを教えてくれる設計図だ。そしてこのことはきわめて重要だ。なぜなら、DNAをそこまで詳しく調べられるプロセスは、医学にとって、とても重要な意味を持つからだ。

だけど、ぼくがこの時点で興味を抱いているのは、そういうことではない。何を探すべきかがわかっていれば――耳たぶにある細い横向きのしわや、眉毛の特徴的な曲線など――身体の特徴を特定の遺伝子疾患あるいは先天的疾患と結びつけることによって、すぐに医学的な診断が下せるのだ。

今、ぼくがあなたを見ているのも、そのためだ。

ぼくが何を見ているのかを知りたければ、鏡を手に取るか、浴室に行って、あなたの美しい顔を見てみてほしい。ぼくらはみな、自分の顔ならよく知っている——と思い込んでいる。だから、まずは、自分の顔をとくと見ることから始めよう。

あなたの顔は左右対称だろうか？　両目は同じ色だろうか？　目は引っ込んでいないか？　唇は、ふっくらしているか、それとも薄いか？　額は広いだろうか？　こめかみは狭いだろうか？　鼻は大きいほうか？　顎（あご）がとても小さくないか？

さて、今度は両目のあいだをよく見てほしい。両目のあいだに、架空の目を1個入れられるスペースがないだろうか？　もしあるとすれば、「眼窩隔離症（がんかかくりしょう）（*orbital hypertelorism*）」という遺伝病を抱えているかもしれない。

いやいや、落ち着いてほしい。ときどき、ある特定の疾患や身体的特徴を同定しようとするとき——そして「イズム（ism）」という文字が最後に来る病名をつけるときには確実に——医師は患者を警戒させてしまう。けれども、たとえあなたの目がやや隔離症気味だったとしても心配するにはおよばない。実のところ、もし両目がほとんどの人よりやや離れていたら、あなたは美男美女グループの一員なのだ。ジャッキー・ケネディ・オナシスやミシェル・ファイファーは、その隔離症気味の両目のおかげで、ふつうの人から抜きん出た存在になっている。

人の顔立ちを見るとき、ふつうよりほんの少し離れた両目を目にすると、ぼくらは無意識のうちにメロメロになってしまうらしい。社会心理学者も、それを実証している。男性も女性も、少し離れ気味の目を持つ人の顔を、より感じがいい顔として評価する傾向があるというのだ[3]。実際、モデルエージェンシーは、新人タレントを募集するときに、この特徴を探す——それも、ここ何十年もそうしてきたらしい[4]。

どうして美しさと隔離症は結びつくのだろうか？　その理由を教えてくれるのは、意外なことに、19世紀フランスのカバン職人(マルティエ)、ルイ・ヴィトンだ。

ルイ・ヴィトンと生物学的なトレードマーク

おそらくあなたは、ルイ・ヴィトンのことを、世界でもっとも値段が高くて美しいハンドバッグのメーカーのひとつで、今日、世界中の人々の垂涎(すいぜん)の的になっている高級ブランドを築き上げたファッション帝国の創始者として知っていることだろう。しかし、若きルイが１８３７年に初めてパリにやってきたとき、彼の野望はもっとずっと控えめなものだった。当時16歳だったルイは、裕福なパリジャン専用の旅行荷物の荷造り人をしながら、頑丈な旅行用トランクの製造で有名だった地元の店の徒弟になった（昔、おじいさんの家の屋根裏部屋にあったような、ステッカーがたくさん貼られたトランクが想像できるだろうか。そういったトランクを作っていた店だ[5]）。

今日、スーツケースはひどくぞんざいに取り扱われているように見えるかもしれないが、昔はもっとひどかった。船旅がふつうだった時代、そして安くて新しいスーツケースを地元のデパートで買うことなどできなかった時代、旅行トランクはものすごく手荒な扱いに耐える必要があった。ルイ・ヴィトンのトランクが登場する前、そうしたトランクのほとんどは防水性を備えていなかったので、水を流し落とすために上部は半球形になっていた。そのため積み重ねにくく、耐久性も低かった。ルイの優れた発明のひとつは、素材を革から蝋引きの帆布に変えたことである。これにより、トランクには防水性が備わっただけでなく、上部が平らなデザインを採用することが可能になって積みあげられるようになったため、内部に収められた衣類や物品を乾いたまま無事に保つことができるようになった。これは、当時の船積みの状況を考えると画期的なことだった。

だが、ルイは問題を抱えていた。トランクの設計にまつわる問題やコストに関する知識のない顧客に、自分の旅行トランクは高価だけれども品質が優れていると、どうやったら伝えられるだろうか? それは噂好きなパリでは問題にならなかったものの（優れた鞄メーカーが必要としていた唯一のマーケティング手段は口コミだったから）、この「光の都（ラ・ヴィル・リュミエール）」の外でビジネスを成長させるのは、ずっと難しい問題だった。

このジレンマに輪をかけたのは、ルイとその子孫をずっと悩ますことになった課題、いわゆるコピー商品の件である。そこで、ライバル鞄メーカーが箱型デザインを（その優れた品質抜きで）真似しはじめたとき、ルイの息子、ジョルジュが考えついたのが、LとVのからんだロゴを付すという優れたアイデアだった。それは、フランスで初めてトレードマークとして商標登録されたブランドデザインのひとつになる。このロゴをひと目見ただけで、購入者は本物だとわかるはずだ、とジョルジュは考えた。ロゴはまさしく高品質の証だったのだ。

しかし、こと生物学的な品質になると、ヒトは明確にわかるロゴを持って生まれてくるわけではない。そこでぼくら人間は、数十万年におよぶ進化の過程で、人を品定めするための荒削りな方法を発達させてきた――ひと目見ただけで、知りたい3つの重要な品質がわかる方法、すなわち、親類関係、健康、親としての適性に関する品質を知る方法である。

「目」を見るだけでここまでわかる

「ねえ、あの子、お父さんにそっくりね」――こうした血縁関係を示す顔つきの類似性を除けば、顔つきがどこから来るのかについて考えることは滅多にないだろう。

しかし、顔の特徴が形成されていく様子は、まるで複雑きわまる胚発生についての巧緻な舞踊劇(バレエ)とでも言うべき、心躍る物語だ。そして母親の胎内で生じたどんな微々たる発生上のエラーも、ぼくらの顔に永遠に刻まれて衆目にさらされることになる。受精し、胚になって約4週間経ったころから、人間の顔の外面は、5つのふくらみから発達しはじめ（最終的に顔になる5つの粘土の塊のようなものだと想像してほしい）、やがてくっつき、形づくられ、融合し、最終的にひと続きの面になる。そうした領域がスムーズにくっついて融合することができないと、空間が残って「顔面裂(がんめんれつ)」と呼ばれる裂け目が生じる。

こうした裂け目は、深刻な問題になるものもあれば、そうでないものもあり、単に顎の先の小さなくぼみですむこともある（俳優のベン・アフレック、ケイリー・グラント、女優のジェシカ・シンプソンは、この「割れ顎」の例だ）。これは鼻にも生じる（スティーブン・スピルバーグやジェラール・ドパルデューの鼻を思い出されたい）。一方、深刻な場合は、皮膚に大きな裂け目を残し、筋肉や組織や骨をあらわにして、感染症の侵入地点となってしまう。

顔は非常に多面的なため、人間のもっとも重要な生物学的トレードマークの役割を果たすことができる。ちょうどルイ・ヴィトンのロゴのように、顔は、ぼくらの遺伝子や、顔面を発達させた遺伝子の仕事の出来栄えについて、多くのことを教えてくれるのだ。顔が伝える合図が何を意味するのかもわからなかった原始の時代から、そうした特徴に人が注意を払うようになったのも、まさしくそのせいにほかならない。顔の特徴という合図は、周囲の人を評価し、ランクづけし、共感を抱くための手っ取り早い手段だったのである。

というわけで、ぼくらが自分や他人の顔をこれほどまでに重要視するのは、単なる軽薄な動機を超えていると言えるだろう。好むと好まざるとにかかわらず、顔はその人の発生と遺伝的な歴史をつまびらかにする。さらには、その人の脳についても多くのことがわかるのだ。

顔の情報は、脳が正常な状況で発達してきたかどうかを明らかにする場合がある。人を品定めする遺伝子ゲームの世界では、ほんの1ミリが大きく物を言う。だからこそ人々は、文化や世代を超えて、ふつうの人よりやや離れた目を持つ人にとくに惹かれるのだ。両目のあいだのスペースは、400以上の遺伝病の特徴になっている。

たとえば「全前脳症」は、脳のふたつの半球が正しく発達できない疾患で、症状は発作や知的障害であることが多いのだが、それと同様によく現れる症状が「両眼近接症」、すなわち両目が非常にくっついた外見だ。両眼近接症はまた、アシュケナージ・ユダヤ人〔ヨーロッパ系ユダヤ人〕と南アフリカの黒人の子孫によく見られる「ファンコーニ貧血」にも関連づけられている。[6] この疾患は、進行性骨髄機能不全をもたらすことが多く、悪性腫瘍のリスクも高い。

眼窩隔離症と両眼近接症は、遺伝と物理的環境を結びつける発達ハイウェーに立っている、ほんのふたつの道しるべに過ぎない。ほかにも探すべき目印はたくさんある。

ということで、これからそんな目印をいくつか探しに出かけるとしよう。

ここでまた鏡を見てほしい。あなたの目尻(めじり)は目頭(めがしら)より下がっているだろうか？　それとも、目頭より吊りあがっているだろうか？　医学用語では、上まぶたと下まぶたのあいだの皮膚の切れ目のことを「眼瞼裂(がんけんれつ)」と呼び、もし目尻が目頭より吊りあがっていると、「眼瞼裂斜上(がんけんれつしゃじょう)」と言う。アジア人の子孫の多くの人々にとって、これはまったく正常なことであり、自分たちの特徴でもある。でも、それ以外の人の子孫にとって、はっきりした眼瞼裂斜上があるということは、21番染色体のトリソミー〔三染色体性。正常な一組（2本）の染色体に加えて1本多く染色体を持っていること〕が原因の「ダウン症候群」のような遺伝病の特異的な兆候を示している可能性がある。

一方、目尻が目頭より下がっている場合は、「眼瞼裂斜下(がんけんれつしゃげ)」と呼ばれる。これもまったく問題ないことが多いものの、結合組織の遺伝病「マルファン症候群」の兆候である場合もある。映画『カッコーの巣の上で』のフレドリクソン、『初体験／リッジモントハイ』でヴァーガス先生を演じた俳優のヴィンセント・スキャヴェリは、この病気を抱えていた。キャスティング・エージェントは、スキャヴェリのことを「悲しい目つきの男」と呼んでいたが、その生物学的理由を知る者にとって、彼の目は、偏平足、小さな顎などのいくつかの身体的特徴とともに、遺伝病を示していた。マルファン症候群は、治療しないと、心臓病と早死にをもたらす。
マルファン症候群より身体機能が損なわれる度合いは低いものの、疾患を発見するための同じ原則が当てはめられる病気に「虹彩（こうさい）異色症」がある。これは、左右の目の色が異なる疾患だ。よくある原因は、メラニンを作り出す細胞「メラノサイト」が、胚の発育につれて移動する際、左右の目に不均等に分布してしまうことだ。この特質を持つ人の例として、デヴィッド・ボウイを思い浮かべる人がいるかもしれない。彼の両目の色の違いは、かつて大きく取り上げられたものだった。だが、よく見てみると、ボウイの場合、左右の目の色が違うのではなく、片方の目の瞳孔が完全に開いてしまっていたために色が違って見えていた。その原因は高校生時代に女の子を取りあった喧嘩だったという。

ミラ・クニス、ケイト・ボスワース、デミ・ムーア、ダン・エイクロイドは、本物の虹彩異色症クラブに属すメンバーだ。とはいえ、彼らのいくらか、あるいは全員を知っていたとしても、左右の目の色の違いには気づけなかったかもしれない。虹彩異色症は目立たないことが多いのだ。

おそらくあなたの友人にも虹彩異色症のある人がいるけれども、あなたはその特徴に気づいていない、ということがあるかもしれない。なぜかというと、ふつう、友人や知り合いの目をじろじろ見たりはしないからだ。とはいえおそらく、そういう目を持つ人のことは、無意識のうちに記憶に刻みこまれているだろう。

ぼくらが人の目を記憶に留めるのは、恋人や配偶者の瞳を別にすれば、それが完璧にカットされたアクアマリンみたいに明るく青く輝く瞳に出会ったときかもしれない。青い瞳は、胎内発生時にメラノサイトが、あるべきところに到達できなかったために生じる美しいエラーだ。

もし、その青い瞳の上に白い前髪がかかっていたとしたら、ぼくはすぐに「ワーデンブルグ症候群」を疑うだろう。色の抜けた白い髪の房、虹彩異色症の目、幅広い鼻梁（びりょう）、そして難聴があれば、この疾患を抱えている確率は高い。

ワーデンブルグ症候群にはいくつかタイプがあるが、もっともよく見られるのがI型だ。このタイプは、細胞が胎児の脊髄から移行する方法に重要な影響を与える「PAX3（パックス・スリー）」という遺伝子の変異が引き起こす。

ワーデンブルグ症候群の人々における遺伝子の働きの研究は、もっと一般的な疾患を理解するのに役立つ。なぜかというと、PAX3遺伝子は、もっとも致命的な皮膚がんの一種である「黒色腫」に関与していると考えられているからだ。このように、人間の身体内部の見えない働きが、発生過程における稀な例外に引き起こされる遺伝病を調べることで明らかになる場合は少なくない。(7)

妻の「余分なまつげ」は、病気なのか？

さて今度はまつげの話をしよう。もともと素晴らしいまつげに恵まれている人もいるだろうが、実は、望ましいまつげを追い求めて一大産業が生まれているのだ。もっとフサフサさせたければ、エクステンションをつけたり、「ラティース」という名で市販されている育毛剤を塗ったりすることもできる。

だが、そんなことをする前に、ご自分のまつげをよく見て、2列以上生えていないかどうか調べてほしい。もし余分なまつげが部分的あるいは1列全体にわたって生えているとすれば、「睫毛重生症」という病気を抱えている可能性があるからだ。もしそうだったら、ここでもあなたは有名人の仲間入りだ。女優のエリザベス・テイラーもそのひとり。興味深いことに、余分なまつげの列は、FOXC2（フォックス・シー・トゥー）遺伝子の突然変異が関わる「睫毛重生症リンパ浮腫症候群（LD）」の症状のひとつだと考えられている。

この症候群の名前の一部になっている「リンパ浮腫」は、リンパ液の排出が通常より滞ると起きる。長時間のフライトでずっと座っていると靴がきつくなるのも、そのせいだ。飛行機内に閉じ込められた状況では、リンパ液の滞留はとくに脚に生じる。

しかし、まつげの列が余分にある人すべてが浮腫に悩まされるわけではなく、なぜそうならないのかも、はっきりしていない。あなた自身、またあなたの愛する人が余分なまつげの列を持っていたのに、今まで気づかなかったということもあるだろう。

こうやって意識的に相手を見はじめると、びっくりするようなことがわかる場合がある。ぼくがディナーの席に家内と座っていたときに起きたのも、まさにそれだった。ぼくはそのとき初めて、家内の上まぶたのまつげが豊かなのは、マスカラのせいではないことに気づいたのだ。彼女は睫毛重生症だったのである。

家内にはLDにまつわる他の症状がまったくなかったものの、5年以上も結婚生活を送っていて睫毛重生症に気づかなかったことには、心底びっくりしてしまった。この発見はぼくにとって、結婚してしばらく経ってからも配偶者に新たな面を見つけることがあるという考えに、まったく新しい遺伝子的な意味を加えることになった。まさか、自分がまつげの余分な列を見逃すとは、思ってもいなかったから。

この例は、人間の顔というものは、遺伝学的に広大な未踏の地であることを示している。必要なのは、見方を知ることだ。

これまでの時点で、あなたは自分の顔に、遺伝病を示唆する特徴を少なくともひとつは見つけられたのではないだろうか。とはいえ、そうした特徴が実際に病気をもたらしている可能性は非常に低い。実は、どんな人でも何らかの「異常」を抱えている。そのため、たった1個の身体的特徴が病気に関連づけられることはまずない。両目の間隔や傾き、鼻の形、まつげの列の数といった特徴をひとつずつ分析して組み合わせて初めて、ようやくその人に関する厖大な情報を得ることができるのだ。

そして、この「ゲシュタルト」つまり、部分の寄せ集めではなく、まとまりとしてとらえた全体像こそ、ゲノムを詳しく調べることなく遺伝子診断が下せる根拠になる。もちろん、臨床で得た疑いは、遺伝子検査を行うことによって確認されることが多いものの、特定のターゲットなしにある人のゲノム全体をしらみつぶしに調べるのは、ほんの少しほかと違う1個の砂粒を、広大な砂浜の中で探すようなものだ。それは、しり込みするほど骨の折れる作業になるだろう。

つまり、探したいものを知っているに越したことはないのだ。

マナーをとるか、診察をとるか
――パーティー中の遺伝学者の困った癖

最近ぼくは、家内の友人が開いたディナーパーティーに招かれた。女主人(ホステス)を含め、その晩の出席者に出会ったのは初めてだったが、ぼくはとくに女主人の顔から目が離せなくなってしまった。その女性、スーザンは、やや離れた目をしていた(眼窩隔離症)。その程度は微妙で、気づく人もいれば、そうでない人もいるという程度だった。鼻は、ほかの人に比べれば、鼻梁のあたりがやや平らだった。紅唇(こうしん)の山はかなり広くてはっきりしていた(これは医者の職業用語で、上唇の形のこと)。それから背は低いほうだった。

そして、髪の毛が両肩の上で跳ねるのを見るにつれ、ぼくはその下の首がのぞけないかと目を凝らした。壁にかかっていたフランソワ・トリュフォーの1959年の映画『大人は判ってくれない』の珍しいポスターを眺めるふりをしながら、ぼくは自分の首をできるだけ目立たないようにひねって、彼女を盗み見ようとした。

ぼくのあからさまな覗き見に、家内が気づくのに長くはかからなかった。

「まあ！　また見てるのね」と家内は言った。「スーザンをそんなふうに見るのをやめないと、みんな誤解するわよ」

「無理だよ。この前、こうやって初めてきみのまつげに気づいたこと、覚えてるだろ？」ぼくは言った。「目が離せなくなる場合があるんだ。でも、スーザンは、ほんとにヌーナン症候群だと思うよ」

家内はあきれたように、目をぐるりと回した。これから何が起こるか、よくわかっていたからだ。

ぼくはその晩ずっと、ひどい客になるだろう。招いてくれた女主人の外見が示している病気のことで、頭がいっぱいになってしまうだろうから。

問題はこうだ。ひとたび何を見るべきかがわかると、マナーは二の次になってしまう。そして、そうならないようにするのは、ほぼ不可能なのだ。あなたは、こんな話を聞いたことがあるかもしれない。医師の大部分は、救急医療隊員が到着する前に自分が交通事故の現場に出くわしたら、すぐにその場で立ち止まって、助けを必要としている人に治療を施すのが自分の務めだと思っていると。だとすれば、重篤で命さえ奪いかねない症状の兆候を見抜く訓練を受けたぼくのような医師は、他の人にはわからない異常を見つけたときに、どうふるまうべきなのか？

スーザンの特徴を目で探るあいだ、ぼくは大きな倫理的ジレンマを抱えていた。女主人と他の客は、ぼくの患者ではないし、自分がかかっているかもしれない遺伝的または先天的疾患の診断を得るためにぼくを招いたわけでもない。それに、この女性には出会ったばかりだ。どうやって話を切り出せばいいだろう？　むしろ、どうやったら、その特徴的な外見について、うっかり口を滑らさないようにできるだろう？

目、鼻、唇、そしてこの疾患のトレードマークである、首と肩の結合部にある「翼状頸（よくじょうけい）」と呼ばれる皮膚のひだにより、スーザンがこの遺伝子疾患を抱えている可能性は高かった。将来子供に遺伝することのほかに、ヌーナン症候群は心臓病、知的障害、血液凝固能の低下を含むさまざまな症状を引き起こすと考えられている。

この症候群は、関連する形質がさほど珍しいものではないため、いわゆる「隠れた疾患」と呼ばれる病気のひとつになっている。余分なまつげの列のように、意識して探さなければ、見過ごしてしまう可能性も高い。それでも、去り際に女主人のところに行って、「お招きありがとうございました。テンペはとてもおいしかったです。ところで、あなたは死に至る可能性のある常染色体優性遺伝子疾患を抱えていることをご存じですか?」などと言うわけにはいかなかった。

そうする代わりに、ぼくは結婚式の写真を見せてほしいと頼むことにした。ヌーナン症候群はその因子を持つ親から引き継がれることがふつうなので、親の写真を見れば、スーザンがほんとうにヌーナン症候群を抱えているかどうか、はっきりさせることができると思ったからだ。2冊目のアルバムを見終わり、花嫁と母親がいっしょに写っている写真を何十枚も見たあと、親子が同じ身体的特徴を共有していることは明らかになった。

「やっぱり」とぼくは思った。「ヌーナンだ」と。

「わぁ」やわらかく切り出すつもりで、ぼくはスーザンに言った。「きみは、ほんとうに、お母さんそっくりだね」

「ええ、よくそう言われるの」これがスーザンの最初の言葉だった。「実は、奥さまから、あなたのお仕事のことをちょっと伺ったんだけど……」

その時点ではまだ、会話がどの方向に進むのかわからなかった。でも、ありがたいことに、スーザンは自分から助け舟を出してくれた。

「母とわたしは、遺伝性の病気を抱えているの。ヌーナン症候群というのだけれど、ご存じかしら?」

あとでわかったことだが、スーザンはこの病気のことをよく知っていた。ぼくよりずっと長く彼女を知っていた友人たちは、自分たちはほとんど気づかなかったわずかな身体的差異に基づいてぼくがヌーナン症候群の診断を下したことに驚いた。

でも正直に言うと、そうした診断は医師を待つまでもなく、だれにだって下せる。あなたもダウン症候群の人を見たときに、そうしたことがあるだろう。眼瞼裂斜上、短めの腕や指（「短指症」と呼ばれる）、低い位置にある耳、平らな鼻梁といったダウン症候群のはっきりした特徴を目がとらえたとき、あなたは素早く遺伝診断をしていたのである。あなたは、そう意識して考えなかったかもしれないが、これまでの生涯でダウン症の人を見てきた経験から、無意識のうちにその特徴に関する記憶のチェックリストに照らして、妥当な医学的結論を下したのだ[8]。

ぼくらは、同じことを何千種類もの疾患について行うことができる。そして、それに長けるにつれ、そうしないことが難しくなる。

そんな癖はうっとうしいし（家内の言葉に明らかだ）、ディナーパーティーを台無しにしてしまうかもしれないが、とても重要なことでもある。というのは、外見だけが、遺伝子疾患や先天性疾患の存在を教えてくれることがあるからだ。信じがたいかもしれないが、このあとすぐに見ていくように、ほかに信頼できる手段がまったくない場合もあるのだ。

「見た目」でしか見つからない遺伝病がある——診察の続き

さてここでまた、あなたの鼻の下を注意して見てほしい。２本の縦線が人中（じんちゅう）〔鼻の下のくぼみ〕を形づくっていると思うが、これは、ちょうど2枚の大陸棚が衝突して山脈を築くように、胚発生の段階でふたつの組織が移動して交わったためにできたものだ。

先に、ぼくらの顔はルイ・ヴィトンのロゴに似ていると言ったのを覚えているだろうか。つまり顔の特徴は、遺伝学的品質と発生歴を示す合図になる。さて、もしあなたが人中を探すのに苦労していて、鼻の下がどちらかと言えば平らで、両目がやや小さかったり離れたりしていて、鼻が上を向いているとしたら、あなたの母親は妊娠中にお酒を飲んでいて、あなたに、胎児性アルコール・スペクトラム障害（FASD〔エフエイエスディー〕）と呼ばれる症状をもたらしてしまったのかもしれない。FASDは、一般に、複数の深刻な疾患が集まったものと考えられているため、この名称を聞いた人は縮み上がってしまう。もちろん、そのとおりの場合もあるが、発現の度合いが軽く、ほんの少しの顔面の兆候ですむ場合もある。いずれにせよ、過去10年間に医学と遺伝学において素晴らしいブレイクスルーがいくつも生じたにもかかわらず、あなたが今実際にやってみた目視検査以外にこの障害を発見する決定的な検査はまだないのだ[9]。

さて、ここで手を見てみよう。特定の形質とそれらの組み合わせが、いかに人の遺伝子構成に関する情報をもたらしてくれるかがわかった今、あなたはぼくが見る方法で自分の指を見ることができるようになっているはずだ。まず、手の平の線を見てほしい。主な線は何本走っているだろうか？ぼくの場合は、カーブした太い線が親指の根元をとりまくように縦に1本走り（手相で言う生命線）、4本の指のつけ根に並行して2本、線が走っている。

もしかしたら、指のつけ根との平行線が1本だけということはないだろうか？　この所見は、トリソミー21とFASDに関連づけられている。でも、安心してほしい。というのは、少なくとも片方の手に1個の異常があっても、それ以外に遺伝子疾患を示す兆候がまったくないという人は10パーセント近くもいるからだ。

では指はどうだろう。過度に長いということはないだろうか？　もしそうであれば、「クモ指症」*を抱えているかもしれない。これは、マルファン症候群などの遺伝子疾患に関連づけられている。

また、指は先端に向かってすぼまっていないだろうか？　爪床（爪が載っている肉の部分）が深くへこんでいないだろうか？　今度は小指をじっくり見てみよう。それは真っ直ぐだろうか？　それとも、他の指の方向に傾いていないだろうか？　大きく傾いている場合は「斜指症」という疾患を抱えているかもしれない。これは、60種類以上の症候群に関連している場合もあるし、単独の変形で、まったく無害であることもある。

親指を調べるのも忘れないように。幅は広くないだろうか？　足の親指みたいに見えないだろうか？　もしそうだとしたら、D型短指症かもしれない。そうなら、あなたは女優でファッションモデルのミーガン・フォックスと同じ遺伝子クラブの仲間だ。とはいっても、2010年スーパーボウルのモトローラCMに出演した際のフォックスの親指は「替え玉」だったから、そのCMを見てもわからない。[10] D型短指症はまた、腸の働きに影響を与える疾患「ヒルスシュプルング病」の兆候

* 英語名は*Arachnodactyly*。細くて長い指がクモの脚を連想させるためこう呼ばれる。

である場合がある。

次の観察には、少しプライバシーが必要になるかもしれない。もしこの本を自宅や、人目を気にしないですむところで読んでいるのだったら、靴と靴下を脱いで、足の2番目と3番目の指をそっと開いてみよう。もしそのあいだに、水かきのような余分な皮膚があるとすれば、「合指症I型」と呼ばれる疾患に関連づけられている第2番染色体長腕（ちょうわん）の変異がある可能性が高い(11)。

ぼくらの手は、発生初期にはみなグローブみたいな形をしていて、発達するにしたがって指のあいだの水かきのような部分がなくなっていく。というのは遺伝子が、手や指のあいだの皮膚細胞にアポトーシス（自然死）するよう働きかけるからだ。

ところが、ときおり、そうした細胞が居座りつづけることがある。そうなったとしても、手や足については、この世の終わりということにはならない。身体機能を損なう稀なケースの合指症も、たいがいは手術で矯正することができる。それに、足の指のあいだにある余分な皮膚をクリエイティブに使う人たちも増えてきた。ふつうの人には持てないおまけの皮膚にタトゥーを入れたり、ピアスの穴を開けたりして、ヒップスターのような注目を集めている。

もしあなたに、こうした症状があるけれども、ボディアートをするにはまだ幼いというお子さんがいるのだったら、将来優れた水泳選手になれると言ってあげよう。もちろん、アヒルも同じだ。アヒルは水かきのある足を、水の表面に浮かんでいるときには体のバランスをとって進むのに使い、えさを求めて水中にいるときには、ジェットエンジンのように急発進するのに使う。

ではアヒルの水かきは、どうしてついたままになるのだろう？　その答えは、こうだ。アヒルの指のあいだの組織は、グレムリンと呼ばれるタンパク質が発現するおかげで残るのである。グレムリンタンパク質は、いわば細胞の危機カウンセラーのような働きをして、アヒルの足指のあいだの細胞に対し、ほかの鳥や人の組織みたいに自殺するのはよそうと説得する。グレムリンタンパク質がなかったら、アヒルの足はニワトリの足みたいになっていただろう。そんな足では、水の中でさぞ立ち往生したに違いない。

最後に、あなたは手の親指を手首につくまで曲げられるだろうか？　小指を手の甲のほうに90度曲げるのはどうだろう？　もしそれらができるようだったら、とてもよく見られるけれども、診断されずに見逃されることの多い「エーラス・ダンロス症候群」を抱えている可能性がある。そして、大動脈が解離（すなわち剥離(はくり)）してしまうのを避けるために、現在臨床試験が行われているＡＲＢ型降圧薬と呼ばれる薬を飲むことが必要になるかもしれない。大げさに聞こえるかもしれないがほんとうだ。ただ手を調べるという簡単なことで、自分の心血管系の合併症のリスクが高いかどうかがわかるのである。

これが、遺伝学を利用して治療方針を決める医師のやり方だ。もちろん、ぼくらは、遺伝子の壁画を眺めるためにハイテクツールを使うこともあるし、ときにはコンピューター・プログラマーが複雑なコードのデバッグを行うように、夜を徹して患者の遺伝子配列をオンラインのデータベースに照合したりすることもある。だが、とてもローテクな技法を組み合わせて疾患の診断を下すこともかなりあるのだ。そしてときには、ハイテクな解析に、単純で目立たない兆候の所見を組み合わせることによって初めて、あなたの体内の奥深くにある微細な場所で起きている重要な問題が判明することもある。

細胞の中の「百科事典」を紐解く

それでは、こうした診断がどんなふうに行われるかお教えしよう。患者を実際に目にする前から、ぼくは通常、他の医師から紹介状をもらっている。運がよければ、それには、ぼくのところに患者を送りたい理由と懸念される疾患のことが、こと細かに綴られている。また、経験に裏づけられた推測が記載されていることもある。

が、そうした詳しい情報が提供されないことも多い。

ふつう、ぼくは「発達遅延」というような短くて曖昧な用語から診断を始めることになる。かと思えば「ブラシュコ線に沿って生じた多毛症あるいは多発性皮膚色素斑が疑われる」というようなメッセージを受け取ることもある。そう、確かに長い年月のあいだに、コンピューターは悪名高い医師の悪筆を放逐してくれたが、われわれ医師は未だに複雑かつ難解な言葉を使うことに誇りを抱いているらしい。

もちろん、これより悪い状況はいくらだってある。以前は、表や紹介状に「F・L・K」と書く医師がいた。「おかしな（Funny）外見の（Looking）子（Kid）」の略だ。これは「何が問題なのか定かではないが、どこかうまくいっていないところがあるらしい」という意味の医学的省略表現だった。

大方の場合、今ではこうした略語は、「ディスモルフィック（異形症(いけいしょう)的な）」という、もっと科学的で正確かつ思いやりのある言葉に置き換えられている。とはいえ、これも依然として曖昧な言葉ではある。

ほんの数語を聞いただけで、ぼくの頭の中には、さまざまな考えが駆け巡りはじめる。紹介状でディスモルフィックな特徴があると伝えられた患者に実際に会う前から、ぼくは、いまや自分の一部になっているあらゆるアルゴリズムを起動して、患者とその家族に尋ねるべき重要な情報を拾い出し、すでに入手している数少ない手掛かりについて考える。患者の氏名はときおり人種的背景のヒントをもたらしてくれることがある。人種は、多くの遺伝病にとって重要な因子だ。さらに、文化によっては親族間の結婚を繰り返す場合があるため、氏名は患者の両親が血縁であることのヒントになることがある[12]。年齢は、その疾患の発達段階を示唆する。そして紹介状を送ってきた先の病院の科は、患者の疾患について、もっとも明白な症状、またはもっとも治療が求められている症状に関するヒントになる。

ここまでが、ぼくにとっての「ステージ1」だ。

「ステージ2」は、患者が診察室に足を踏み入れた瞬間に始まる。あなたは、採用面接試験の面接官は、最初の数分以内に応募者に関して多くのことを把握する、という話を聞いたことがないだろうか。医師と患者もそれに似ている。ほぼ瞬時に、ぼくは患者の顔の脱構築（ディコンストラクション）を始め、あなたがさきほど自分の顔を鏡で眺めてやったのと同じことをする。つまり、患者の目、鼻、人中、口、顎、そして他の目印を見たあと、それらを1度に1個ずつ再統合していくのだ。そして患者に質問する前に自分自身に尋ねる——「この人は、他の人とどこが違うのか」と。

「ディスモルフォロジー（異形学）」は、顔や手足などの身体部位の各構成要素をヒントとして活用して、個人の遺伝状況を把握しようとする比較的新しい学問分野だ。この分野の信奉者は、遺伝あるいは感染した疾患の存在を明らかにする身体的な手掛かりを見つけようとする。ちょうど、美術の専門家が、絵画や彫刻が本物であるかどうかを判断するために、知識とツールを駆使するのによく似ている。[13]

それはまた、ぼくが新しい患者を診るときに、最初に道具箱から取り出すツールでもある。とはいえ、もちろんそれで終わりではない。検査を完了するには、あなたについてもっとずっと多くのことを知る必要がある。

ほかの大部分の医師とぼくがやや異なるのは、この点だ。というのは、あなたが出会う多くの医師は、あなたの「部分」についてよく知ることになるだろう。心臓専門医は、あなたの心臓が血液を送り出している様子を詳しく目にすることだろうし、アレルギー専門医は、花粉、環境汚染物質、他の個人的な毒素それぞれから、あなたがどれだけ悪影響を被るかについて知ることになるかもしれない。整形外科医は、なくてはならない骨の手当てをするだろうし、足病医は、あなたの大事な足の面倒を見る。

けれどもぼくは、遺伝子に特別の興味を抱いている内科医として、あなたに関して、より多くのことを目にすることになる。あなたのすべての部位、すべての曲線、すべての割れ目、すべてのあざ、そしてすべての秘密を見るのだ。

細胞の核の中には、あなたがだれで、どこから来たかを示す百科事典が閉じ込められている。そして、これからどこへ行くかに関する多くの手掛かりもそこにある。もちろん、鍵には、簡単に開けられるものもあれば、そうでないものもある。けれども、情報はみな、そこにある。「どこ」を「どのように」見ればいいかさえわかればいいのだ。

第2章

遺伝子が悲劇をもたらすとき

――アップル、コストコ、デンマーク人の精子提供者が教えてくれる「遺伝子発現」の仕組み

WHEN GENES MISBEHAVE

43人の子供の「生物学的父親」ラルフ

現代の古典的遺伝学の見地からすれば、ラルフは「メンデルのえんどう豆」と同じになるはずだった。

この驚くべきデンマーク人ドナーが提供した「基本的遺伝要素」は、世界中にいる熱心な母親候補者の遺伝材料と組み合わさって、長身で大柄な金髪の子供たちをたくさん生み出すものと考えられ、何年間にもわたって人気を博した。

そしてしばらくのあいだ、だれもがそれに飛びつこうとしているように見えていた。

デンマークでは、サンプル１本につき５００デンマーク・クローネ（約85アメリカ・ドル）という報酬に魅せられて、「正しい資質」（通常、好ましい身体的・知的特徴と良好な精子数）を持つ数多くの若者が、精子提供によって生活をやりくりしている。ヒトの精子は、同国の寛容な社会的態度とバイキングという血筋の魅力によって、人気の輸出商品となっているのだ[1]。

しかし、スカンジナビア諸国の基準から言っても、ラルフは並外れて多産だった。

事情を知らない兄弟姉妹が将来うっかり出会って関係を持ってしまうことへの懸念から、ラルフのような精子ドナーは、子供を25人誕生させた時点で精液の提供をやめることになっていた。しかし、その数に達した時点を知る方法については、だれも知恵を巡らさなかったらしい。そして、アディダスの短パンと赤いランニングシャツ姿で三輪自転車に乗っている写真を登録していたラルフの人気は絶大で、彼が自分の意志で精子提供をやめた後も、その遺伝子を熱望した親候補者たちがインターネットの掲示板に書き込んで、彼の冷凍精液を探し回ったほどだった。

結局のところ、受益者の大部分に「ドナー７０４２号」として知られていたラルフは、数か国にまたがる43人の子供の生物学的父親になった。

しかし、彼は北欧のオーツ麦の種だけを蒔いていたのではない。自分でも知らないうちに、悪い種も蒔いていたのだ。余分な生体組織を成長させることによって、ときに人を不安にさせたり、人生の質を損なわせたりする遺伝子も受け渡していたのである。その症状には、大きな袋状の皮膚のたるみや、おびただしい顔面の奇形、身体全体をおおう真紅の腫物のような吹き出物までが含まれていた。神経線維腫症Ｉ型（ＮＦ１）とよばれるこの遺伝病は、学習障害、失明、てんかんなどを引き起こす場合もある。

ドナー７０４２号と彼の不運な子供たちの話は世間の注目を引くところとなり、デンマークでは、ひとりの精子提供者に許される子供の数に関する法律が速やかに改正された[2]。しかしそれは一部の家族にとっては、甘すぎて、しかも遅すぎる措置だった。だって、すでにＤＮＡは渡され、赤ちゃんは作られ、遺伝は引き継がれてしまっていたのだから。

近代遺伝子学の父、グレゴール・メンデルが１８００年代半ばに初めて確立した法則は、まだ生きつづけてはいたものの、21世紀に入ってその調子はあまり芳しくない。

ではなぜ、ラルフの「子供たち」にだけ、メンデルの法則通りにその疾患が現れてしまったのだろう。メンデルに従うならば、ラルフにも症状が出ていたはずなのに。

メンデルとえんどう豆の数奇な運命

実のところ、グレゴール・メンデルは、さほどえんどう豆に入れ込んでいたわけではなかった――少なくとも当初のうちは。というのも、好奇心旺盛(おうせい)なこの若い修道士は、豆よりマウスの実験がしたかったのだ。

メンデルの進路を変えたのは、気難しい老人のアントン・エルンスト・シャフゴッチュ司教だった。シャフゴッチュは、期せずして歴史を変える原動力になったのである。

もしあなたがメンデルの時代に暮らす、芸術的な作品の制作や科学的発見に意欲を燃やす修道士だったら、現在のチェコ共和国にあるブリュンという都市の山麓に建っていた慎ましい聖トマス修道院ほど適した場所もなかったろう。

「聖トム」の修道士たちは、ずっと以前から型破りだった。もちろん、神への奉仕が根本的な務めであることは常に念頭に置いていたものの、大修道院の崩れかけたレンガ壁の内側という「聖域」で、彼らは知の探求という、上下の隔たりのない文化を育んでいたのだ。祈りの傍らには哲学があり、瞑想の傍らには数学があった。さらに彼らは、音楽、芸術、そして詩にも親しんでいた。

そしてもちろん、科学研究があった。

今だって、修道士たちが寄ってたかって発見に取り組んだり、洞察力のあるビジョンを抱いたり、騒々しいディベートを繰り返したりしたら、教会指導者は胸やけを起こすだろう。だが権威主義的なローマ教皇ピウス9世の長い治世下では、そうした修道士たちの功績は、胸やけどころか破壊行為にほかならず、シャフゴッチュ司教の機嫌は麗しくなかった。

実のところ、メンデルの日記によると、シャフゴッチュが修道院の「課外活動」を大目に見ていたのは、そうした活動の大部分が理解できなかったためらしい。

当初、マウスの交尾習性に関するメンデルの研究は素朴なものに見えていた。だが、結局それはシャフゴッチュにとって、見過ごせないものになってしまったのだった。[3] まず、ネズミたちは、メンデルの広々とした石敷の床の部屋で、カゴに入れられて飼われていたが、それが醸し出す凄まじい臭いは、シャフゴッチュにとって、聖アウグスティノ修道会の修道士に求められる規律ある生活とはとても相容れないものに思えた。

そして、セックスの問題があった。

聖トマス修道院にいたすべての修道士と同様にメンデルも貞潔の誓いを立てていたが、シャフゴッチュには、メンデルがこの毛のふさふさした小動物が生殖活動にいそしむ姿にただならぬ興味を抱いているように見えていたのだ。

シャフゴッチュにとって、これは常軌を逸した行為そのものだった。

そこで気難しい司教は、この好奇心旺盛な若い修道士に、彼の小さなネズミの遊郭を閉鎖するよう命じたのである。もしメンデル自身が申し立てたように、1世代の生命体から次世代の生命体に形質が移動することに興味を抱いているだけなら、もっと性的刺激の少ないものの研究で満足できるはずだ、と言って。

たとえば、えんどう豆の研究などで。

メンデルはシャフゴッチュの言葉を愉快に思った。司教は「植物だってセックスする」ことをご存じないらしい、とこのいたずらっぽい修道士は書いている。

かくして、その後8年間にわたり、メンデルは3万本近くのえんどう豆を育てて研究に励み、綿密な観察と記録を通して、特定の形質（茎の長さ、さやの色など）がひとつの世代から次の世代に、一定のパターンに従って引き継がれることを発見したのだった。こうした所見は、遺伝子は一対でダンスをすること、そして片方の遺伝子がもう片方の遺伝子より優性であると（またはふたつの劣性遺伝子が一緒になってタンゴを踊ると）、特定の形質が促されるという遺伝に対する考え方のお膳立てをすることになった。

もしメンデルがマウスで研究を続けていたらどうなったかは、知りようがない。しかし、えんどう豆よりずっとふるまいが複雑な生物を研究していたら、しわがなく、緑色で茎の長いえんどう豆を一貫して生み出す方法を探るなかで発見した事実を見逃していたかもしれない。あるいはこの綿密な修道士は、マウスがひげをこすりあう姿をもっと観察できていたなら、さらに革新的な発見――彼の弟子たちが100年間かけてようやく見出そうとしていること――を成し遂げていたかもしれない。

ともかく、メンデルが彼の最初の発見を『ブリュン自然科学会紀要』という無名の学会の雑誌で発表したとき、科学会の反応は「それでどうした」というほどのものでしかなかった。そして、20世紀を迎えるころにようやく彼の業績が再発見されたときには、ブリュンの中央墓地に葬られてからすでに長い年月が経っていたのである。

しかし、生前には業績が評価されなかった先見の明のある多くの偉人と同様、メンデルの発見は、まずは染色体と遺伝子の同定、次にＤＮＡの発見とその塩基配列の決定、という形で生きつづけることになる。しかしそのすべての段階において、ある根本的な考え方も根強く引き継がれることになった。すなわち、ぼくらの人となりは、祖先から受け継いだ遺伝子に決定づけられ、完全に予測がつくものだ、という考えである。

メンデルは自ら発見した法則を「遺伝（インヘリタンス）」と呼び[4]、その後年月が経つにつれて、ぼくらは自らの遺伝的な継承物をそうした目で見るようになった。つまり、白か黒かの「2値形質遺伝（バイナリ）」という命令が、世代から世代へと引き継がれ、引き継いだ人は、ちょうど古ぼけた先祖伝来の家宝のように、欲しくはないけれど、それを捨てることもできないという状況に陥るのだと考えたのだ。

言い換えれば、ラルフが悲劇的に受け継いだ遺伝子のようなものだ。それなら、なぜラルフはメンデルのえんどう豆の法則から逸脱し、病気の兆候を示さないですんだのだろう。彼の子供たちの多くには影響が出たのに。

同じ遺伝子変異を持つのに、まったく違う症状に襲われる双子 ――表現度の差

ラルフの血統で問題を起こしていた遺伝病は、常染色体優性遺伝形式のものだった。この遺伝形式では、常染色体〔性染色体以外の染色体〕の上に存在する一対の遺伝子の片方に変異があるだけで病気が発症する。問題がある遺伝子を受け継いだとすれば、自分の子供にそれを受け渡す可能性は五

分五分。ぼくらが長いこと理解してきたメンデルの遺伝法則によれば、運悪くこのタイプの遺伝形式の変異遺伝子を受け継いでしまった人には、その病気の症状が現れることになる。

おそらくこの考え方は、あなたが学校で学んだ遺伝の知識と同じだろう。学校では、家系図を作らせることによって、ぼくらをぼくらたらしめている微細な分子のマジックが簡単に理解できたと信じ込ませる。もちろん、時が経つにつれて、遺伝学はもう少し複雑なものになったが、それでも大本はこの考え方だった。そしてその考え方はすぐに教義になってしまった。すなわち、遺伝子は一対であり、片方の遺伝子がもう片方の遺伝子より優性であれば、その形質がもたらされる、と考えられてきたのだ。茶色の瞳から、舌の両側を丸められること、指の第一関節と第二関節のあいだに毛が生えていること、そして福耳も、みな優性遺伝だと考えられている。そして、それに対応して、一対の遺伝子の両方が劣性遺伝子であると、一般的でない青い瞳や「ヒッチハイカーの親指」〔第一関節を反り返らすことができる親指〕がもたらされる、と考えられたのだった。

けれども、遺伝が常にそのような形で生じるのだとすれば、いったいどうしてラルフ自身、そして彼が精子を提供したさまざまなクリニックで日々彼を目にしていた人々は、人生の質をあれほどまでに損なう病気が潜んでいることに気づかなかったのだろう。その理由は、メンデルは科学に偉大な貢献をしたものの、重大なことを見過ごしてしまったからだ。それは、「表現度の差」である。*

多くの遺伝子疾患と同じように、神経線維腫症Ⅰ型もさまざまな形で姿を表す。ときにはとても軽度なため、まったく目立たないことさえある。だからこそ、だれも——ラルフ自身でさえ——悲惨な秘密を抱えていることに気づかなかったのだ。

ラルフの疾患は、表現度の差のために隠されたままになった。これこそが、同じ遺伝子が非常に異なる方法で人々の人生に影響を与えかねない理由だ。同じ遺伝子が、異なる人に対しても常に同じように作用するとは限らないのだ。たとえ、完全に同じDNAを持っている人であっても。

たとえば、アダム・ピアソンとニール・ピアソンの例を見てみよう。いわゆる「そっくりの双子（アイデンティカル・ツイン）」、つまり医学用語でいうところの一卵性双生児（モノザイゴティック・ツイン）として生まれたこの兄弟は、神経線維腫症I型を引き起こす遺伝子の変異を含む、区別不能なゲノムの保有者であると考えられている。だがアダムの顔は変形して膨らんでいる。その度合いははなはだしく、酔っぱらったナイトクラブの客が、仮面をかぶっていると思って引きはがそうとしたほどだ。一方ニールは、ある角度からならトム・クルーズ似と言ってもいいほどの顔立ちだが、記憶喪失と不定期の発作を抱えている[5]。

同じ遺伝子なのに、まったく異なる表現型。それなら、第1章でいっしょに見てきた身体的特徴にも、これは当てはまることなのだろうか。答えはイエスだ。第1章で紹介した症状は一般的に見られる表現型で、ふつう特定の遺伝病を示唆しはするものの、確かにそうした遺伝病が持つ表現型のスペクトルを端から端まで網羅したものではない。

こうしたことすべては「なぜ表現度には差があるのか」という疑問を突きつける。その答えは、遺伝子はぼくらの人生で白か黒かの反応を見せるわけではないことにある。のちほど見ていくように——そしてメンデルの発見とは異なり——たとえ遺伝子は不動であるかのように見えても、遺伝

＊　表現度の差とは、同じ遺伝的変異や遺伝子疾患を受け継いでいても、重症度や症状の内容に差が出ること。

子が発現する方法は、不動どころではないのだ。遺伝はメンデルのレンズを通して白黒いずれかであると当初考えられた。しかし今日では、表現度の差を考慮しながらフルカラーで物事を見ることの重要さについて、理解が進みはじめている。

だからこそ現代の医師たちは、新たな挑戦を突きつけられているのだ。患者は、医師から明確ではっきりした答えが受け取れるものと期待する。良性か悪性か、治療できるのか不治の病なのか、と。遺伝について患者に説明する難しさは、すでに判明していると思っていたことが、不変だったり白か黒かの2値しかなかったりするわけではないことにある。人生最大の重要な決断を下そうとしている患者は最良の情報を必要としているため、医師にとって患者に説明する最良の方法を模索することは、以前よりずっと重要だ。

なぜなら、あなたが行うことは、あなたの遺伝子の運命を決定づけることができるし、たとえそう望まなくても影響を与えてしまうからである。

悲劇的な遺伝病患者ケビン、彼に学んだこと

ここで、ケビンの話を聞いてほしい。

ケビンは20代の青年だった。長身で健康。ハンサムで魅力的で、頭も切れた。当時、もし好ましい独身男性を探している女性がいたら——そして、そうすることが倫理にもとることでなかったら——ぼくはデートの機会をお膳立てしていただろう。

彼とぼくはほぼ同年齢で、育った環境も似ていた。ともに医療に携わっており、彼は、東洋医学から西洋医学にわたるスペクトルの東の端、ぼくは西の端にいた。とにかく理由がなんであれ、ぼくらはよく馬が合った。

ぼくがケビンに出会ったのは、彼の母親が長く患っていた転移性膵(すい)神経内分泌腫瘍と勇敢に闘って亡くなったすぐあとだった。母親が亡くなる前、明敏ながん専門医が彼に遺伝子検査をするように促し、その結果、フォン・ヒッペル・リンドウ腫瘍を抑制する遺伝子の真ん中に、変異がどっしり腰を下ろしていることが判明した。

フォン・ヒッペル・リンドウ病（VHL）は遺伝病で、脳、目、内耳、腎臓、膵臓などに良性・悪性の腫瘍ができやすい。悪名高い「ハットフィールド家とマッコイ家の争い」（19世紀後半にアメリカで起きた両家の血なまぐさい抗争）も、その一部の原因はVHLにあったのではないかと示唆する研究者もいる。というのも、マッコイ家の末裔(まつえい)の多くが現在、副腎腫瘍を患っており、その症状のひとつが、かんしゃくの発作であるからだ。[6] もちろん、VHLにかかっている人が全員そんな症状を抱えているわけではない。これもまた、表現度の差の例である。

そして、ラルフが子供たちに受け渡した神経線維腫症I型（NF1）と同じように、VHLもまた、常染色体優性遺伝によって受け渡される。つまり、両親のいずれかから悪さをする遺伝子のコピーをたった1個もらうだけで、遺伝病を抱えてしまうのだ。VHLは常染色体優性疾患であるため、ケビンがこの遺伝子を母親から受け継いだ可能性は五分五分であることがわかっていた。彼にとってそれは、同じ変異があるかどうかをチェックするに十分な情報であり、検査の結果、実際に自分も遺伝していたことが判明したのだった。

ＶＨＬを治す手段はない。だが、その疾患を抱えていることがわかれば、問題が生じる前に腫瘍を探し出すことはできる。ケビンの場合も、それができるとぼくは思っていた。少なくとも当面は、変異あるいは消失したＶＨＬ遺伝子を受け継いだ人でも、もう一方のちゃんと機能しているコピーがあるため、それが細胞の増殖を押しとどめ、腫瘍やがんの発生を防いでくれるはずだった。

遺伝子にふたつ以上の変異が生じるとがん発生のお膳立てが整う、という「クヌードソンの仮説」というものがある。ケビンが遺伝子検査で見出したように、あと1個の変異が生じるだけでがんにかかるということがわかれば、だれでも自分の遺伝子を大事に扱う気になるだろう。放射線、有機溶剤、重金属、有害物質に身をさらすことなどは、遺伝子を傷つけて悪いほうに変えてしまう因子のほんの一例だ。

問題は、ＶＨＬはそれを抱える人の人生全体にわたりさまざまな表現型をとって現れるため、どこで、どのように発症するか、まったく予想できないことにある。そのため、ほぼあらゆることに目を光らせることが必要になり、医師たちと医療従事者からなるチームが、患者の生涯にわたって、スクリーニングと治療を行うことが必要だ。

当然のことに、ケビンはその後自分がどうなるのかを知りたがった。しかしＶＨＬの表現型はあまりにも多岐にわたっているため、彼の質問に適切な答えを返すのは難しく、ぼくはただ、定期検査のスケジュールと、もっともかかりやすい腫瘍やがんのタイプについて説明することしかできなかった。

「じゃあ、きみが言っているのは」とケビンが訊いた。「ぼくは何で死ぬことになるかわからない、ってことだね」

「ＶＨＬが引き起こす腫瘍の多くは治療できる。とくに早期に発見できれば」とぼくは答えた。「きみがＶＨＬで死ぬかどうかだって、決まってるわけじゃない」

「だれだって、最後は死ぬんだよ」とケビンは笑って言った。

ぼくは赤面してしまった。「もちろん、それはそうだけど。でも、治療しつづければ――」

「ぼくの人生が終わるまで、かい？」

「ああ、そうなるだろうけど、でも――」

「予約と検査がずっと続くんだよ。常時自分の身体を監視しつづけることから来るストレス、血液検査。先の見込みがまったく立てられないこと――」

「ああ、大変だとは思うよ。でも、ほかに代替手段は――」

「代替手段なら、いつだって、いくらだってあるさ」

ケビンは笑みを浮かべて言った。それを見て、ぼくには、彼が心を決めたことがわかった。

数年経ち、ケビンが腎臓がんの一種である転移性腎明細胞がんにかかっていると知ったときは、とても心が痛んだ。だがそのときも彼は通常のがん治療を拒み、ほどなくして亡くなったのだった。

ケビンの例のどこが表現度の差に関するものなのかと、いぶかっている人もいるだろう。結局のところ彼の死は、母親と同じように、早死にで悲劇的なものだった。だがケビンは、彼の母親とは違う種類のがんで亡くなり、死亡した年齢も母親より若かった。

そういうわけで残念ながら、表現度の差は、自分より前の世代や同世代の場合と異なる遺伝子のふるまいをもたらす場合がある。ケビンは、容態に目を光らす医療チームの観察テクニックを活用すれば、診断されたすぐあとから、彼のタイプの腎臓がんの早期治療を始められたはずだ。だが彼は、そうしないことを選んだのだった。ケビンが受け継いだ遺伝子疾患のことを考えると、自分にはどんな画像観察が必要なのかと尋ね、そしてその検査を実行さえしていれば、彼はあれほど早く死なずにすんだかもしれない。

こと自らの健康と命に関することについては、決断は本人に委ねられるべきだ。けれども、ぼくらのフレキシブルな遺伝的宿命は、多くの場合、ぼくら自身で決定づけることができる。何を訊ね、その答えにどう反応すべきか知ってさえいれば。(7)

モーツァルト、ジャズクラブ、DNA——「遺伝子発現」とは

フレキシブルな遺伝という概念の基礎をよりよく理解するために、ちょっと小旅行して、フランス、ナントにあるジャン・レミ図書館に出かけよう。数年前そこで、古いファイルを整理していた司書が、長いこと忘れ去られていた楽譜を1枚見つけた。

その紙はもろく、黄ばんでいた。インクは古い繊維の中に消えかけていた。それでも音符ははっきり読み取ることができ、メロディーはまだそこにあった。そのおかげで図書館の保管庫に1世紀以上しまわれて忘れ去られていたこの楽譜が、本物の、そして非常に珍しい、ウォルフガング・ア

マデウス・モーツァルトの自筆譜であると研究者たちが同定するのに、さほど時間はかからなかった。[8]

死の数年前に書かれたと考えられる、このニ長調の数小節からなる曲の楽譜も、この天才作曲家のものと判明している600以上の作品すべてと同様に、数世紀のときを飛びこえてあらゆる音楽家に演奏の指示を与えることだろう。

モーツァルトは、アポジャトゥーラ（前打音）がお気に入りだったらしい。これは、短い不協和音で、すぐあとに続く和声音で解決される。胸をかきむしられるようなアデルのバラード『サムワン・ライク・ユー』に奇妙な物憂い魅力を与えているのも、アポジャトゥーラだ。[9] 現代の作曲家のほとんどはアポジャトゥーラよりも16分音符を使うだろうが、それは音楽の進化における小さな一歩にすぎない。

ともかく、楽譜に書き込まれたこうした記号のおかげで、オーストリア、ザルツブルクにある国際モーツァルテウム財団の学術部長であるウルリヒ・ライジンガーのようなピアニストは、長らく失われていた調べを蘇らせることができるのだ。そして、この超がつくほど運がいいピアニストは、220年以上前に、モーツァルト自身が数多くの協奏曲を作曲するときに使った60鍵のピアノで、それを再現することができるのである。[10]

ひとたび演奏されると、その曲は時空を超えて、まるでドクターフーのおんぼろタイムマシン「ターディス」みたいに、現代の世界に茶目っ気のある華麗さを伴って現れる。音符をなぞって現れる旋律は、ライジンガーの訓練された耳には、明らかに礼拝用の曲「クレド」として響く。これは、ある意味「瓶の中のメッセージ」だ。というのも、モーツァルトは若いころに宗教音楽をたくさん作曲したものの、晩年に彼が少しでも信仰心を抱いていたかどうかは疑問であると主張する一部の学者がいるからだ。

筆跡と紙の状態から、研究者たちは、この楽譜が１７８７年ごろに書かれたものと結論づけた。当時オペラ作曲界にいたモーツァルトの仕事は途切れることなく続き、生活費捻出のために教会用の曲を書かなければならない状態にはなかったはずだ。ライジンガーは、それに基づき、モーツァルトは晩年にも宗教に積極的な興味を抱いていたものと確信した。

これらすべてのことを導いたのは、たった数十個の音符だった。

ぼくらがＤＮＡについて理解してきたやり方も、それとよく似ている。現代の音楽家がモーツァルトの指示を読んで、ほぼ完璧なまでにその曲を再現し、そこに隠された複雑さをつまびらかにするのと同じように、遺伝的財産はぼくらの人生の音楽をつづる楽譜であるとみなされている。それは実際、ほんとうのことだ——ある程度まで。

しかし、これですべてではない。

ぼくらは今、遺伝的に見た自分の姿に関して、さらには人類の進化系統について、新たな理解を手にしようとしている。あるレクイエムを永遠に繰り返す旧式のｉＰｏｄのようにＤＮＡという形で暗号化された運命に服従しなければならないどころか、ぼくらはみな、かなりのフレキシビリティーを備えているという事実が判明しつつあるのだ。つまり、ぼくらには、メロディーを変え、自分の音楽をさまざまに変えて演奏する能力が生まれつき備わっていることがわかりはじめ、どことなく白か黒かで物事を考えたがるメンデル遺伝学にしばられた運命、というかつての考え方がいくらか克服できるようになってきたのだ。

なぜなら、人生およびそれを支える遺伝学は、ぼろぼろの紙きれのようなものではなく、言ってみれば薄暗いジャズクラブのようなものだからだ。もしかしたらそれは、エチオピアの首都アジスアベバの賑やかな繁華街にあるタイトゥホテルの「ジャザンバ・ラウンジ」のようなところかもしれない。そこでは、世界中のあらゆるところからやってくる男と女が、酒を飲み、タバコをふかし、笑いあい、欲情を発散させる。

ちょっと耳をすましてごらん。

触れあうグラスの音。椅子を引く音。くぐもった話し声。

薄暗いステージからベースの音が響いてくる。

〝ブン、ブン、ブン、バダ、ブン、ブン、バダ〟

今度は、スネア・ドラムのやさしいささやき。

〝シャス、シャス、シャス――シャシャス〟

お次は、カップミュートの古いトランペット。

〝バダダー、バダダー〟

そしてついに、なまめかしい女性シンガーの声。

〝ウーヤーバダダー、ハヤハヤハヤ、バダダー〟

基本はベースラインだけ。その上に、人生のあらゆる威厳と悲劇が積み重なっていく。

さて、発達の道しるべに満ちた大海を渡って大人になっていくには、かなり高度なレベルのオーケストレーションが欠かせない。だからぼくらはみな楽譜から始める。それはモーツァルトの楽譜より古い。一部の音符は、地球に生命が出現したときからのものだ。

しかし、ぼくらの人生には、即興演奏を行う余地が十分にある。テンポ、音色、トーン、音量、強弱は変えられる。微小な化学プロセスを通して、あなたの身体は各遺伝子を、ちょうど音楽家が楽器を使うような方法で使っている。それは大きな音で弾くことも、やさしく弾くことも、急いで弾いたり、ゆっくり弾いたりすることもできる。さらには、必要に応じて、異なる方法で弾くこともできるのだ。あの比類なきヨーヨー・マが彼の1712年製のストラディヴァリウスのチェロで、ブラームスからブルーグラスまで弾きこなすように。

これが「遺伝子の発現」だ。

体内の奥深くにある極微の世界で、ぼくらはみな、それとまったく同じことをしている。人生の要求に応じて遺伝子が自らを表現する方法を変える、そのために必要な微量の生物学的エネルギーを、ぼくらの体は生みだしているのだ。

そして、音楽家が人生経験と現在の環境を集大成したものを楽器の弾き方に反映させるように、ぼくらの細胞も、それまで成されてきたこと、そして現在、あらゆる瞬間に成されていることによって導かれて——発現して——いるのだ。

遺伝子は、変えられる。今この瞬間から。

そのことに思いを馳せたら、ちょっとした実験をしてみよう。伸びをしてみてほしい。身体を動かそう。居心地よく感じよう。そうしたら次に、呼吸に注意を向けてほしい。息を吸い込み、吐いてみよう。それを数回繰り返したあと、声に出して、次の言葉を自分に言い聞かせてみてほしい（少なくとも、ささやいてみよう）。「自分がこの世でやることは、自分と周囲にとって非常に価値のあることだ」と。そのあと、そういった動作がどれだけ自分に力を与えてくれるか（あるいはバカバカしいか）感じ取ろう。

そう、たった今、伸びをした瞬間から、あなたの体内では遺伝子が、あなたの今やったばかりのことに反応して働いている。随意運動は脳からの信号によって引き起こされる。それは、神経系を通じて、発火する下位運動ニューロンに送られ、筋線維に到達する。筋線維の中では、アクチンとミオシンと呼ばれるタンパク質が生化学的なキスをして、化学的エネルギーを物理的な作業に変える。それに伴い遺伝子は、リモコンの音量ボタンを押すことからウルトラマラソンを走ることまで、脳に行動を指令されるたびに必要となる化学材料の再備蓄に取りかからなければならない。

思考もまた、常に遺伝子に影響を与えつづける。遺伝子は細胞機構をあなたが抱く期待と実際の経験に合わせるため、長い年月をかけて変わっていかなければならない。あなたは記憶を築き、感情を抱き、将来を予測する。それらすべては、古い本の余白に書き込まれたメモのように、あらゆる細胞内にコードされる。このことを可能にする何百兆という脳内のシナプスは、単にニューロンと細胞の接点だ。情報を伝達する信号は時間が経つにつれて置き換えられる必要があり、身体が作り出す化学物質を微量受け取る必要がある。そして、ニューロンの多くは、何十年も前から存在している結合を維持することに加えて、常に新たな結合を模索している。

これらすべてのことが、あなたの人生が求めることへの反応として生じるのだ。

そして、これらすべてのことがあなたを変える。もしかしたらその変化は、アポジャトゥーラと16分音符の差みたいなものかもしれないし、さらにもっと些細なものかもしれない。

しかし、あなたの人生は、フレキシブルな遺伝子発現を通して、遺伝子の旋律をたった今変えたのだ。

自分が特別な存在に思えてきたのでは？　そうあって当然だ。でも、謙虚さも持ちつづけてほしい。というのは、これから見ていくように、こうした種類の変化は、大々的なものにしろ、些細なものにしろ、人生ではさまざまな形をとって現れるからだ。それに、日々の課題への対処の仕方が調節できるのは、何も生命体に限ったことではない。市場をコントロールしたり生産を調節したりするために、多くの企業がまったく同じ戦略を採用している。

そしてこれからすぐにわかることだが、こうした戦略の一部はあなたが生まれるずっと前に考案されたものであるにもかかわらず、だれかがひざまずいて求婚するたびに、今でも引っ張り出されて使われている。というわけで、遺伝子発現の柔軟さを理解するもうひとつの方法を、ここで提案（プロポーズ）したい。

アップルもトヨタも、遺伝子の戦略から学んだ？

もしあなたが恋愛市場にいて、光輝く石を初めて手にしようとしていたり、そのアップグレードを考慮中だったりしたら、ダイヤモンド産業のちょっとした秘密を知っていたほうがいいかもしれない。実は、ほかの多くのタイプの宝石とは異なり、ダイヤモンドは希少品などではまったくないのだ。

嘘じゃない。ダイヤモンドは珍しくない。大きなものも、小さなものも、ものすごくいっぱいある。色だって、ブルー、ピンク、ブラックと豊富だ。鉱山も南極以外のすべての大陸にまたがり、数十か国を超える国々にある。実は最近、南極点の近くで、キンバーライトが見つかったとオーストラリアの研究者から報告があった。キンバーライトは、ダイヤモンドをよく含んでいる火成岩だ。だから南極でダイヤモンドが発見されるのも、もはや時間の問題かもしれない[11]。

さて、ダイヤモンドの購入に何か月分かの給料を注ぎこんだことのある人で、需要と供給の関係についてちょっとでも知識のある人なら、この事実は腑に落ちないだろう。それほどダイヤモンドが豊富に産出されているなら、なぜあんなに高いのかと。

その鍵を握るのは、デビアス社だ。

1888年に設立され、ルクセンブルク大公国に本拠地を置き、何かと物議をかもすことの多いこの企業は、世界有数の宝石の在庫量を誇っている。そのほとんどは、しまい込まれたままだ。採掘から、製造、加工、製品製作までのプロセスすべてを支配しているデビアス社は、何世代にもわたって世界中のダイヤモンド取引をほぼ独占しており、適切な時期に適切な量だけダイヤモンド製品を市場に流通させている。そうすることによって、高価格を維持し、市場を安定させ、比較的よくある石が所有者の目（と財布）に貴重品として映るように図っているのだ。[12]

仕上げは、抜け目ないマーケティング・トリックだ。第二次世界大戦まで、エンゲージリングを交換する人は非常に少なかった。しかもダイヤモンドは、そうした機会に使われるさまざまな宝石のひとつにすぎなかった。しかし1938年にデビアス社は、広告代理店がひしめくニューヨークのマディソン街にいたジェロルド・ラウックという名の広告マンを雇い、どうやったら世の中の若い男たちに、圧縮炭素からなる輝く石のかけらを贈ることが、望む相手に結婚の意志を伝える唯一の手段であると思い込ませられるかどうか考えさせることにした。そして、1940年代の初頭までに、ラウックのマーケティング・マジックは、欧米のかなりの人口に、ダイヤモンドはまさしく「女の子の最高の友達」〔マリリン・モンローの歌より〕であると信じ込ませることに成功したのだった。[13]

フォード・モーター社を創設した実業家のヘンリー・フォードも、そんなふうに市場を牛耳ることができたとしたら、どれほど喜んだことだろう。チャンスがあれば、おそらく彼だってそう企んだであろうが、フォード社が扱っていた製品とその製造過程は複雑すぎ、多数のサプライヤーとの取引は避けようがなかった。このことはフォードにフラストレーションを抱かせた。「人民の君主（ピープルズ・タイクーン）」として知られていたフォードは、おそらく世界初の有名な産業効率信者だったろう。ゲノムが遺伝子発現を通して駆使している戦略の多くも、それと同じであることが今ではわかっている。フォードはできるだけプロセスを簡略化することに多くの時間を割いた。

「原料の購入については、すぐに必要なもの以外は買う甲斐がないとわかった」とフォードは1922年発行の著書『我が一生と事業』に記している。「我々は、そのときどきの運輸状況を見越したうえで、生産計画に見合うだけの原料を購入している」[14]

残念なことに、運輸状況は完璧と言えるようなものではとてもなかった、とフォードは述懐している。もし完璧であれば「……原料を備蓄する必要がまったくなくなるだろう。貨車に積まれた原料がスケジュール通り、計画した順序と量で届き、貨物列車から製造現場に運ばれれば、費用は大幅に削減できる。なぜなら、在庫の回転率が非常に高くなるため、材料費のためにとっておかねばならない額が減らせるからだ」。

フォードの言葉は先進的だったが、彼はこの問題を解決することなく亡くなってしまった。最終的に、サプライチェーンを当座の需要に結びつけることによって製造システムを大きく前進させたのは日本の自動車メーカーだった。これは現在「ジャスト・イン・タイム（JIT）」生産システムまたはカンバン方式として知られている。産業界の伝承によると、それは、トヨタの幹部が1950年代のアメリカでJITに出会ったことがきっかけだったという。ひらめきを得たのは、当時彼らが訪問していたアメリカの自動車メーカーではなく、旅行中に立ち寄った「ピグリー・ウィグリー」という世界初のセルフサービス式食料品店だった。このチェーンストアの革新的なアプローチのひとつが、商品が買われて棚から降ろされたとたんに、自動で補充するというシステムだったのだ。[15]

このタイプのテクニックを採用するメリットはたくさんある。中でも主な恩恵は、うまく機能させれば、多額の利益を生みだし、費用削減のもとになることだ。もちろん、リスクがまったくないわけではない。最大のリスクのひとつは、全工程がサプライショックの影響を受けやすくなることだ。たとえば、天災や従業員のストライキのような事象は原料の搬入を妨げるため、工場は稼働できなくなり、客は商品が購入できなくなる。

アップル社は、JIT製造方式のもうひとつの弱点を経験した。iPad Miniに前例のない需要が押し寄せた際、同製品を製造する能力がほぼゼロになりかけたのだ。その原因は、製品を作るための原料を、必要な速さで工場に届けられなかったことにあった。

遺伝子発現によく似た戦略を産業界が活用している方法を理解すれば、ほとんどの細胞が生活費を抑えるために使っている数多くの生物学的戦略が理解しやすくなるだろう。企業と同じようにぼくらの身体も苛酷な最終収益を設定している。そうやって、生き残る可能性を高めているのだ。

宇宙飛行士の心臓はなぜ縮むのか？——ぼくらの身体は「コストコ」似

さらに言えば、ぼくらの身体が採用している事業モデルは、ウォルマート型ではなくコストコ型であることが多い。遺伝子を使って何かをするたびに生物学的コストがかかるため、身体はその成果を最大限にしようとする。ちょうどコストコが従業員を厚遇するように、ぼくらの身体は、労働生産性をより高めるように構成されている。つまり、やらなければならない仕事を最小限の「酵素」従業員でやりくりすることを目標しているのだ。

酵素は微細な分子機械のように働く。酵素はまた、遺伝子がコードする構造でもある。酵素には、化学プロセスをスピードアップするものもあれば、ペプシノゲンのように、活性化されるとタンパク質に富む食事の消化を促進するものもある。一方、Ｐ４５０（ピー・フォー・フィフティー）ファミリーに属す酵素などには、ぼくらが知ってか知らずのうちに口にしてしまった毒を解毒する作用がある。

一般的に言って、ぼくらの身体は、必要なものを必要なときに必要な分だけ生成し、在庫を最小限にとどめようとする。それを可能にするのが遺伝子発現なのだ。

数百万年の時と厖大な圧力のもとでようやく生まれるダイヤモンドと同じように、酵素の生成も生物学的に高くつく。そのコストを削減するために、ぼくらの酵素は「誘導」される。つまり、ある種の酵素が必要になると身体は要請にすぐに反応し、ちょうど需要の急騰に応じてｉＰａｄ Ｍｉｎｉを増産するように、多くの資源を呼び集めて酵素を生成するのだ。ある酵素用の遺伝子を受け継いでいても、身体が必ずしもそれを使うとは限らない。

あなたも、そんな状況を人生の何らかの時点で経験しているに違いない。たとえば、大型連休に深酔いしたことがあったら、あなたはそれを経験済みだ。パーティーでの大騒ぎに反応し、あなたの肝臓細胞は超過勤務をして、あの予期せぬマルガリータの大量摂取に対処する酵素を作り出していたことだろう。需要に合わせて増産する手段（この例で言えばエタノールを分解するためのアルコール脱水素酵素）は、常に体内に存在する。肝臓細胞に隠れていて、次の大量飲酒に備えているのだ。だがその量は十分ではないかもしれない。なぜなら、予備の酵素は工場の床に積まれた予備の部品と同じようにスペースを占領するだけでなく、過度の飲酒をしていないときにかかる製造費や維持費が、ばかにならないからだ。

生物学的世界は、ほぼ100パーセントにわたって、生活費の無駄をなくす方法で駆動されている。それは絶対に必要なことだ。なぜなら、すべてのエネルギーを使いもしない酵素に費やしてしまったら、脳の可塑性（かそせい）や血流といった常時行われている日々の出来事に使うべき貴重な資源が足りなくなってしまうからだ。

宇宙飛行士は、このことを身体で示してくれる。国際宇宙ステーションに到着するやいなや、彼らの心臓は元の大きさの4分の3にまで縮んでしまうのだ[16]。

スーパーチャージャーつき300馬力のフォード・マスタングをポニーカーの半分の馬力にも満たないミニ・クーパーに替えればガソリンスタンドで支払う金額が大幅に削減できるのと同じように、無重力空間にいる宇宙飛行士は、地上にいるときと同じ規模のエンジン（心臓）を持つ必要がない*。でもその一方で、地球に帰還して重力の影響を再び被るようになると、宇宙飛行士は頭がくらくらして、気を失ってしまうことがよくある。なぜなら急な山道を登ろうとするミニ・クーパーのように、彼らの小さくなった心臓は十分な量の血液とその中に含まれる酸素を脳に運べなくなってしまっているからだ。

心臓を小さくするには、何も宇宙ステーションまで旅する必要はない。心臓を萎縮させるには、数週間ベッドに寝ているだけで十分だ[17]。しかし、人間の身体は驚くほど回復力に富んでいる。だから、ただ単にパワーが必要であるとわかからせるだけでいいし、そうするのも難しいとは限らない。

細胞には驚くほど適応力があるからだ。ぼくらが日々行うことは、遺伝子が細胞にやらせる物事に大きな違いを生み出す。これもまた、ソファから立ち上がって身体を動かしたほうがいい遺伝的根拠だ。

ともあれ、遺伝子発現のトピックを離れる前に、もうひとつだけ、あなたといっしょに見ておきたいことがある。

環境に合わせて生き抜く力は、遺伝子にこそ宿っている

キンポウゲ属の「ラナンキュラス・フラベラリス（*Ranunculus flabellaris*）」は、一見すると、たいした植物には見えない。一般にはイエロー・ウォーター・バターカップと呼ばれていて、アメリカとカナダ南部の森林湿地におびただしい数が生えており、とりわけ珍しいわけでも、美しいわけでもない。

だがこの植物は、どれだけ水辺に近いところにいるかによって、完全に姿を変える。この特徴は「異葉性」と呼ばれるものだ。

このキンポウゲは通常川岸に生えている。川は季節ごとに氾濫しやすいから、そこは植物にとっ

＊　ぼくらの心臓は、重力に逆らって血液を循環させるために多くのエネルギーを使っている。しかし地球の周回軌道に乗ったときには、血液の重さがゼロになるため、少ない力で体内を循環させることができる。宇宙では、地上にいるときより小さい心臓で生命が維持できるのは、そのためだ。

ては不安定な居住地だ。川の氾濫は、このキンポウゲのようにデリケートな小さな花にとっては致命的だが、この植物は、そんな環境におじけづいてはいない。むしろ、そこは繁茂に都合がいい。なぜかというと、このキンポウゲは遺伝子の発現によって葉の形を完全に変える能力を身につけているからだ。その葉は、ふだんは丸みをおびているのだが、川が氾濫すると細い糸状に姿を変えて、水の表面に浮かぶ(18)。

この変化が生じても、キンポウゲのゲノムは変わることはない。通りすがりの人の目には、まったく異なる植物に見えるかもしれないが、その植物の中の遺伝子は変わっていないのだ。単に「表現型」、つまり目で見てわかる外見が変化しただけだ。

ちょうど宇宙飛行士の身体が生活環境によってマスタングからミニ・クーパーに変わり、また元に戻るように、季節が変わるにしたがって水位が下がり、キンポウゲの環境がまた変わると、葉の形も元に戻る。そうした変化はみな生き残りのための戦略なのだ。

「遺伝子発現」は、植物、昆虫、動物のみならずヒトでさえ、生きるうえで出合う荒波をくぐり抜けるために採用しているサバイバル戦略だ。そして、それらすべてに共通する鍵は、フレキシビリティー、つまり柔軟性である。

ぼくらが今見出しはじめているのは、遺伝子はより大きな柔軟性を持つネットワークの一部であるということだ。そうした所見は、今まで遺伝子について聞かされてきた多くのことと対立する。だが、ぼくらの遺伝子は、今まで信じ込まされてきたように固定したものでも、厳密なものでもない。もしそうだったらぼくらは、あのキンポウゲが変化しつづける環境に順応するように、変化しつづける人生が突きつける要求に順応できはしないはずだ。

メンデルが彼のえんどう豆に見出せなかったこと、そして彼の後に続く何世代もの遺伝学者が見逃してきたことは、遺伝子がぼくらに与えるものだけが重要なのではなく、ぼくらが遺伝子に与えるものも重要だという事実である。なぜなら、環境が遺伝子に勝る場合が実際にあるからだ。

そして、これから見ていくように、それは始終起きているのである。

第3章

運命を変える「遺伝子スイッチ」

――トラウマ、いじめ、ローヤルゼリーが導くエピジェネティクスの話

CHANGING OUR GENES

ミツバチと人間が共有している「ローヤルな遺伝子」

メンデルがえんどう豆の研究を手がけたことは、多くの人の知るところだろう。途中で断念させられたマウスの研究についても知っている人がいるかもしれない。でも、おそらくほとんどの人が知らないだろうと思われるのは、メンデルがミツバチの研究も行っていたことだ。彼はミツバチのことを、「ぼくのいとしい小さな生き物たち」と呼んで可愛がっていた。

メンデルがそんな言葉を使ったことをからかう人はいないだろう。ミツバチは、とめどなく魅力的で美しい生き物だ。それに、ぼくら人間についても多くのことを教えてくれる。あなたは、コロニー全体のハチが群がって移動している、恐ろしくも荘厳な光景を目の当たりにしたことがないだろうか？　その優美な竜巻の中心のどこかに、巣を後にした女王蜂がいる。

そんな壮大なパレードがふさわしい女王蜂とは、いったいどんな生き物なのだろう？

それは、彼女をひと目見ればわかる。まず、人間界のファッションモデルと同じように、女王蜂の胴体と脚は、姉妹である働き蜂のものより長い。体つきも、ずっとほっそりしていて、腹部も毛むくじゃらではなく、滑らかだ。自分より若い成りあがりの女王蜂候補による昆虫版クーデターからしょっちゅう身を守らなければならないので、女王蜂には必要に応じて何度でも再利用できる針がある。この点は、針を一度使ったら死んでしまう働き蜂とは対照的だ。また、女王蜂は何年も生きられるが、働き蜂の命はたった数週間しかもたない。女王蜂は、1日に数千個の卵を産むことができる。そして彼女の高貴なニーズはすべて、かしずく不妊の働き蜂がまかなっている*。

そう、つまり、彼女は大物っていうわけだ。

このものすごい差を目の当たりにすると、女王蜂と働き蜂は遺伝的に異なるに違いないと思ってしまっても無理はない。それは一見理にかなっているように見える。何と言っても、女王蜂の身体的な特徴は、姉妹の働き蜂とは大きく異なっているのだから。

けれども、もっと掘り下げて見ると――DNAのレベルまで掘り下げると――まったく異なる話が浮かび上がってくる。ほんとうのところ、遺伝的に言うと、女王蜂は特別でもなんでもないのだ。女王蜂とそのメスの働き蜂の両親は同じで、DNAもまったく変わらない。にもかかわらず、両者の行動学的、生理学的、そして解剖学的な違いには、はなはだしいものがある。

ではなぜ違うのかというと、女王蜂になる幼虫のほうが、いいものを食べているからだ。

そう、それだけの違いだ。ミツバチが食べているエサが、遺伝子の発現を変えるのである。この場合は、特定の遺伝子をオンやオフにすることによって、発現されるものが変わる。こうしたメカニズムをぼくらは「エピジェネティクス」と呼んでいる。新しい女王蜂が必要だとコロニーが判断すると、運のよい幼虫が何匹か選ばれ、ローヤルゼリー漬けにされる。ローヤルゼリーは、若い働き蜂の口内にある腺によって作られる、タンパク質とアミノ酸豊かな分泌物だ。ローヤルゼリーは当初すべての幼虫に与えられるが、働き蜂はすぐに「離乳」させられる。けれども小さな王女たちは、食べて、食べて、食べまくり、ついには高貴な血を引く優雅な女帝に育つ。そして、こうした

＊　働き蜂も、ときおり卵を産むことがあり、それらはドローン（雄蜂）に成長する。だが、彼らの複雑な生殖遺伝構造により、働き蜂は雌の働き蜂に成長する卵を産むことはできない。

高貴な姉妹を皆殺しにした最後の１匹が、女王蜂の王座を最初に手にするというわけだ。

彼女の遺伝子は、その他大勢とまったく変わらない。でも、彼女の遺伝表現は、王家（ローヤル）のものなのだ[1]。

幼虫をローヤルゼリーに浸せば女王蜂になるということは、何世紀にもわたって（もしかしたらもっと長いこと）養蜂家のあいだで知られてきた。けれども、２００６年に「アピス・メリフェラ」という学名のセイヨウミツバチのゲノムが解読されるまで、そしてまた２０１１年にミツバチのカースト分化の詳細が明らかにされるまで、その正確な詳細は、だれにもわからなかった。

地球に暮らすあらゆる生物と同じように、ミツバチも多くの遺伝子配列を他の生物と共有している――ぼくら人間とも。そして研究者がすぐに気づいたのは、そうした共有コードのひとつが、ＤＮＡメチルトランスフェラーゼ、すなわちＤｎｍｔ３（ディーエヌエムティー・スリー）のものだということだった。これは哺乳類においても、エピジェネティクスの仕組みにより特定の遺伝子の発現を変えることができる物質だ。

研究者たちが化学物質を使って、数百匹の幼虫のＤｎｍｔ３を遮断すると、幼虫はみな女王蜂になった。そして、別の幼虫のグループで、Ｄｎｍｔ３を元のようにオンに戻すと、幼虫はみな働き蜂になった。というわけで、予測に反し、女王蜂は働き蜂より何かを多く持っているというよりも、何かを少なく持っていたのだ。女王蜂があれだけたくさん食べることができるローヤルゼリーは、ミツバチを働き蜂にする遺伝子を抑える働きをするらしい[2]。

ほうれん草で遺伝子のコードが書き換わる⁉

もちろん、ぼくらの食習慣はミツバチのものとは異なるが、ミツバチ（とその賢い研究者たち）は、ライフスタイルの要求を満たすために遺伝子が自らの表現型を変える驚くべき例をいくつも示してくれる。[3]

学生から社会人になり、そして地域のリーダーになるといったように、一生のあいだに一連の決まった役割を果たす人間と同じく、働き蜂もまた、誕生からその死までのあいだに予測可能なパターンをたどる。まずはじめは、家事手伝いと葬儀人だ。巣を清潔に保ち、必要に応じて死んだ姉妹を巣から除き、コロニーを病気から守る。ほとんどの働き蜂はその後、育児蜂になり、他の育児蜂と協力して巣内のあらゆる幼虫のチェックを1日1000回以上行う。そして生後2週目あたりに成熟期を迎えると、花蜜を求める採餌蜂（さいじばち）となって巣から飛び出すようになる。

ジョンズ・ホプキンス大学とアリゾナ州立大学の科学者チームは、ときおり育児蜂が足りなくなると、採餌蜂が育児蜂に戻ることを知っていた。そこでその理由を知りたいと思った彼らは、遺伝子発現の差を調べてみた。特定の遺伝子に化学的な「標識」をつけて、それを探してみたのだ。その結果、案の定、そうした標識が育児蜂と採餌蜂で違う位置にあった遺伝子の数は150を超えていた。

そこで、彼らは、ちょっとしたトリックを使うことにした。採餌蜂が花蜜を探しに出かけているあいだに、育児蜂を巣から取り除いたのだ。すると、幼い妹たちが育児放棄に見舞われるのをよしとしなかった採餌蜂たちは、ただちに育児蜂に戻って、幼虫の世話に精を出した。そしてそれと同じ速さで、彼らの遺伝標識も変わったのだった[4]。

以前発現していなかった遺伝子は、今や発現するようになっていた。そして、以前発現していた遺伝子は、発現しなくなったのである。採餌蜂が育児蜂の仕事を引き受けたとき、彼らは、本来自分たちがすべきでない仕事をこなしていたわけではない。そうではなくて、異なる遺伝的宿命に従うようになっていたのだ。

さて、ぼくらは蜂みたいな姿をしているわけではないし、蜂のように感じているわけでもない。それでも、驚くべき数の遺伝的類似性をミツバチと共有している――Ｄｎｍｔ３も、そのひとつだ[5]。そしてミツバチとまったく同じように、ぼくらの人生も、善きにつけ悪しきにつけ遺伝子の発現に大きな影響を受けている。

たとえば、ほうれん草を例にとって考えてみよう。ほうれん草の葉にはベタインと呼ばれる化合物が多く含まれている。ベタインは、自然界や農地で、水不足、高い塩分濃度、極端な気温といった環境的ストレスと闘う植物を助けている。一方、人間の体内では、ベタインは遺伝子コードに影響を与える一連の化学的連鎖反応の一部である「メチル基供与体」として働く。

オレゴン州立大学の研究者たちは、ほうれん草を食べる人の多くにエピジェネティックな変化が生じ、その変化は、調理肉の発がん性物質がもたらす遺伝的突然変異と闘ううえで、細胞を助けることを発見した。実際研究者たちは、実験動物の研究で結腸腫瘍の発生率を半分にまで抑え込むことに成功している[6]。

ごく微妙だがとても重要な方法で、ほうれん草に含まれる化合物は、ぼくらの体内の細胞に異なるふるまいをさせる指示を送ることができるのだ――ちょうど、ローヤルゼリーがミツバチに異なる成長過程をとらせるように。だから、そう、そのとおり。ほうれん草を食べれば、あなたも遺伝子そのものの発現が変えられるらしい。

同じDNA、違う生き物、その差は？――エピジェネティクス入門講座

覚えているだろうか。もしシャフゴッチュ司教がメンデルのマウスの研究をやめさせていなかったら、彼の遺伝理論より、もっとすごいものが生まれていたかもしれない、と言ったことを。そう、ここで、その「もっとすごいもの」がついに日の目を見ることになった経緯を紹介しよう。

まず、それには時間がかかった、と言わなければならない。メンデルの死後90年以上が経った1975年、遺伝学者のアーサー・リグスとロビン・ホリデイ（前者はアメリカ、後者はイギリスで、それぞれ独立して研究を行っていた）が、ほぼ同時に同じ考えに行きあたった。それは、遺伝子は確かにあらかじめ決まってはいるが、おそらく一連の刺激に対する異なる表現型を持っている。そのため遺伝形質は、今まで遺伝的な継承物について一般に信じられてきたようにあらかじめ決まった特徴しかとらないのではなく、多岐にわたる形質をとりうる、というものだった。

こうして、遺伝子を引き継ぐ方法を変えられるのは叙事詩的に悠長な突然変異によるプロセスだけだという従来の考えは、にわかに湧き起こった議論の真っただ中に放り込まれた。けれども、ち

ょうどメンデルの考え方が完全に無視されたのと同じように、リグスとホリデイが提唱した仮説も無視されてしまった。ここでもふたたび、時代に先んじた遺伝にまつわる考えが注目を集めることはなかったのである。

こうした考えとその深い含蓄が広く一般に認められるようになるには、さらに四半世紀を待たなければならなかった。それをもたらしたのは、天使のように無邪気な顔をした科学者、ランディ・ジャートルが行った見事な実験である。メンデルと同じように、ジャートルも、遺伝には目に映る以上のことが含まれていると見抜いていた。そしてこれもまたメンデルと同じように、その答えはマウスにあると信じていた。

アグーチマウスは、マペットみたいな、ぽっちゃりとしたオレンジ色のネズミだ。このマウスを使って、デューク大学のジャートルと同僚は、当時、ただ驚くべきこととしか言えなかった発見を成し遂げたのである。妊娠直前に、コリン、ビタミンB12、葉酸といった数種類の栄養素を食餌に添加することによって雌マウスの食事内容を変えるだけで、その子供たちは、より小さく、まだらな茶色の毛皮といった、全体的によりマウスっぽいマウスに変わったのだ。のちに研究者たちは、これらの子マウスは、親のアグーチマウスよりがんと病気にかかりにくいことも発見した。

まったく同じDNA。完全に違う生き物。そしてその差はただ遺伝子の発現だけ。ひと言で言えば、母親の食習慣が子供たちの遺伝子コードにアグーチ遺伝子をオフにする信号を付与し、そうやってオフにされた遺伝子が、子孫に引き継がれていった、というわけだ。

だが、これはまだほんの手始めにすぎない。歩みの早い21世紀の遺伝学のこと、ジャートルのマペットたちは、すでに他局での再放送用に降格されてしまっている。毎日のようにぼくらは、マウスについてもヒトについても、遺伝子の発現を変える新たな方法を学んでいる。問題は、人工的に介入できるかどうかではない。それができることはすでに既知の事実だ。現在では、すでにヒトへの使用が認可された新たな薬剤を使って、ぼくら自身と子供たちがより長く健康的な人生を送れるようにする方法が探られている。

リグスとホリデイが理論化したこと、そしてジャートルと同僚が一般の人々に受け入れさせたことは、今では「エピジェネティクス」という名で知られている。ざっくり言うと、エピジェネティクスとは、ローヤルゼリーに浸されたミツバチの幼虫に見られるように、DNAの変化は生じさせずに生育環境の結果として遺伝子の発現が変化することを研究する学問だ。エピジェネティクス研究の中でも、もっとも急速に発展している魅力的な分野は、遺伝率に関するものだ。エピジェネティックな変化がどのように次の世代、そしてその後の世代に影響を与えていくかを研究する分野である。

あなたに効くダイエットが事前にわかる？——遺伝子スイッチ「メチル化」

遺伝子発現の変化は、「メチル化」と呼ばれるエピジェネティックなプロセスを経ることによってよく生じる。ヌクレオチドの配列に変化を与えずにDNAを改変する方法はたくさんあるが、メチル化は、三つ葉のクローバーの形をした水素と炭素でできた化合物を使う。それがDNAにくっついて遺伝子構造を改変し、細胞が予期された通りの細胞になって予期された通りの仕事をするように、あるいはまた祖先から指示された通りの行動をするように細胞をプログラムする。遺伝子をオンやオフに切り替えることができるメチル化の「標識」は、がんや糖尿病や先天性欠損症を引き起こしかねない。

とはいえ、絶望する必要もない。というのもメチル化は、ぼくらによりよい健康と長寿をもたらす遺伝子の発現にも影響を与えるからだ。

こうしたエピジェネティックな変化は、意外なところで影響をおよぼしているようだ。そのひとつの例が、夏の減量合宿である。

ある遺伝学の研究者グループが、10週間にわたってたるみと戦う夏合宿に参加するスペインの10代の若者200人を追跡調査することにした。そして発見したのは、参加者が夏合宿で経験したことを逆行分析(リバースエンジニアリング)し、彼らのゲノムの5か所ほどの場所にあるメチル化のパターン〔遺伝子がオンやオフになっている状態〕を調べることができれば、合宿がまだ始まっていない時点でも、どの子がもっとも体重を落とすことになるかが予測できるということだった。[7] ある子は夏合宿で痩せやすい身体をエピジェネティック的に備えていたのにひきかえ、カウンセラーによるダイエットの指示をいくら厳守しても、痩せられないと予測された子もいた。

ぼくらは今、こうした研究で得た知識を、自分特有のエピジェネティックな構造に生かす方法を学びつつある。10代の若者たちのメチル化の標識が教えてくれるのは、痩せること、そしてそれ以外の多くのことにおいて、自分独特のエピゲノム〔ゲノムに施された塩基配列以外の情報〕を知ることが、いかに大切かということだ。スペインの夏合宿の参加者から学べば、自分のエピゲノムを掘り起こして、最適な減量戦略に必要な情報を集めることができるだろう。人によっては、自分には効果が出ないことが運命づけられている減量合宿の法外な料金を節約する手段になるかもしれない。

けれども、エピゲノムは不活発なものではまったくない。それは、遺伝によって受け継いだDNAとともに、その人が自らの遺伝子に対して行っていることとの影響を受ける。

近年、メチル化のようなエピジェネティックな改変は、驚くほど簡単に起こることが、急速にわかってきた。

また、遺伝学者はメチル化した遺伝子を研究する複数の方法だけでなく、それをリプログラミングする方法、つまり、遺伝子をオンやオフにしたり、発現量を増やしたり減らしたりする方法の開発に成功している。

遺伝子の発現量を変えるということは、良性腫瘍と猛り狂う悪性腫瘍の差を生み出せる可能性があるということだ。

こうしたエピジェネティックな変化は、飲む薬や吸うタバコ、流しこむ飲み物や通っているエクササイズ教室、病院で受けるエックス線検査などによっても生じる。

そして、ストレスもその一因だ。

チューリッヒの科学者たちは、ジャートルのアグーチマウスの研究をもとに、幼児期のトラウマが遺伝子の発現に影響を与えるかどうかを知りたいと思った。そこで、産まれたばかりのマウスを母親から3時間引き離したあと、まだ目も見えず、耳も聞こえず、毛も生えていないこの幼い生き物を母親のもとに戻した。その翌日も、同じことを繰り返した。

こうして14日間連続して同じことを続けた後、科学者たちは子供たちを引き離すのをやめた。最終的には、どのマウスもそうなるように、小さかった子供たちは視覚と聴覚を発達させ、毛も生えて、大人になった。けれども、2週間にわたって辛い思いをしたために、彼らははっきりした適応障害のある小さなネズミに育ってしまった。とりわけ、潜在的に危険な場所を察知することが苦手のようだった。困難な状況に置かれると、それに立ち向かったり、方策を考えたりする代わりに、すぐにあきらめてしまうのだ。

だがほんとうに驚くべき事実は、次のことだった。その小さなマウスたちは、こうした行動を自分たちの子供にも受け渡したのだ。さらには、そのまた子孫にも。こうした子孫の生育にはまったく問題がなかったにもかかわらず[8]。

言い換えると、ある世代が経験したトラウマは、2世代あとにも、遺伝子的に存在していた、ということになる。これは驚くべきことだ。

ここで、マウスのゲノムはぼくら人間のものと99パーセント同じであることを指摘しておきたい。そして、チューリッヒの研究で影響を与えていたふたつの遺伝子、「Ｍｅｃｐ２（メックピー・トゥー）」と「Ｃｒｆｒ２（シーアールエフアール・トゥー）」は、マウスにもヒトにも同じく見出されるということも。

もちろん、マウスに起きたことがぼくら人間にも起きるかどうかは、やってみなければ、いや、見てみなければわからない。それは簡単にできることではないだろう。というのは、人間の比較的長い寿命は、世代間の変化を調べる検査を難しくさせるからだ。また、ことヒトにおいては、氏と育ちを分けるのは、マウスよりずっと難しい。

でも、だからと言って、ヒトにおいて、ストレスにまつわるエピジェネティックな変化の例がなかったわけではない。それは確かに存在する。

いじめのトラウマは遺伝子をも傷つける

以前、中学1年生に戻ってみてほしい、と頼んだことを覚えているだろうか。その時点まで遡ると、できるなら思い出したくない嫌な思い出や出来事を思い起こしてしまう人もいるだろう。正確な数字はわからないが、あらゆる子供の少なくとも4分の3は、人生のある時点でいじめを経験するという。ということは、あなたも、大人になるまでに、そうした不運な経験を受け取る側だった確率は高いだろう。そして、すでに親になった人にとっては、わが子のいじめの経験や、学校内外の安全に関する心配は増える一方に違いない。

ごく最近まで、ぼくらはいじめにまつわる深刻で長期にわたる悪影響を、主に心理学的な面から考えて語ってきた。いじめがとても深い精神的な傷痕を残すことについては、異論を唱える人はいないだろう。一部の子供や青少年が被る計り知れない精神的苦痛は、自分を傷つけることを考えたり、実際にそんな行為に走らせたりすることがある。

しかし、もし、いじめられた経験が、ぼくらに深刻な心理的負担を負わせること以上の問題をもたらすとしたら？　この質問に答えを出すために、イギリスとカナダの教師たちのグループは、「そっくりな双子」、つまり一卵性双生児の複数の双子のペアを5歳から追跡調査することにした。まったく同じDNAを持っていることに加えて、研究に参加した各双子のペアは、その時点まで一度もいじめられたことがなかった。

スイスの実験でマウスが被った扱いとは違い、今度の研究者たちは、研究対象にトラウマを植えつけることが許されていなかったと聞いたら、読者のみなさんはほっとされるかもしれない。とはいえ研究者たちは、他の子供たちに科学的な汚れ仕事をさせたのだった。

何年間もじっと待ちつづけたあと、科学者たちは、片方の子だけがいじめにあった双子のペアを訪ねた。そして、そのあいだの双子の人生を調べた結果、次のことが判明したのである。双子が12歳になっていたそのとき、5歳のときにはなかった驚くべきエピジェネティックな変化が生じていたのだ。大きな変化が生じていたのは、いじめにあったほうの子供だけだった。

単刀直入に言うと、いじめには、青少年に自傷傾向を引き起こす危険があるだけでなく、遺伝子の働き方と遺伝子が人生を形づくるやり方を変えてしまうことに加え、将来の子孫に引き継ぐものまで変えてしまう危険性があるということが、遺伝子的にはっきりと証明されたわけだ。

この変化を遺伝子のレベルで見るとどうなっていたかというと、平均的に言って、いじめられたほうの子では、次のことが起きていた。SERT（サート）遺伝子（セロトニン・トランスポーターと呼ばれ、神経伝達物質セロトニンがニューロンに移動するのを助けるタンパク質をコードする遺伝子）のプロモーター領域で、DNAのメチル化の量が有意に多くなっていたのだ。この変化は、SERT遺伝子から作られるタンパク質の量を減少させると考えられている。つまり、メチル化の量が多くなればなるほど、SERT遺伝子が「オフになる」割合も増えるのだ。

こうした発見がなぜ重要かと言うと、エピジェネティックな変化は一生残る可能性があると考えられているからだ。言い換えれば、たとえあなた自身がいじめられたことをよく覚えていなくても、あなたの遺伝子はちゃんと覚えているのである。

研究者が発見したのはそれだけではない。研究者たちは、観察された遺伝的変化に伴って、精神的な変化が生じていたかどうかも知りたいと思った。そこで、彼らは双子に状況検査を課すことにした。スピーチと暗算――ぼくらの多くがストレスを感じ、できるなら避けたいと思う状況である。その結果、不快な状況にさらされたとき、いじめられた経験のあるほうの双子のかたわれ（その経験に対応するエピジェネティック変化を引き起こしているほうの子供）は、そうでないほうの子供より、ずっと低いコルチゾール反応を示したのだった。いじめは、いじめられた子供たちのSERT遺伝子の発現を抑えただけでなく、ストレスに見舞われたときのコルチゾール分泌量も減少させていたのである。

一見すると、これは理屈に合わないと思われるかもしれない。「ストレス」ホルモンとして知られるコルチゾールは、通常、ストレスにさらされると分泌量が増えるからだ。だとしたらなぜ、いじめられた経験のあるほうの子のほうで、分泌が鈍くなってしまうのだろう？　ストレスが募る状況では、コルチゾールは増えると考えるのが妥当ではないだろうか？

ここからちょっと複雑な話になるが、がんばってついてきてほしい。

しつこいいじめによるトラウマへの反応として、いじめられたほうの双子のＳＥＲＴ遺伝子は、通常、日常生活におけるストレスや問題への対処を助けてくれる視床下部－下垂体－副腎皮質系（ＨＰＡ軸）を変化させてしまうのだ。そして、いじめられたほうの双子について研究者たちが発見したことによると、メチル化の度合いが大きければ大きいほど、ＳＥＲＴ遺伝子がオフになる割合も大きいのである。この遺伝子的反応がいかに重大であるかは、こうしたタイプのコルチゾール反応の鈍化が心的外傷後ストレス障害（ＰＴＳＤ）の人々にもよく見られることに表れている。

コルチゾール量の急増は、困難な状況に立ち向かうぼくらを助けてくれる。けれど、あまりにも多くのコルチゾールに長いあいださらされると、ほどなくして身体に支障が現れる。そのため、ストレスに対するコルチゾール反応の鈍化は、毎日いじめられることに対する、その子のエピジェネティックな反応だったのだ。言い換えれば、いじめられたほうの双子のエピゲノムは、コルチゾールが体内に過剰にたまるのを避けるために変化したのである。この妥協策は子供たちにとって、しつこいいじめをやり過ごすための有益なエピジェネティック的適応だったのだ。これが示唆するのは、まさに驚くべきことだ。

人生の出来事に対する遺伝子的反応の多くは、これと同じようなやり方で働く。つまり長期的結果よりも、短期的結果を優先するのだ。もちろん、短期的には、持続するストレスへの反応を鈍化させたほうが楽だろう。だが、長い目で見れば、長期的にコルチゾール反応を鈍化させるエピジェネティックな変化は、うつやアルコール依存症といった、深刻な心理的状況をもたらしかねない。

さらに、読者の方を震え上がらせたくはないものの、このようなエピジェネティックな変化は、次の世代にも引き継がれる可能性がある。

こうした変化がいじめにあった双子といった個人に生じるのであれば、国民全体にトラウマを与えるような出来事の場合はどうだろう？

9・11が刻み込んだ「傷」は、次の世代にも引き継がれるのか？

それは、悲劇的なほどすがすがしく晴れたニューヨークの火曜日の朝に起きた。2011年9月11日、2600人を超える人々がニューヨークの貿易センタービルの中や周辺で命を落としたのだ。そして襲撃を間近で見た多くのニューヨーカーたちが深刻なトラウマを被り、何か月も、何年も、心的外傷ストレス症候群に苦しめられることになった。

レイチェル・イェフダは、ニューヨークにあるマウントサイナイ医科大学、心的外傷後ストレス障害研究部門の教授だ。彼女にとって、この悲惨な出来事は、ユニークな科学的研究の機会となった。

イェフダは、PTSDを抱える人々は、ストレスホルモンであるコルチゾールの血中濃度が低いことを前から知っていた。最初にこの現象に気づいたのは、1980年代に退役軍人を調査したときである。そのため、9月11日当日にツインタワーの中または近くにいた妊娠中の女性たちから唾液の検体を集めたとき、彼女には、どこから手をつけるべきかがわかっていた。

実際、最終的にPTSDを発症した女性たちのコルチゾールのレベルは有意に低かった。そしてそれは、その後生まれてきた赤ちゃんも同じだったのである。とりわけ、テロが起きたときに妊娠第3期（7か月～9か月）だった女性の赤ちゃんでは顕著だった。

当時赤ちゃんだった子供たちも、今では大きくなっている。イェフダと同僚たちは、彼らにテロが与えた影響を今でも追跡調査しており、トラウマを抱えた母親から産まれた子供たちは、そうでない子供たちより動揺しやすいという事実をすでに証明している。[9]

これらは何を意味するのだろうか？　動物実験の結果を併せて考えると、たとえセラピーを求めてトラウマを克服し、気持ちを切り替えてずっと時が経ったと思ったあとでも、遺伝子は経験したことを忘れていないと結論づけてよさそうだ。ぼくらの遺伝子は、過去のトラウマを依然として心に刻み込んで維持しつづけるのだ。

さらに、訊かずにはいられない疑問がある――果たしてぼくらは、いじめだろうが、同時多発テロだろうが、経験したトラウマを遺伝子に刻んで次の世代に引き継いでしまうのだろうか？　これまでは、遺伝子コードにつけられたエピジェネティックなマークや注釈は、ちょうど楽譜の余白に書かれたメモのように、ほぼすべてきれいに消され、妊娠前には除かれているものと考えられていた。しかし、メンデル遺伝が過去のものになりつつあるなか、それは事実とは違うということをぼくらは学びつつある。

もうひとつわかってきたのは、胚の発生時に、エピジェネティックな影響を受けやすい時期があるということだ。こうした重要な時間枠に、栄養不足のような環境的ストレス要因が加わると、特定の遺伝子がオンまたはオフになって、エピゲノムに影響を与えるのだ。そう、ぼくらの遺伝的継承物は、胎児期の極めて重要な時点で刷り込まれるのである。

こうした時点がいつであるのかは、まだだれも正確には知らない。だから、今や妊娠中の女性たちには、妊娠期間中は食べるものやストレスのレベルに常に気をつけなければならない遺伝子的な動機ができたわけだ。今では、妊娠中の母親の肥満が赤ちゃんに代謝の再プログラミングを引き起こすことにより、赤ちゃんに糖尿病をはじめとする疾患の素地を作り出す危険性があることまで明らかになっている[10]。これは、妊娠中の女性にふたり分食べるという考えを改めさせるべきだという、産科および母体胎児医学界で主流になりつつある動きを裏づける証拠だ。

遺伝子によいインパクトを与える人生を

トラウマを抱えたスイスのマウスのように、ぼくらは、エピジェネティックな変化が次世代に受け渡される多くの例をすでに目にしてきている。そのため、近い将来に、人間もこうしたタイプのエピジェネティックなトラウマの遺伝を免除されているわけではないことを示す圧倒的な証拠が押し寄せる可能性は、とても高いだろう。

とはいえ、遺伝とは何を意味するのかについて、そして自分が遺伝によって受け継いだものにインパクトを与える方法について多くのことを学んできたぼくらは、もはや無力ではない。そうしたインパクトには、よいインパクト（ほうれん草とか）もあれば、悪いインパクト（ストレスもそのひとつ）もある。自分が受け継いだものから完全に自由になれない場合もあるだろうが、学べば学ぶほど、自分の意志で選択することが、自分にも次の世代にも、そしてさらにずっと将来の子孫にも大きな違いを生み出すことになるのがわかるだろう。

なぜなら、ぼくらは自分の人生経験の遺伝的集大成であるだけでなく、もっとも喜ばしいことからもっとも悲惨なことまでを含め、それらを経験し生き延びてきた両親や祖先の遺伝的集大成でもあるということが、すでに事実として判明しているからだ。ぼくらは今、自ら選択を下し、そうした変化を後世の世代に手渡すことによって遺伝的宿命を変える能力を精査している。そうすることにより、これまで大切にされてきたメンデル型の遺伝に対する思い込みに真っ向から挑んでいる最中なのだ。

第4章

たった1個の書き間違い、ほんの少しの環境の違い

——骨折だらけの女の子と全身骨化した男性が人類に遺した贈り物

USE IT OR LOSE IT

生物学上の金言「使わなければ、だめになる」

医師と麻薬密売人。いまどきポケベルを使っている職業は、このふたつだけのようだ。だから混雑するレストランでポケベルが鳴ったときや、劇場に入る前にそれをチェックするときなど、ときどき考えてしまう。ぼくはどっちの業界人に見えるだろうか、と。

ついこの前の朝にポケベルが鳴ったとき、ぼくはざわめく病院の吹き抜けの下にいて、スターバックスにできた長い列の一番前にようやく達するところだった。あとひとりクリアすれば、ぼくの番。やろうと思えばカップをつかみ、それに自分で注文が書き込めてしまうほど近かった。でも、ぼくの前に立っていた女性は、ベンティ、ダブルショット、ソイ、モカだか何だかと、注文に時間をかけていた。

あともうちょっとなのに、こんなに遠い……。

ぼくはポケベルに応えるために列から離れた。連絡してきたのは多発性骨折の幼い患者を診ている小児科チームの女医で、幼い少女について遺伝学的助言が欲しいから、ちょっと立ち寄ってもらえないかという。ちょうど所定の診察を終えるところで、15分後ぐらいには準備ができるということだった。ぼくは紙ナプキンに病室番号をメモして、列の最後尾に並び直した。2分離れただけなのに、列はぐんと延びていた。

といっても、たいして気にはならなかった。待つあいだの数分間は考えをまとめるのに使えばいい。ぼくは幼い子供の反復性骨折について、頭の中に組み込まれているアルゴリズムを実行してみた——もしこうだったら、ああだ。もしああだったら、このはずだ、というように。その結果は、その子の症状を評価するときに役立つはずだ。

そうしながら、ぼくは、ぼくらが身体について考えるときに骨が果たす特別な役割について考えていた。

庭先に置いたハロウィーンのプラスチック製の飾りから『パイレーツ・オブ・カリビアン』に登場するものまで、ガイコツを目にする機会は十分にある。こうしてだれでも骨のことをよく知っているから（たとえ全部で206本ある骨の名前がひとつも言えないとしても、おそらく基本的なガイコツの絵は描けるだろう）、常に変化する人生の要求に身体がどう応えているかに思いを巡らすとき、簡単に骨格を思い浮かべることができる。

身体のシステムの大部分がそうであるように、骨格も「使わなければ、だめになる」という生物学上の金言を守っている。身体を動かすこと、あるいは動かさないことに反応して遺伝子が呼び起こされ、柔軟性のある強い骨、あるいは穴だらけでチョークのようにもろい骨を造るプロセスが起動される。人生の経験は、こうやって遺伝子に影響を与えるのだ。

けれども、人生が要求する柔軟な骨格を造る遺伝的ノウハウを、ぼくら全員が受け継いでいるわけではない。ついに熱いアールグレイを手に入れて7階の病室に向かうあいだにぼくが考えていたのも、そのことだった。患者の部屋のドアをノックしてドアを開けると、小さな病院支給のガウンを着た3歳の女の子がベッドに横たわっていた。黒い髪の毛の可愛らしいその子は、名前をグレースといった。

グレースの眉毛は汗で濡れていた。おそらく骨折からくる痛みを感じていたからだろう。ぼくは、そのことを心に留めた。往来の激しい病院の廊下から患者を隔てるささやかなプライバシーを与えるカーテンを引いて開けるときには、いつも患者の状態をざっと目でスキャンする。

そしてすぐに、とても重要な特徴に気がついた。

彼女の目だ。

骨折だらけの3歳の女の子グレース

リズとデイヴィッドには子供ができなかったが、それでもかまわないとずっと思っていた。

リズは才能豊かなグラフィック・アーティスト、デイヴィッドは会計士で、自分の会社を経営していた。ふたりとも時間をキャリアに費やし、互いに関心を払うことで人生に満足していた。休暇には世界中を旅し、家には手に入る限り最上級のものを備えていた。

ふたりは、子育て中の友人たちが驚くほどのエネルギーを毎週のカープール〔親たちが交代でそれぞれの子供たちをおけいこに連れて行くこと〕に割く姿を見ていた。友人たちは学校のことにも気を配らなければならなかった。保護者会、楽器のレッスン、スポーツ活動、サマーキャンプ。そして、真夜中2時の悪夢、午前6時の起床。子育ては大変な仕事だ。

だからふたりは、将来の見通しが降ってわいたように変わってしまったことに、自ら驚いていた。

世界には親を必要としている子供たちがいる。けれども中国の孤児院にいる少女たちの死亡率が悲劇的に高いことを知ったとき、リズは自分たちがすべきことを悟ったのだった。

世界でもっとも人口の多いその国は、1979年に「一人っ子政策」を施行した。当時、中国は、国民の多くが住み家や食料、そして仕事さえ欠く状態だったにもかかわらず、世界で初めて人口10億人を超える国になろうとしていた。医療当局は避妊具を供給したがうまくいかず、人工流産が一般的な選択肢になった[*]。そして、ふたり目または3人目を出産した者、とりわけ都市に居住していた者は、国家が運営する孤児院の戸口に赤ん坊を置き去りにせざるをえなかった。

しかし、ある親の悲しみは、他の親の喜びになりうる。とはいえ、この中国の「一人っ子政策」は、中国国内の子供のいない夫婦が養子として迎えられる需要をはるかに超える数の孤児、とくに女の子の孤児の過剰供給をきたした。そんなわけで、多くの問題を抱えたこの政策の実施から5年も経たないうちに、中国は世界有数の「孤児輸出」国になっていた。それまで、外国に子供たちを養子として出すことをほとんど許可してこなかったにもかかわらず、だ。

そして2000年までには、アメリカとカナダにとって最大の外国人養子供給国になっていたのである。最近では少し数が減ったものの、中国は依然として、北米に住む人々の主要な孤児入手先になっている。

リズとデイヴィッドは、中国からの養子縁組には困難が伴うことを承知していた。手続きには汚職がつきまとうこともしょっちゅうで、たとえすべてうまくいったとしても、養父母が代理業者を

＊　この現象の裏で起こった思いがけない出来事の経緯については、第10章で詳しく見ていくことになる。

通して手続きを開始してから実際に養子を家に連れ帰るまでには、何年もかかりかねない。しかし何らかの身体的問題——通常は口唇裂のように医学的に「修正可能」な問題——がある子の場合には、ときおり担当当局によって「事が円滑に進められる」ことがある。

そんな「身体的問題」のひとつが先天性股関節形成不全症だ。股関節が外れやすい状態で赤ちゃんが生まれてくる比較的よく見られる症状で、医療が進んだ先進国なら、生まれた後にすぐ治療を始めることで、ふつう治すことができる。けれども医療資源の乏しい国では、この疾患を抱えた子供たちは、重大なハンディキャップを背負ってしまうことがある。グレースが抱えている問題はそれだと、リズとデイヴィッドは告げられた。

だがふたりは、ひと目でグレースが気に入ってしまった。写真を最初に目にした時点で、彼女こそ求めていた子だと直感したのだ。夫婦はグレースに関する書類を養子縁組斡旋(あっせん)業者から取り寄せ、小児科医の意見も聞いた。医師は、ひとたび北米に到着すれば、おそらく容易に治療できるだろうと請けあった。

ふたりにとってグレースに必要な医療を施すことは、彼女の親になれることを考えれば取るに足りない問題だった。かくして、夫婦は中国行きの航空券を手配し、安全に子供を迎えられるようにわが家を整えはじめた。

しかし、将来の娘についてわかっていることは、ほかにほとんどなかった。聞かされていたのは、グレースは孤児院の戸口で1年前に発見され、現在おそらく2歳ぐらいだろうということだけ。それしかなかった。だがリズとデイヴィッドは、養女を引き取るために中国南西部にある雲南省昆明市の孤児院に出向いたとき、知るべきことはもっとあるという事実に直面した。

ふたりは、その子が、ウエストから両脚を吊り上げる「股関節ギプス（スパイカ・ギプス）」を装着していることについては、あらかじめ想像していた。唯一驚かされたのは、そのギプスの大きさと、女の子の小ささだった。まるで、その小さな女の子（5・5キロほどしかなかった）は、ギプスの怪物に飲み込まれているように見えた。

それでも、アメリカの小児科医のお墨付きを得ていたふたりは、グレースの症状は一時的なもので、完全に治療可能なものだと安心しきっていた。あまりにも動じていないふたりを見て、孤児院の職員が、ほんとうによかったと声をかけたほどだ。

「この子の運命を握っているのは、あなたがたです」と彼女は言った。

この言葉は、まさに的を射ていたことが判明する。

数日後、ふたりはグレースを伴ってアメリカに帰り、小児科医に簡単な検査をしてもらったのち、スパイカ・ギプスを外すことができた。そして股関節形成不全の治療を始めるための再診日を決めた。

しかし、ギプスの下に隠されていたグレースの腰と両脚は痩せこけていた。そしてギプスを外して24時間も経たないうちに、左大腿骨（だいたいこつ）と右脛骨（けいこつ）が折れてしまったのだ。

そのときはスパイカ・ギプス自体が、股関節形成不全の治療を助けるどころか症状を悪化させてしまったせいで、彼女の骨がガラスのようにもろくなってしまったのだと思われた。グレースは、ふたたびギプスを装着させられた。

それから数か月後、ついにギプスを外すことができたグレースは、母親リズの腕に抱かれてスポーツ用品店にいた。予定していたキャンプで使うカヌーの品定めをしていたのだ。グレースは気に入ったピンク色のカヌーを指さそうと、リズの腕の中で身体をひねった。

「その音はまるで銃声みたいでした」とリズはのちにぼくに打ち明けることになる。リズは震え、グレースはうめき声をあげた。その数分後、この取り乱した新米の母親と泣き叫ぶ幼児は、病院に逆戻りしていた。グレースの脚は、またしても折れてしまったのだった。

青い白目と半透明の歯 ——グレースのほんとうの病

先天性股関節形成不全症以上のことがグレースに生じている。それは、ふたりから経歴を聞き出すまでもなく、ぼくの目には明らかだった。

その答えは、彼女の目にあった。人間の目は、眼球の強膜（いわゆる「白目」）が露出していることに特徴がある。人間以外のほとんどの種の強膜は皮膚のひだと眼窩（がんか）で隠されている。ディスモルフォロジスト（異形症学者）にとってこの特徴は、患者の遺伝子で起きていることを理解するための願ってもない機会を提供してくれるものだ。

グレースの強膜は白くなく、青みがかっていた。そのことと骨折の経歴を合わせると、何らかの骨形成不全症（OI）を患っていることが推察された。これは、遺伝的な欠陥があるために、健康で強い骨を造るために欠かせないコラーゲンの生成が抑制されたり、その品質が低下してしまったりする疾患である。彼女の骨をあれほどまでにもろくしていたコラーゲンの欠如は、彼女の強膜も青みがかったものにしていたのだ。そして、彼女の歯を見たぼくは、推察が正しいことを確信した。彼女の歯の先は、同じくコラーゲンの欠如により、半透明になっていたからだ。

診断の選択肢としてOIがまったく考慮されていなかったのは、さほど昔のことではない。しかし過去数年間、この疾患は大きな注目を集めることになった。そのきっかけが、ロビー・ノヴァック（「キッド・プレジデント」という名のほうがもっとよく知られているだろう）という、とても愛らしい男の子のおかげであることは間違いない。全世界に向けて「つまらない人間になるのはよそう（stop being boring）」と呼びかけて、人々を鼓舞する彼の動画は、何千万人にもおよぶ世界中の人々に視聴されている。

しかし、全身の70か所以上を骨折し、10歳までに13回におよぶ手術をくぐり抜けてきたロビーは、OIに注目を集めようとしていたわけではない。2013年の春、彼はCBSニュースでこう話した。「みんなに知ってもらいたいんだ。ぼくは、すぐに骨が折れる子なんじゃないって。そうじゃなくて、人生を楽しみたいと思ってる子なんだって」[1]。でもロビーの話は、OIのこと、そしてこの疾患を抱える人をどうやったら助けられるかを、多くの人に考えさせることになった。

この疾患はまた、他の理由からも、ニュースに取り上げられてきた。とくに、児童虐待の嫌疑については、数千件にもおよぶケースの再考を促すきっかけになった。たとえば、エイミー・ガーランドとポール・クラミーの例がある。このイギリス人のカップルは、ソーシャルワーカーから、幼いわが子を虐待しているとして告発された。産まれてまもない子の腕と脚に、8か所もの骨折が見つかったからだ。

虐待の疑いで逮捕されたあと、エイミーとポールは、公的に監視されているときを除き、ほかの子供たちに会うことも禁止された。裁判では、当の赤ん坊を母親から取り上げることはしなかった。まだ母乳で育てられていたからだ。かわりに法廷は、エイミーを常時監視できる施設に移した。まるでリアリティー番組を現実(リアリティー)のものにするかのように、政府は一家を1日24時間監視カメラでモニターできる家に住まわせたのである。そしてエイミーを、あたかも『ビッグ・ブラザー』というテレビ番組の参加者でもあるかのように取り扱ったのだった。[2]

ソーシャルワーカーと関係者たちが、大きな間違いを犯したことを悟ったのは、その18か月後のことだった。エイミーとポールの息子は児童虐待を受けていたのではなく、OIを患っていたことが判明したからである。

OIを患っている子供のX線写真が、児童虐待の証拠のように映ることは理解できる。というのも、OI患者のX線画像は、さまざまな治りかけの段階にある骨折の跡をいくつも示すので、まるで親から骨を折るほどのけがをいつもさせられていることを暴き出す証拠写真のように見えるからだ。しかし、ソーシャルワーカーや医師たちが子供たちを守るために無実の親を虐待者と誤って告発するケースがあるため、今ではほとんどの裁判所が、児童虐待の調査の際には、OIの可能性についても調べるように求めている。

こうしたスクリーニングが広がりを見せているとはいえ、児童虐待のケースを調べている担当者たちにとって都合が悪いことに、OIの可能性が排除できるようになるには、しばらく時間がかかる。警察ドラマで信じ込まされる内容とは異なり、ＤＮＡの証拠は、病院の研究室に足を運んで顕微鏡で検体を眺めるといった簡単なことで判明するとは限らない。骨がもろくなる理由はいくらでもあるため、生化学的調査と遺伝学的調査を通してその原因を見つけるには、数週間どころか数か月もかかる場合があるのだ。

ＯＩの可能性に対する理解の深まり、比較的稀なこの疾患の頻度（アメリカ国内で、年間４００例ほど）、そして流行とさえ思わせられるような児童虐待の頻度（毎年10万件以上の裏づけのとれた肉体的虐待ケースと、１５００件におよぶ致死例[3]）を踏まえ、多くの社会福祉機関や警察は、後悔するより安全策をとるために、未だに断腸の思いで児童虐待の告発を続けている。

遺伝子が課す運命を乗り越えるために大事なこと

ありがたいことにグレースの場合は、その経緯により、多発性骨折の原因として児童虐待が疑われる可能性は非常に低かった。おかげで、ぼくら医療チームは、すぐに問題に取りかかることができた。そして、彼女の新しい両親の全面的な協力のもとに、グレースが当然手にすべき健康で幸せな人生を与えるための答えと医学的介入手段を探る道のりに出発することができたのだった。

ついこの前まで、いわゆる「非致死性骨形成不全症」と呼ばれる症状を治療する手段はほとんどなかった。今日でも、この疾患は難題だが、グレースをひと目見るだけで、乗り越えられない問題ではないことがわかるだろう。

もちろん、ぼくらの遺伝子の奥深くで生じている複雑な問題を解決するには、たとえどんな治療法であっても、通常、それだけで十分ということはない。

しかし、薬剤と理学療法と医療技術の適切な組み合わせがわかるようになれば、真の効果を得ることができる。こうしたツールと、彼女自身の勇気と忍耐力、そして両親の献身が一体になって、グレースは小さくて虚弱な幼児から、タフで冒険好きな少女に成長した。新たな一歩を踏み出すたびに、グレースの人生経験は、彼女の遺伝コードそのものを形づくり、病をもたらす遺伝コードをはねつけている。グレースは、リズとデイヴィッドが彼女のために築き上げた環境が、より強い骨格の構築を可能にしたことを示す力強い証拠だ。

そしてグレースに自分の遺伝的宿命が克服できるなら、ぼくらにだってできるはずだ。なぜか。おそらくあなたは気づいていないだろうが、グレースと同じように、あなたの骨も常に壊れつづけているからだ。ここに小さな割れ目ができ、あそこにちょっとした**ひび**が入り、というように、ぼくらの骨は常に破壊と再建の最中にいる。こうして、ぼくらはみな、いっそう完璧なガイコツになっていくのだ。

造骨という「骨の折れる仕事」

骨の生成と破壊にＤＮＡが関与している方法を理解するには、まず骨の仕組みを知る必要がある。

骨と聞くと、ほとんどの人は、密度が高く生命力がない、岩のような素材を想像するだろうが、実のところ、ぼくらのガイコツはとても元気に生きている。そして、日々変わるぼくらの人生の要求に応じるために、常に再成長しているのだ。この改造と再形成は、破骨（はこつ）細胞と骨芽（こつが）細胞が繰り広げる極微の世界の闘いの結果として生じる。それは、テレビゲームの世界を描いたディズニーの3Dアニメ映画『シュガー・ラッシュ』に出てくるキャラクター、「レック・イット・ラルフ」と「フィックス・イット・フェリックス」のそれぞれにそっくりだ。

　破骨細胞は、骨格版のラルフだ。ただそういうふうにプログラミングされているというだけの理由で、一片一片、骨を壊して溶かしている。一方、骨芽細胞はフェリックス。骨を再生するという「骨の折れる仕事」を淡々とこなしている。じゃあ、ラルフたちをどけてしまえば強い骨ができるのでは、と思われるかもしれない。だが、そうは問屋が卸さない。『シュガー・ラッシュ』のチャーミングなキャラクターと同じように、相手がいなければ、両者ともうまく存在できないのだ。

　壊す（レック・イット）ラルフと直す（フィックス・イット）フェリックスの関係のおかげで、ぼくらの骨格はほぼ10年ごとに完全に生まれ変わる。刀工が鋼の層を重ねて弾性に富む刀を造り出すように、骨の再生における破壊・修復・破壊・修復のサイクルは、たいていの場合、完璧にカスタマイズされた骨格を与えてくれる。それは、一生分のランニング、ジャンプ、登山、サイクリング、ダンスに耐えられるほど丈夫なガイコツだ。

　もちろん、食事からカルシウムを余分に補給することも、通常は役に立つ。

　そして、もしあなたが大方の人と同じように、朝食のシリアルが大好きだったら、ほぼ毎日、その恩恵にあずかっていることになる。

「フルーツループ」、「コーンフロスティ」、「ライスクリスピーズ」（これは日本未発売）を食べている人にとって、ケロッグ社の製品はもはやおなじみだろう。ケロッグ社は、医学博士だったドクター・ジョン・ハーヴェイ・ケロッグの弟、ウィリアム・K・ケロッグによって設立された。しかし、ケロッグ博士は、その名前をブランドに貸すこと以上のことをしている。当時博士は、健康唱道者（ヘルス・グールー）として知られていたが、今日だったら、おそらく変人とみなされていたに違いない（奇妙な考えをたくさん抱いていたが、中でもセックスについては、たとえ一夫一婦制のもとでも危険な行為だと固く信じていた）。

彼はまた、全身振動治療という分野のパイオニアでもあった。彼の悪名高いサナトリウムでは、健康を取り戻させようとして、患者を振動椅子や振動スツールに強制的に座らせていた。ざっくり言うとケロッグ博士は、振動が、患者から病気を振り落とすと考えていたのである。

それから100年以上が経ったが、振動療法は今でもうさんくさい目で見られている。長期間振動にさらされるのは大部分の人にとって危険だとさえ警告する医学専門家もいるほどだ。

しかし、ある特定の患者群では、振動が破骨細胞と骨芽細胞を活性化し、骨の破壊と修復が促進されるのではないかと期待されている。ずっと昔、突飛なものとして却下されたこの振動治療法が、OI患者の治療手段として研究されているのもそのためだ。このことはまた、骨粗しょう症への応用を考慮させることにもなり、この疾患に苦しんでいる数百万人の患者に適切な遺伝子発現を引き起こして、より頑丈な骨を造り出させる可能性が現在探られている。

体中が、骨になっていく——「ストーンマン症候群」の意外な発見法

たとえ完璧な遺伝子を受け継いだ人であっても、骨の不使用、老化、ホルモンの変化などは、目に見えない構造を形づくっている繊細なバランスに大混乱を引き起こすことになる。近頃では、人の骨格系が、その人の無分別な行動に厳しい措置で臨む場合があることもわかってきた。

これは遺伝子変異の場合も同じだ。たとえば、幼い少女アリー・マッキーンの例を見てみよう。この子は、内皮細胞(血管の内膜にある細胞)が骨芽細胞(フィックス・イット・フェリックスの骨生成細胞)に変わってしまうという稀な遺伝病を抱えている。言い換えれば、彼女の細胞は骨に変わってしまうのだ。そしてもちろんそれは、病名が示すとおりの恐ろしい病気である。

ときおり「ストーンマン症候群」とも呼ばれることのあるこの遺伝子疾患「進行性骨化性線維異形成症(FOP)」のもっとも有名な例は、フィラデルフィアに住んでいたハリー・イーストラックという名の男性だろう。5歳のときから身体が硬化し、39歳で他界したときには、完全に身体が固まってしまい、動かせるのは唇だけだったという。今日、イーストラックの骨格はフィラデルフィア内科医協会にあるムター博物館に保存され、FOPの謎を解こうと努める研究者の興味を掻きたてている。

ストーンマン症候群は、200万人にひとりの割合で発症すると考えられており、けがによって悪化する。そのため、アリーの身体は、コブやあざができるたびに骨芽細胞をけがした部位に送って骨を造ろうとする。そうしてできた余分な組織を取り除くために手術しても、その手術自体が、

また骨の形成を促してしまうのだ。

過去数年間、FOPの研究者は、FOPの原因はACVR1（エイシーヴィーアール・ワン）と呼ばれる遺伝子の突然変異であるという発見に沸いた。[4] この突然変異の一部が、ACVR1遺伝子にタンパク質のスイッチを作らせ、それが常にオン状態になる。こうして、本来必要なときに必要な場所でだけ健康な骨が成長すべきところなのに、骨の成長プロセスが暴走してしまうのだ。

しかしこの遺伝子の発見は、アリーと同じ疾患に苦しむ人々を救うには、今のところまだ、ほんのわずかな手掛かりにすぎない。だから鍵は早期発見だ。なぜならこの疾患を抱えていることがわかれば、当人に極力けがをさせないように、親や世話をする人に助言することができるからだ。残念ながら、アリーの医師たちは、彼女が5歳になるまでこの疾患に気づかなかった。幼い子供たちがどれだけコブやあざを作りやすいかを考えると、その遅れが彼女の長期的な健康にどれほどダメージを与えたかが想像できるだろう。そのうえ、彼女の体内で生じていることを理解しようとして施した手術は、医師たちの思いに反し、かえって害をもたらしていたのだ。

ACVR1遺伝子に生じた突然変異の大部分は、医学用語で「デノボ（de novo）突然変異」と呼ばれる新しい変異だと考えられている。これは親から受け継いだ変異ではない。そのため家族歴を見てもFOPはまず見つからず、診断を下す過程がさらに複雑になり、遅くなってしまう。

にもかかわらず、残念なことにヒントはあった。見逃されても仕方ないほど目立たないものではあったが。それは、アリーの足の親指で、とても短く、足の他の指のほうに向かって曲がっていた。[5] このディスモルフォロジーの兆候とアリーの他の症状を組み合わせていれば、正しい診断が確定できていたかもしれない(6)。

考えてもみてほしい。驚くほど複雑な遺伝子疾患を目の前にして、アリーの足の親指を凝視するという、もっともローテクで身体を傷つけることのないアプローチをとることが、彼女の疾患に診断を下す最良のアプローチだったかもしれないのだ。

ぼくらの柔軟なガイコツ ――「大きな左肩の骨」の水兵と、外反母趾

ぼくらがこの世を去ってずっと経ってからも、骨には、遺伝子が影響を与えた人生の無数の出来事のヒントが残ることになる。詳しく研究されたハリー・イーストラックの骨格は、その明らかな例だ。ムター博物館を訪れる人は、クモが網を広げてハエを捕まえるように、この病気が彼の骨格を癒着させた様子を実際に見ることができる。しかし、ほかにも、もっと目立たない例がある。

たとえば、16世紀イングランド、ヘンリー8世時代の海軍旗艦『メアリーローズ号』に乗船していた水兵の骨を回収したとしよう。この船は1545年7月19日に、フランスの侵攻艦隊と戦って撃沈された。これらの骨は何を物語るだろうか？

憶測はさまざまあるものの、未だにメアリーローズ号が沈んだ確かな理由もわからなければ、イギリス海峡に浮かぶワイト島の北側、ソレント海峡の水底に横たわる水兵の身元もほとんどわかっていない。しかし、骨学的解析法と呼ばれる現代の科学技術を使えば、骨がどのように使われていたかはわかる。そして、メアリーローズ号の水兵たちは、大きなヒントをひとつ残していた。彼ら

は、「大きな左肩の骨」の持ち主だったのだ。[7]

研究者たちは、水兵の任務の大部分は両手を同じ程度使うものだったと確信しているが、ひとつだけ重要な例外があった。チューダー朝のイングランドでは、有能な船乗りになるためには、ロングボウ・アーチェリー（大弓術）に習熟していることが欠かせなかったのだ。そして、メアリーローズ号には250張のロングボウが積まれていた（その大部分は「火矢」を敵の船に射るために使われたらしい）。

今日見られるカーボン製の競技用弓（オリンピックで目にするような複雑な機構を持つタイプの弓）とは異なり、16世紀のイングランドで使われていた弓はとても重かった。そして、メアリーローズ号が沈没したあとの数世紀のあいだに多くの物事が変わったものの、未だに変わらないことがある。それは、もしあなたが大部分の人と同じように右利きだったら、弓を持つ手は左手である可能性が高いということだ。[8]

もちろん、片腕をもう一方の腕より始終使っていれば、筋肉の形、大きさ、張りが変わってくることはすでにわかっている。もしあなたがテニスをたしなむようであれば、あるいは単に選手の試合を見るだけでも、ラケットを握るほうの腕が、そうでない腕より、顕著に筋肉質になる傾向にあることがわかるだろう（スペインの左利きの天才テニス選手ラファエル・ナダルは、その好例だ。彼の利き腕は、サイズを小振りにして緑色を肌色に塗り替えた『超人ハルク』の腕みたいに見える）。

しかし、常用、緊張、加重は単に筋肉を鍛えるだけではない。それらはまた、破骨細胞と骨芽細胞を働かせることになり、遺伝子発現を変えて、より強い骨が構築されるようになる。さらにはまた、ぼくらの人生のある局面を編み込み、そうした情報は骨が存続する限り後世に残りつづけることになる。

ぼくらの柔軟なガイコツが機能している例を見るには、なにも数百年も遡る必要はない。外反母趾を一度でも見たことがあったら、同じ現象の働きを目撃したことになる。外反母趾を目にする最適な機会が得られるのは、だれもがサンダルを履いている真夏に、マンハッタンを縦断するメトロポリタン・トランスポーテーション・オーソリティー〔ニューヨーク州の公共輸送を運営する独立法人〕の地下鉄6系統に乗ることだ。

もしあなたにも外反母趾があったり、これからそうなったりすることがあったとしても、骨を叱るのはやめてほしい。なぜなら骨は、窮屈な靴に押し込められる生活に反応しているだけだからだ。あなたを外反母趾にかかりやすくする、不運な遺伝的性向も共犯であることは言うまでもない[9]。だから、外反母趾にかかってしまったとしても、自分を責めるのはやめよう。むしろそれは、自分の親とファッショナブルな靴の両方を同時に、かつ正当に非難できる唯一の機会だ。

これまで見てきたように、個人の遺伝的性向にかかわらず、ぼくらはみな大体において柔軟なガイコツを持つことができる遺伝子を受け継いできている。

あおむけ寝推奨キャンペーンが生んだ「頭蓋変形矯正ヘルメット」

ぼくらの活動が骨に変化をもたらすもうひとつの例は、子供たちの暮らしに見ることができる。

ここしばらくのあいだ、小学生の背骨の湾曲度に有害な変化が生じていることが懸念されてきた。子供たちは重いバックパックを背負うことの代償を支払わされているのだ。[10] この問題に注目が集まった結果、親たちの多くは、空港に持って行く機内手荷物用スーツケースに似ていなくもない、キャスターつきのバックパックを子供に与えるようになった。

だが当然のことに、子供たちの多くは、車輪つきのカバンを学校に持って行くことに抵抗した。ぼくの友人の中学生の息子などは「ダサすぎ」と言った。そこで革新的な解決策をひねり出して大儲けした企業がある。トランスフォーマーみたいに、キャスターつきバックパックに変身するスクーターを販売したのだ。この製品「グライドギア」は、オンライン発売から2年経った時点でも、すさまじい需要のせいで、たまった注文をさばくのに1・5か月以上かかり、新たな受注は一時的に停止しなければならなかったほどだった。

とはいえ、よい意図があれば問題は生じない、ということにはならない。従来のバックパックは子供たちの姿勢に悪影響を与えていた。しかしグライドギアも、つまずく危険性があるうえ、床を傷つけ、壁をへこませることもよくあり、学校管理側にとっては頭痛の種となっているようだ。

残念ながら、これは医療でもよく生じることだ。これからの数ページで見ていくように、古い問題の新たな解決策は、新たな問題を引き起こし、さらに新たな解決策が必要になることがよくある。そしてときには、骨が柔軟すぎるため、つまり、ぼくらの骨には、生後数年のあいだ過度の順応性があるため、生涯にわたる変形が引き起こされる場合もあるのだ。

そんな例のひとつが、米国国立小児保健発育研究所が打ち出した「バック・トゥー・スリープ（あおむけ寝に戻ろう）」キャンペーンに対する反応として、２０００年代の半ばごろから始まりだした現象だ。この取り組みの成功により、その数年前まではほんの10パーセント程度にすぎなかったあおむけ寝が、今では驚くことに70パーセントに達している。

このキャンペーンは、米国小児科学会の勧告に応じて打ち出されたものだった。米国小児科学会は乳幼児突然死症候群（ＳＩＤＳ）の症例を減らそうとしており、その手段として、約１０００人にひとりの割合で乳幼児の命を奪っていた、うつぶせ寝の慣行を改めさせようとしたのだ。

このキャンペーン導入後の10年間に、ＳＩＤＳによる死亡数は半減した。しかし、どのような医学的介入についても言えることだが、この成功にも予期しなかった――ただし、運よく害はない――合併症が伴うことになった。頭蓋骨の後部を形成する骨板がまだ発達中で融合しつつあるときにあおむけに寝かされると、赤ん坊の後頭部が、ややいびつになる可能性が高いのだ。ただし、この変形した後頭部を持つ赤ちゃんは、もはや例外的な存在ではない。あおむけ寝が標準になって以来、そのような変形の頻度は4倍にも増加した[11]。

この無害な現象の科学的名称は、非骨癒合性斜頭症という。そして大部分の場合、たいした医学的問題だとはみなされない。けれども、世の中が肉体の完璧さをますます追い求めるようになるなか、多くの親は、骨と筋肉の機能・構造的特徴を変えるための装具を設計する専門家「義肢装具士」のもとを訪れるようになった。頭蓋変形矯正ヘルメットというものを使えば、義肢装具士はいびつになった赤ちゃんの頭の形を矯正することができる。非骨癒合性斜頭症は、身体が発生という隔離された状況の中だけで造られるものではなく、生まれたあとの人生の状況に応じて恒久的な変更を起こすように誘導されうることを示す一例だ。

そんなヘルメットにぼくが初めて遭遇したのは、およそ10年前、マンハッタンのセントラルパークを歩いていたときのことだった。当時はその真の用途など何も知らず、子供をベビーカーに乗せているときもヘルメットをかぶせるという、安全対策に過敏すぎる親たちの流行を目にしているのだと思っていた。

しかし、さすがのぼくも、最終的にはそうしたヘルメットの機能を知るところとなった。ヘルメットの目的は、平らな部位にかかるプレッシャーを取り除いて、その部位の頭蓋の成長を促すことにより、子供の頭蓋を再形成することにある。この装置がもっとも効果を発揮するのは、生後4か月から8か月まで。1日23時間の装着と、2週間ごとの調整が必要だ。料金は2000ドル以上かかり、ふつう保険は適用されない。

とはいえ、子供たちの頭蓋はかなり柔軟なため、ストレッチ・エクササイズと特殊な枕を使えば、ヘルメットを使わなくても頭の形を大幅に改善できることを指摘する研究はいくつもある。[12]

だが長期的に見て重要なのは、形ではなく強度だ。他の種に比較すると、ヒトはかなり不器用な種である。そして、ぼくらの脳の重要性とそのもろさを考えると、頭蓋が構造的な完全性を保つことは、生きていくために欠かせない条件だ。

それでも、強度で問題になるのは素材の硬さだけではない。ぼくらの骨とゲノムについて言えば、真の強度は順応性にある。

これからミケランジェロの『ダビデ像』の話をするのも、そのためだ。

ダビデ像がかかった「かかとの病」、そしてコラーゲン

それはまるで、エドワード・バーティンスキーの写真の中に足を踏み入れたみたいだった。産業風景を収めた有名な写真で高い評価を受けているバーティンスキーは、イタリアのカッラーラにある大理石採石場の撮影に多くの時間を費やした。この採石場は青みがかった白く美しい大理石を豊富に産出することで知られ、この「カッラーラ大理石」は世界中の建築家や彫刻家に使われている。

数年前にイタリアのアルプス地方を旅していたとき、ぼくはそうした採石場のひとつに出くわし、その作業の剛勇さに感嘆した。巨大なトラクターが、ミニバンほどもある大理石の塊を地中深くから運び出し、狭い山道を縫って、近くのトスカーナにある処理センターに運ぶ。そこから大理石は、列車、船舶、トラックなどによって、世界中に運ばれていくのだ。

大理石は、数百年前に貝殻が海底に堆積することによって生まれた堆積性炭酸塩岩が、変成作用を受けて生まれ変わった石だ。炭酸塩岩は石灰岩になり、何百万年にもわたって地殻構造プロセスの熱と圧力にさらされたあと大理石に変化し、ついにカッラーラ採石場の砕石作業のような手段によって地表に姿を現すのだ。

カッラーラ大理石は比較的柔らかい石で、のみの刃で削りやすい。だからこそ彫刻家や職人たちからあれほど求められたのだ。この石はまたとても強靭だ。ミケランジェロの『ダビデ像』が500年以上経っても完全な姿で生きながらえることができたのも、そのおかげだ。

いや、ほぼ完全な姿で、と言い換えるべきだろう。というのも、ダビデはかかとに病を患っていることが判明したからだ。また、長年にわたりフィレンツェのアカデミア美術館を訪れた何百万人もの旅行者のそぞろ足が生み出す振動も、ダビデ像の安定性を脅かしてきた。ある意味、ダビデの強みは、そのままダビデの弱みでもあった。大理石の非柔軟性は、亀裂の発生という脆弱（ぜいじゃく）性をダビデのかかとにもたらしていたのである。

もし再生可能な骨格と、骨の構造を築くコラーゲンのような物質をコードする遺伝子がなかったら、ぼくらもダビデと同じ運命をたどるはずだ。

ヒトでは、コラーゲンの生成はＤＮＡに従い、日々の要求に応じて生産される。ミケランジェロのダビデとは異なり、ぼくらのかかとは捻挫しても、遺伝子の発現を通して作られるコラーゲンの量が増加するおかげで治すことができる。

ヒトのコラーゲンのタイプは２ダース以上もあり、骨の健康に欠かせないだけでなく、軟骨から毛髪、歯に至るまで、あらゆるものに含まれている。主要なタイプは５つあるが、そのうち、もっとも豊富に存在するのがタイプⅠで、体内にあるコラーゲンの90パーセントがこのタイプだ。さらにタイプⅠは、動脈壁に伸長性を与えている。そのおかげで、心臓が収縮して心室内の血液を押し出すたびに動脈が裂けるような事態にならずにすんでいるわけだ。

コラーゲンの効力が落ちて引っぱる力が低下しはじめるのがすぐにわかる部位をひとつ挙げろと言われたら、それは顔だろう。コラーゲンは皮膚にハリを与えているからだ。そのため、コラーゲンと聞くと、若作りのために、頬に注射で注入する物質のことだと思う人もいるに違いない。

それは手始めの知識としては悪くない。というのは、構造を支えるタンパク質としてのコラーゲンの役割が理解しやすくなるからだ。なんと言っても、もし皮膚の構造を支えられないのだったら、ぽっちゃりした頬やふっくらした唇を手にするために、わざわざそんなものを注射する人はいないだろう。

コラーゲンという言葉は、糊（のり）を意味する古代ギリシア語「kolla（コラ）」からきている。工業製品として糊が作られるようになる前、ほとんどの人は、物と物をくっつけたかったら、自分でひねり出したノウハウに頼るしかなかった。そして、動物の腱と皮（コラーゲンが豊富）を煮てつくった糊が、接着工程に強度を与えていた（ちなみに、「馬を殺す」ことを意味する「馬を糊工場に送る（sending the horse to the glue factory)」という英語の表現は、ここからきている)。

弦（げん）楽器の弦に使われるガット（英語の表現はcatgut）も、ほとんどの場合、ヤギ、ヒツジ、ウシなどの家畜の腸壁に含まれているコラーゲンから作られている（ネコの腸ではない！）。ガットはまた、長いことテニスラケットの材料でもあった。ラケットを1本作るには、およそ3頭分もの牛が必要になる。ガットをこれほど理想的な素材にしているのは、動物の腸の漿膜（しょうまく）にあるコラーゲンが生み出す「引張強度（ひっぱりきょうど）」だ。引張強度は測定できる力で、破断するまで、素材を最大限引き伸ばせる力、あるいは変形させられる力を示す。引張強い素材とは、もろい素材の正反対に位置すると考えることができる。

引張強度はまた、ある種の食品の「噛み心地」を素晴らしくする。ソーセージが大好きな人や、夏のバーベキューやテールゲート・パーティー（スタジアムの外の駐車場などで車の後部ハッチを開けて飲み食いし、スポーツ観戦を楽しむパーティー〕でホットドッグを料理するのが好きな人は、大方のフランクフルトソーセージの材料になっている諸々の肉や部位をつないでいるのも、コラーゲンの超強力な力だと知ってワクワクするかもしれない。

そして完全菜食主義のヴィーガンたちが口をすっぱくして言うように、ゼリー製品の「ジェロー」やマシュマロ、トウモロコシの粒に似せて作られた菓子「キャンディーコーン」などの独特の質感はゼラチンから来ており、ゼラチンもまたコラーゲンから作られているのだ〔ゼラチンは動物由来食品なので、そうした食品をうっかり食べてしまうことは、菜食主義者にとってゆゆしき事態なのである〕。合計すると毎年全世界を通じておよそ40万トンのゼラチンが製造され、あなたの台所に材料として届けられたり、ケロッグ社最大の人気商品「フロステッド・ポップタルト」からビタミンのカプセル、ある種のアップルジュースにまで至るさまざまな製品を介したりして、みんなの体内に取り込まれている。

ボールをテニスラケットで打ち返すこと、愛する人の頬を軽くつねること、そして、どこでも跳ね回るガミー・ベア〔元々はクマの形をしたグミの菓子で、それに触発されて作られ、日本でも放映されたディズニーアニメ『ガミー・ベアの冒険』のキャラクター〕に共通するのは「反発して元の形に戻る」感触が得られること。これらはみな、コラーゲンのおかげだ。

「柔軟性イコール強み」を示す究極の例は、ピラルクと呼ばれる2メートル長の淡水魚だろう。この魚は、ピラニアでひしめく水域でも無難に暮らすことができる数少ない生物だ。というのも、コラーゲンに支えられた鱗をコードする遺伝子のおかげで、その鱗は、鋭いものに襲われても、曲がりはすれど、折れることはない。そのせいか、過去1300万年にわたってほとんど進化してこなかった[13]。ピラルクは、防弾チョッキ用の柔軟なセラミックを開発するためのよいモデルになるのではないかと、カリフォルニア大学サンディエゴ校の研究者たちは期待している。これもまた、解決策を探して自然界に目を向ければ、現代の暮らしの問題を解決する手段が得られることを示す多くの例のひとつだ[14]。

たった1個の文字の書き間違いが、骨も人生も変える

では、こうしたことすべては、どう遺伝子に結びつくのだろう。それは、ゲノムに元々そなわっている柔軟性がなければ、骨は、ぼくらの怒涛の人生には適さなくなってしまうということだ。そして、グレース、アリー、ハリーの例から学んだように、物事を暴走させるには、ほんのちょっとのことが変わるだけでいい。

いや、実際のところ、たった1個の文字だけで十分なのだ。

ヒトの遺伝子コードは、数十億個のヌクレオチドからなり、アデニン（A）、チミン（T）、シトシン（C）、グアニン（G）が、非常に特徴あるパターンで並んでいる。

さて、通常体内でコラーゲンを構築するためにコードされている部位では、遺伝情報は、COL1A1（コル・ワン・エイ・ワン）[15]として知られる対応遺伝子内で、ふつう次のような形で並んでいる。

GAATCC—CCT—GGT

しかし、たった1個のランダムな突然変異が、次のように遺伝情報を変えてしまう場合がある。

GATCC—CCT—TGT

これだけで、身体がコラーゲンを生成する方法が変わってしまうのだ。遺伝情報の中の文字が1個置き換わっただけで、強く柔軟な骨格ではなく、大理石のように柔軟性のない骨、あるいは砂岩のようにもろい骨になってしまう。

ではなぜ、たった1個の文字がこれほどまでに大きな違いをもたらすのだろう。*

それを理解するために、ベートーベンの有名なピアノ曲『エリーゼのために』に耳を傾けているところを想像してみてほしい。ピアニストが曲を弾きはじめる。だが、10番目の音符のところで、鍵盤を弾きまちがえてしまう。派手にミスったのではなく、ほんのちょっとした間違いだ。あなたは気づくだろうか？　曲は同じになるだろうか？　そして、もしあなたがクラシック音楽のプロデューサーで、後世に残す演奏を録音しているとしたら、その間違いを無視するだろうか？

ベートーベンは偉大だ。彼の作品は非常に入り組んでいる。だがあなたの遺伝情報の複雑さに比べれば、ベートーベンの傑作でさえ『メリーさんのひつじ』みたいに単純に聞こえてしまう。

ぼくらの遺伝情報は、何十億歩もの歩みからなる道のりのようなものだ。最初の一歩がわずかでも曲がっていたら、残りの道のりもすべて曲がってしまう。

このように、ぼくらはみな人生を変えてしまう遺伝病から、文字通りの意味でたった1文字分しか離れていないのだ。とはいえグレースの例で見てきたように、だからと言ってなすすべがないというわけではない。これからさらに詳しく見ていくのだが、ソファから立ち上がることの恩恵は、単に身体を動かすことに終わらないのだ。

宇宙飛行士と骨粗しょう症とグレースの意外な共通点

使わないものは、ダメになってしまう。それも、かなり迅速に。

効率性に気を配る企業が、リアルタイムに近いタイミングで生産して需要を満たすジャスト・イン・タイム戦略を採用したように、人類も、必要のないときには在庫を減らし、必要のあるときにはふだんより多く生産するという手段によって、生活費を低く抑えながら遺伝的に進化してきた。

高齢の太った人たちが、同年齢の痩せた人たちに比べて、多くの種類の一般的骨折を被る割合が低い理由もそこにあるのかもしれない。そういった人たちは、ある意味、重りを身につけて歩いていた古代の射手に似ている。射手たちの身体では、重りのために骨格に余分の消耗が生じて、破骨細胞と骨芽細胞の「壊して治す」というサイクルが活性化されたため、より強い骨を手にすることができた。

対照的に、重力の低い環境で体を動かす水泳選手たちは、体重をかけた状態の運動を行う選手よ

＊　この例で示したヌクレオチド1個の変異は、致死性の骨形成不全症を引き起こすため、命にかかわることが判明している。

り、大腿骨頸部骨密度が低いことがわかっている。[16] おそらく水泳選手が行う運動は（心臓血管には非常に効果のある運動ではあるものの）、陸上競技や重量挙げといった他の環境にいる選手と同じような形で骨格にインパクトを与えるような運動ではないからだろう。

国際宇宙ステーションの長期滞在から地上に帰還する宇宙飛行士にも、これと同じことが起こる。宇宙ステーションで6か月間暮らしたアメリカ人飛行士ドナルド・ペティ、ロシア人飛行士オレグ・コノネンコ、およびオランダ人飛行士アンドレ・クイパーズを載せたソユーズ宇宙カプセルが2012年7月にカザフスタン南部に着陸したときのことだ。3人の飛行士は、ミッション完遂を知らせる報道写真を撮る際、特別にあつらえられたリクライニングチェアにそっと横たえてもらわなければならなかった。[17] 193日間にわたって無重力の宇宙空間で泳いでいたために、彼らの身体は、骨格の堅固さを少しずつ失っていたからだった。

この面から言うと、宇宙飛行士は骨粗しょう症の高齢女性に非常に似ている。実際、彼らの医学的な治療も似かよったものだ。「ゾレドロネート」や「アレンドロネート」という名のビスフォスフォネート製剤（手短に言うと、破骨細胞に対して、骨を壊す代わりに自殺するよう説得する薬）は、骨粗しょう症を抱える高齢女性にとって頼みの綱の治療薬だが、この同じ薬が、宇宙飛行士とOI患者についても、骨をよりよい形に保つ効果を発揮することが最近判明したのだ。[18] 民間企業が人類初の火星旅行への志願者を募るというニュースが巷（ちまた）を賑わせているが（この旅では、最低17か月を無重力環境で過ごすことが避けられない）、この薬はその旅になくてはならないものになるに違いない。

しかし火星行きの宇宙船の乗組員になることを志願する前に、ちょっと忠告させてもらいたいことがある。ビスフォスフォネートを服用すると、高齢者において通常骨折が生じる部位（大腿骨頸部）での骨折しやすさは実際低下するものの、骨幹の骨折は、かえって起こりやすくなるのだ。なぜかって？　それは、薬が効きすぎるからだ。この薬は、骨代謝回転を止め、服用者に「フローズン・ボーン」と呼ばれる状況をもたらす。これが、ダビデ像のかかとのように、ある種のタイプの骨折の起こりやすさを増大させるらしい。

無名のヒロインからの贈り物

遺伝情報のごくわずかな変異とその発現がもたらす多岐にわたる作用には、常に畏怖の念を抱かずにはいられない。今まで見てきたように、何十億という文字のつながりの中の、たった1個の文字が変異するだけで、ほんの少し圧力がかかっただけで折れてしまう骨の持ち主になってしまう。1個の遺伝子に生じるほんの少しの変異が、人生の進路を完全に変えてしまうのだ。

そして、もし問題のある遺伝子を受け継いでいたら——あるいは、問題が生じるほどベッドに寝ていたり、運動をしなかったり、食事をおろそかにしたり、重力から逃れたり、単に年をとるだけでも——それと同じような骨格にまつわる有害な問題発生の土台を築いてしまう。

とはいえ、こうした事態に立ち向かうための選択肢は増えている。薬剤、体重をかけた運動、そしておそらくは振動療法も含めた「武器庫」を持つぼくらは、ガイコツの無力な管理人というイメージからはほど遠い。脆弱性が遺伝子にあろうが生活習慣にあろうが、あるいはまたその両方だろうが、骨折を被る可能性を低くするための数多くの予防法や治療手段は存在する。

健康な骨が失われる基本的な生物学的な仕組みが理解できれば、骨を保存するための方法の探索にも大いに役立つ。こうした知識は、人生の選択を正しく行うための指針となり、最強の骨格が構築できる活動や生活習慣を導いてくれるだろう。

そうするためには、骨が機能する仕組みを支えるすべての遺伝子的基盤の発見が欠かせない。DNAによってもろい骨がもたらされるグレースや他の人々の症例を研究すれば、骨粗しょう症のような一般的な症状に対する、より新しい治療法がより迅速に突き止められるようになる。こと遺伝学に関しては、希少例が一般例に知識を授けるのだ。

そうする過程で、無数にいるグレースのような無名のヒロインやヒーローが、世界中の人々にきわめて貴重な遺伝的贈り物を授けてくれているのである。

第5章

遺伝子の口に合わない食事

——祖先の食生活、完全菜食主義者、腸内フローラから見えたほんとうの栄養学

FEED YOUR GENES

午前3時半の緊急呼び出し ——なぜ「発熱」で、遺伝学者が?

その日、ぼくは服を着たまま寝込んでしまった。病院での長いシフト勤務のあとには、そんなことがよく起こる。家にたどり着き、階段を上り、ベッドに倒れ込んだ時点でエネルギーが尽き果て、パジャマに着替えるようなことは手が届かない贅沢になってしまうのだ。

ベッドカバーの上で眠りに落ちたのは、午前0時を数分回ったときだった。もしだれかに訊かれたら、ポケベルがベッドサイドテーブルの上で鳴り出したのは、それからたった数分後のことだったと断言していただろう。

ぼくは顔を枕にうずめたまま、いまいましい小さな黒い箱に手を伸ばした。でもすぐには見つからなかったので、無理やり首を回して、目をこじ開けた。目覚まし時計の青白い数字は、午前3時36分から37分に変わったところだった。

睡眠時間3時間半、とぼくは自分に言い聞かせ、ふだんの半分の睡眠時間でどれだけ長く起きていられるか計算しようとした——まあまあだ。

真夜中のコールを何度も経験しなくても、ポケベルの番号はすぐに見分けられるようになる。「175075」は救急科、「177368」は入院棟。そして「0000」は、外部からの通話が保留になっている、ということだ。

外部からの通話の問題は、話の内容が予測できないことにある。電話の主は、わが子が珍しい遺伝病にかかっていることはすでに知っているものの新たに現れた症状が心配でたまらない親かもしれないし、たった今患者を診察したけれども治療方法がわからなくてぼくの助言を求めている他の病院の医師かもしれない。またときには、どんな医師でもかかってこないことを望む内容、つまり患者の容体が急変したことを知らせるものだということもある。

ぼくはポケベルをひっつかむと、隣ですやすや寝ている家内を起こさないように、そっとベッドから降りた。そして寝室を忍び足で出ると、静かにドアを閉めながら、隙間からベッドに眠る家内を振り返った。何もつぶやいていないし、手足をそわそわ動かしてもいない。ぐっすり寝ている。うまくいった！　ぼくは夜のニンジャだ。

ポケベルの呼び出しボタンを押した。恐ろしい「0000」という番号が、2組の小さなふくろうの目のようにぼくをじっと見つめている。青い数字が暗い廊下を明るく染めた。ぼくは番号をダイアルして、待った。

「こちら病院呼び出しサービスです……」

「ドクター・モアレムです。オンコールの……」

「ご返信ありがとうございます。今おつなぎします……」

やわらかなビープ音のあとに、言葉の洪水が襲ってきた。

「モアレム先生ですか？　すみません、こんなに夜遅く……それとも、こんなに朝早く、と言うべきかしら？　いずれにしても、お邪魔してすみません。実は……娘のシンディのことなんです。ここ数時間熱が出ていて、きょう、あまり食べていないので心配で……」

ある人には、これは心配性の親からの電話に聞こえるかもしれない。でも、もっと重大なことでなければ、病院は電話を回しはしなかったはずだ。ぼくにはそれがわかっていた。

女性はしばらく口をつぐんだ。ぼくは何も言わず、相手が話すのを待った。

「まあ、わたしったら、最初に言っておくべきでした」と電話の女性は言った。「娘はOTC欠損症なんです」

やはりそうだったか。OTC欠損症、つまり「オルニチン・トランスカルバミラーゼ欠損症」は、身体がアンモニアを尿素に変えるプロセス*が正常に働かなくなる遺伝病で、8万人にひとり生じると考えられている。正常な状態では、アンモニアは排尿によって迅速に身体から排出される。尿素サイクル、または尿素回路と呼ばれるこのプロセスは、大部分が肝臓で生じ、一部が腎臓で生じる。これはある意味、総合的な代謝の正常性を示すバロメーターの役割を果たす。正常に働いているときは、タンパク質を代謝するために必要なことがきちんと行われている。一方、正常に働いていないときには、身体に有害なアンモニアが溜まってしまう。それは、文字通り不快な症状だ。

そして有害廃棄物を排出しつづける工場と同じように、代謝の要求が大きければ大きいほど、廃棄されるアンモニアの量も増える。ふつう発熱時には、まさにこうした状況が引き起こされる。約0・5℃体温が上がるたびに、体内のシステムが燃やすカロリー量は、通常より20パーセント増加する。ほとんどの人にとって、この程度の余分な需要は、しばらくのあいだなら処理することができる。実際、大部分の人にとって、病気にかかっているときに少々熱が高くなるのは好都合なことだ。病気の原因である微生物が生き延びられなくなるのにちょうどいい体温の上昇が起こると、微生物の生育が遅れ、身体はそれらを克服するチャンスを手にできるからだ。

しかし、シンディのように、そうしたシステムのバランスがもともと不安定な人では、ほんの少し熱が高くなるだけで、非常に短時間のうちに深刻な状況が引き起こされる。何と言っても神経系は、アンモニア濃度の上昇とグルコース（エネルギーの原料）の低下にとても敏感だ。そして、もしこうした代謝の状況を放置すれば、発作や臓器不全が起こり、患者は昏睡状態に陥る危険性がある。

言い換えれば、シンディの母親が娘を心配していたのは、しごく妥当なことだったのだ。そしてぼくがベッドを抜け出したのも、同じく妥当なことだったのである。

ぼくはノートパソコンを開き、インターネット経由で病院のシステムに入るためにパスワードを打ち込んだ。過去数年間に何度も入院している病歴から、シンディが救急科に来る必要があることは明らかだった。

運がいいことに、シンディの家族は近くに住んでいた。

我が家も病院のすぐそばにある。病院から数分以上離れたところに住むオンコールの医師（緊急時に備えて勤務時間外に病院外で待機する医師）は、その選択を後悔することがあるからだ。ナップサックにいくつか物を詰め込みながら、寝室に戻って着替える必要がなかったことにぼくは感謝した。なぜって、ほんとうはニンジャなんかじゃないからだ。暗闇では、かなり不器用で、騒々しい。でも、少なくともあの日の真夜中には、家内は温かく快適なベッドで、ぼくの動きに邪魔されず眠りつづけることができたのだった。

＊　アンモニアは、タンパク質を分解する代謝のプロセスで生じる一般的な副産物だ。

ぼくはキッチンのカウンターからバナナをひっつかむと、玄関に向かった。まだ午前4時にもなっていなかったが、目はすっかり覚めていた。

遺伝子に強いられた「菜食主義者」

車で病院に向かいながらバナナを口にほおばったぼくは、何を食べるかについてほとんど心配しなくてすむのは、なんて運がいいことかと考えていた。

大部分の人と同じように、ぼくも、糖分と脂肪の摂取は低く抑えようとしている。非常に稀にだが、胃が冒険したくなって、頭も計算に耐えうる気分になっているときには、食品栄養委員会が推奨する全21種類のビタミンとミネラルを、朝食、昼食、夕食を通して「100パーセント」摂れるように試してみることも、あるにはある。でも、あなたも試してみたらいい——思いのほか難しいことがわかるから。

ほんとうのことを言うと、そういった推奨だけに基づく食生活は、ほとんどの人にとってとても完璧とは言い難い試みなのだ。実際、調理済み食品のパッケージに表示されている栄養素の推奨摂取量やパーセンテージは、あなた個人のニーズに合ったものとは、とても言えない。なぜかと言うと、そういった数値は、アメリカ合衆国に住む4歳以上の健康な大部分の人々にとって必要なカロリー、ビタミン、ミネラルの摂取量の推定値だからである（そして、食品栄養委員会にとって「大部分の人々」とは、「50パーセント＋ひとり」のことだ。つまり、このガイドラインがまったく意味を成さない厖大な数の人々がいるわけだ）。

現実的には、もちろん、ひとりひとりのニーズはかなり違う。4歳児の大部分のニーズ（この年齢の子にとっては、1日275マイクログラムのビタミンAはふつう十分だ）は、32歳の妊婦のニーズ（少なくともその3倍のビタミンAが必要）とはまったく違う。たとえ、性別、年齢、民族的背景、身長、体重、そして全身の状態がまったく同じだったとしても、カルシウム、鉄、葉酸をはじめとする多くの栄養素のニーズについては、非常に異なってくる可能性が高い。個人の栄養ニーズに遺伝が与える影響を研究する分野は、ニュートリゲノミクス（栄養ゲノム情報科学）と呼ばれている。

第1章で出会った遺伝性果糖不耐症（ＨＦＩ）を抱えている「シェフのジェフ」を覚えているだろうか。ＨＦＩは比較的稀な病気だ。でも、ある意味、ゲノム内の遺伝子について学ぶことは、だれにとっても有益だ。そして、特定の栄養ニーズが遺伝子に左右されている何百万人もの人々にとっては、食物が自分の友ではないと感じることも、まったく珍しいことではない。だからこそ、レストランのメニューが地雷原に変わり、食料品店に並ぶ品々がむち打ち刑の執行者に変わってしまう人々がたくさんいるのだ。

さて、ＨＦＩはジェフのような人に、果物と野菜（だけでなく、果糖と蔗糖と、加工食品によく使われる甘味料のソルビトールも）を排除した献立の作成を強いることを覚えているだろうか。でも、シンディのＯＴＣ欠損症の治療に必要なのは、いわば、それに真っ向から対立する食事法だ。軽度のＯＴＣ欠損症を抱える人は、疾患に気づかないことがよくある。そういった人は、肉を食べると体調が悪くなるとよく言い、そのため、それまでの人生を通して、タンパク質豊富な食事を避けてきている可能性が高い。一般的に言ってOTC欠損症の人は、菜食主義者（ヴェジタリアン）になるか、卵も乳製品もとらない完全菜食主義者（ヴィーガン）になったほうが楽だろう。そのほうが、タンパク質の摂取量が低くてすむからだ。

政治理念は、無政府主義から独裁主義までのあらゆる範囲にわたるが、通常はそのあいだのどこかに落ち着く。ちょうどそれと同じように、ぼくらの食習慣も、広く多岐にわたるスペクトルの上に存在している。ほとんどの人が、どこか気に入らないところがある政治的理念であっても何とか我慢できるように、ぼくらの身体も通常は、ほとんどのタイプの食物を消化することができる。そして、おそらくどうしても容認できない理念があるのと同じように（たとえば国民参政権の廃止など）、その人の遺伝子構造とどうしてもなじまない食品というものもある。

自分の政治的理念の内容を熟慮することに多くの時間を割く人など、ほとんどいないだろう。自分がそういった理念を抱くようになった経緯を調べるようなことについては、なおさらだ。それと同じように、あなたの身体が好まない食物が存在する可能性は高く、その理由がわからない可能性も高い。

だが、こうした状況は変わりはじめている。最近、食品にまつわる健康問題を心配する人は「除外食」法に光を見出している。これは、口にする食物の種類を最初少なくし、その後、徐々に新たな食品を追加していって、それが身体に合うかどうかをひとつずつ調べていく方法だ。教育面でこれに相当するのは、たとえば政治哲学講座において、学生を多岐にわたる社会理念や政治的理念にさらしていくような授業だろう。

だが、ひとつ問題がある。解決策は、それほど簡単ではないのだ。

なぜアジア人はミルクでお腹を壊すのか？

現在まで、大部分の人は、医師によってずっと前から指示されてきた方法で食物を摂取することに甘んじてきた。「これをたくさん食べなさい、あれは食べてはいけません。これをときどき食べるようにして、あれはめったに食べないようにしなさい……」。そしてほとんどの人にとっては、こうしたアドバイスは少なくとも、とっかかりとしては役に立つものだった。

しかし、政治が地域・文化的遺産を反映した結果であるように、ぼくらの食習慣も、元はと言えば、それぞれの遺伝的継承物を反映したものである。*

たとえば、アジア人の血を引く人々の大部分にとって、ミルクと乳製品は、ただ単においしく感じられない食品どころか、消化不良を引き起こす食品になりかねない。というのは、歴史的に乳製品を作るための牧畜が盛んではなかった地域（つまりアジアを含む世界のほとんど）では、成人期の乳糖不耐症がもっと頻繁に見られるからだ。逆に、もしあなたの祖先がミルクを手に入れるために動物を飼っていたとしたら、** その祖先の遺伝子には突然変異が含まれる可能性が高い。そしてその変異が、今あなたの遺伝子を、大人になってもミルクに含まれる糖のひとつである乳糖（ラクトース）の

* たとえ自分の直近の先祖たちが食べていた食べ物を知っていたとしても、そうしたものは、当時に比べて身体的活動が減少した今日の食生活としてはカロリーが高すぎる可能性を考慮することが必要だ（たとえば、ラード入りのアップルパイなど）。

** そして、あなたが西アフリカ人かヨーロッパ人の子孫だったら、その可能性は高い。

分解酵素が生成できる素晴らしいマシンに変えている可能性も高い。

乳糖不耐症の人がほとんどであるにもかかわらず、中国では過去数十年間に、乳製品の消費量が激増した。ただし、ぼくにとっては意外ではないのだが、中国人はハードタイプのチーズを好む。たとえば、地中海の「ハルーミ」というチーズに似ている、雲南省でヤギの乳から作られている美味の「ルービン（乳餅）」などがその例だ。なぜなら、「リコッタ」のようなソフトタイプのチーズに比べて、ハードタイプのチーズは乳糖不耐症にやさしいからだ[1]。

ある意味、近い祖先が食べていた食物を食べるということは、患者の家族歴がその患者の現在の健康リスクを査定する有益なツールになることに似ている。多様な民族的背景を持っている人が、このアプローチを使って食生活のニーズを査定するとしたら、とても興味深い遺伝子と料理のフュージョンを見出すことになるだろう。これはときおり混乱とフラストレーションをもたらす場合がある。とりわけ、ぼくらの多くが民族的遺伝子のるつぼからやってきたことを考えれば、それは容易に理解できるだろう。たとえば、ヒスパニック系の人の多くは、多種多様な遺伝要素の糸で織られた布だ。もしあなたがヒスパニック系だったら、乳糖不耐症であるかどうかは、祖先の〝遺伝キルト〟のどの部分を受け継いでいるかによる。

しかしまたその半面、自分の持つ民族的・文化的背景が1種類だけだろうが、16種類だろうが、今日、人々の嗜好はどことなく世界的なものになり、そうした嗜好がその人の身体が栄養的に必要としているものを打ち負かしてしまう可能性がある。先進国では、もっとも活気のない田舎町のもっとも小さな食料品店にも、つい何世代か前だったら王族でも手に入れることが叶わなかった肉や果物、穀物などのセレクションが並べられている。

ぼくの場合、自分自身のアドバイスに従って近い祖先から食習慣の指針を得ようとしたら、クルミとナツメヤシの詰まったセモリナ・ニョッキをむさぼることになるだろう。そして、その結果、すべてがうまく消化されることを見出すはずだ。もちろん、あなたの嗜好探検の定義は、ぼくのものとずいぶん異なったものになるだろう。けれど、もし最近、自分の食習慣を変えようと試みたことがないとしたら、今こそ皿を手にして、祖先の食卓に座るよい機会かもしれない。ちなみに、身体を動かすことが減った現代のライフスタイルを考えると、その皿の大きさは、もっとずっと小さくしなければならない。

たとえ、こうした食習慣の実験をたゆみなく続けたとしても、それでもまだ、食物に関する態度や習慣を変えるのは大変だという現実と取り組むことが必要になる。それを助けるために、研究で明らかになった事実を紹介しよう。それは、理論的な教育を体験型の「料理して食べる」指導セッションと組み合わせれば（つまり、馬を水のところまで連れて行くだけでなく、その水がびっくりするほどおいしいことを馬にわからせれば）、食習慣改善の成功率は高まるということだ。[2]

そしてもちろん、もうひとつ大きな動機づけがある。それは数年前に、元米国大統領のビル・クリントンを新たな食習慣に向かわせたものと同じ動機だ。すなわち、末永く、充実して健康的な人生を送るという、だれもが抱く願いである。

そのときどきに適切だと思われたものを食べ、２度の心臓手術をくぐり抜け、家族にも心臓病を患った者がいる元大統領は、２０１０年、ついに自分の人生に真剣な変化をもたらすことを決意した。そして、そのひとつが、食生活をほぼ完全なヴィーガン食事法に切り替えることだった。[3] 人はときおりすべてを変える状況に自分を追い込むことが必要になる。それをやったのがクリントン元大統領だった。彼は栄養面での生活習慣全般を根本的に変えたのである。たとえやる気は十分にあっても、栄養豊かで健康的な食品が入手しにくかったり、値段が高かったりすることが大きな問題となって立ちふさがることがあるが、そういった問題を克服するための代償を支払っても、食習慣の改善により得られるものの価値は余りある。

さて、ここまでで学んだのは、よい食物を見つけ、近い先祖が食べていたように食べ（ただし量は少なく）、身体を動かし、自分が正しい軌道に乗っていることを示す合図を探すために身体の声に耳を傾ける、ということだ。

といっても、人生がそれほど簡単だったら世話はない。なぜかというと、先祖とまったく同じように食べても理想的な解決策にはならず、だれにでも効果が出るわけではないからだ。何と言っても、ぼくらはひとりひとり遺伝子的に唯一無二の存在だ。実際、シェフのジェフとOTC欠損症のシンディのケースで見てきたように、個人的に受け継いだものを調べないことが致命的な結果につながる場合さえある。ぼくらはみな、自分独特の遺伝子構成にぴったり合った方法で食生活を送ることが必要だ。

これから見ていくように、これは現代的な問題などではまったくない。それは、ぼくらの先祖の船乗りも、簡単に見抜けたであろう問題なのだ。

船乗りにレモンが必要な「遺伝学的理由」

イギリス海軍の水兵たちが、新鮮なレモンや野菜の欠乏のために、歯肉からの出血と容易にあざができる壊血病にいかに苦しめられたかという話は、栄養伝説の殿堂に祭られている。電気を使って食品を冷蔵する方法が編み出される前、水兵に望みうる最高の食事は、塩漬けして乾燥させた肉と堅焼きパンという組み合わせだった。そして、これは、一度に何か月も海上に留めおかれた男たちをかなりひどい栄養不足に陥れたのだが、興味深いことに、すべての水兵が同じように被害を受けたわけではなかったのである。

今日では、柑橘類にはビタミンCが豊富に含まれており、ビタミンCはほとんどの人にとって、一部のイギリス海軍の水兵が直面したような栄養不足を予防することが判明している。当時は、レモンやライムは、歯が抜け落ちないようにしたり、壊血病の他の症状を押しとどめたりするのに効果があることしかわかっていなかった。

興味深いことに、船にいたドブネズミが同じ問題を抱えることはなかった。また、げっ歯類の海兵隊と戦闘を交えさせるためによく飼われていたネコも同様だった。だとすれば、なぜネズミとネコは、歯を失わないですんだのだろう。

その答えはこうだ。ツチブタからシマウマまで、ぼくら人間のいとこの哺乳類のほとんどは、ビタミンCを体内で作りだすことのできる遺伝子の作業用コピーを持っている。でも人間（と、驚くことにモルモットも）は、代謝に先天的な遺伝子のエラーがあるのだ。この突然変異が、他の哺乳類と同じことをできないようにしているため、人間は、ビタミンCを完全に食物から摂取しなければならないのである。

船乗りの小集団のいくらかは、この柑橘類のマジックに数世紀前から気づいていたらしい。しかし、ギルバート・ブレインというスコットランド人の医師に勧められて、英国海軍本部が壊血病克服のために水兵にレモンジュースを飲ませるようになったのは、ようやく18世紀末になってからだった。こうして、レモンよりライムのほうがふんだんにあったカリブ海の大英帝国の統治領から旗艦する船には、レモンの分類学上の緑色のいとこが満載され、イギリス人の船員が「ライム野郎（ライミー）」と呼ばれるゆえんになった[4]。

だがこうなると、健康を保つためにレモンやライムやオレンジなどを1日最低どれだけ摂取しなければならないか定めたくなってしまうのが人情だ（何と言っても、官僚的なことで有名な英国人（ブリッツ）には、長期航海用に積み込まなければならない柑橘類の正確な数を知る必要があった）。そしてこれが、現代の栄養学のルーツになったのである。

今日までずっと栄養学は、健康的な食習慣は数値で導き出せるという考えに基づいてきた。かくして、ヘルシーでアクティブな人生を送るために必要だとされる1日の栄養量を、グラムのみならず、ミリグラム、マイクログラムの単位にまでこと細かく定めるために「栄養摂取目標」（以前は「推奨栄養摂取量」と呼ばれていた）が考案されたのだった。このような値の多くは、平均的な人が欠乏症を克服するのに必要とする量から導かれたもので、人はひとりひとり違うという観点から考えると「最適な」値とは言い難い。

これこそ、すべての人が同じ量のビタミンCを必要とするわけではない理由だ。世の中が個人にとっての適量を導き出す方向に進むにつれ、遺伝子の検査は、いずれ欠かせないものになるだろう。ビタミンCの吸収を助ける遺伝子に的を絞った研究では、SLC23A1（エスエルシー・トゥエンティースリー・エイ・ワン）と呼ばれるトランスポーター遺伝子のいくつかの変異が、食生活とはまったく関係なく、体内のビタミンCのレベルに影響を与えることが発見された。[5] 一部の人では、たとえどれほど柑橘類を食べようとも、ビタミンCのレベルが低く留まりつづけるらしい。自分がトランスポーター遺伝子のどの変異を受け継いでいるかを知ることは、身体に問題なく吸収されるビタミンC摂取量に関する理解を大きく左右することになるだろう。

とはいえ、ぼくらが必要としているのは、食生活に関する直接的なアドバイス以上のものだ。遺伝的に受け継いだものにおける差異の一部——たとえば、ビタミンCの代謝に関与するもうひとつの遺伝子、SLC23A2（エスエルシー・トゥエンティースリー・エイ・トゥー）——は、自然早産の3倍近いリスク増加と関連していることが判明しつつある。[6] これは、赤ちゃんを体内に宿すために必要な引張強度を母体に与えるコラーゲン生成におけるビタミンCの役割と関連があるのではないかと示唆されており、[7] こと栄養に関しては遺伝によって受け継いだものの影響を真剣に考慮すべきであるという事実を、ここでも浮き彫りにしている。

さて、一般化された食習慣のアドバイスは、個人的には役立たない可能性があることがわかった今、次の疑問が湧くのは当然だろう。自分にはどれだけの柑橘類の摂取が適切なのか。自分にとって正しい食習慣とは何なのか。自分はどんな食物を避けるべきなのか。これらの質問の答えはひとりひとり異なるものになる。なぜなら、親から受け継いだ遺伝子が異なっているだけでなく、もっと重要なことに、あなたが何を食べるかによって、遺伝子のふるまいが完全に変わってしまう場合があるからだ。

ニュートリゲノミクスで知る、コーヒーを飲んでいいかどうか

今年も、何千万人ものアメリカ人が食習慣の改善に挑戦しようとするだろう。

そして、大部分が失敗することになる。

その理由のひとつは、自分の遺伝子に適切な食生活を知らないという、たとえるなら目隠しをして空を飛ぶようなことをしているからだ。その結果、多くの人が、目標達成にとって、かえって逆効果なことをしてしまうことになる。[8]

けれども、大部分の人、つまり分別のある食事法と精力的な運動というアドバイスが依然として最良の薬である人たちにとっても、もうひとつ問題がある。ダイエットは難しいという事実だ。

人類の歴史のほとんどを通して、食物が潤沢にあるという状況はほとんどなかった。この欠乏状況に対処する必要性と、たまたま食物が豊富にあるという稀な状況の経験が組み合わさって、ぼくらはみな、過食を好む遺伝子を引き継いでしまった。そして過去においては、そうした稀なごちそうにあずかる機会に身体が消費しなかったカロリーが残ったら、それは体脂肪としてためられた。ちょうど貯金のように使わなかった分をためておけば、欠乏状況に再度襲われたときに役立ったか

らだ。そして人類の歴史の大部分は、豊潤さよりも欠乏に遭遇する機会のほうが多かった。

今日、ぼくらは複雑な問題を抱えている。それは、遺伝的に引き継いだものと、現在の環境とのはなはだしいミスマッチだ。まず、あまり身体を動かさない現代のライフスタイルでは、過去と同じ高カロリーなど、日々の暮らしには必要ない。ぼくらは機械を使って、重労働のほとんどを担わせたり、ある場所から他の場所に運んでもらったりするようになった。次に、そうした状況を、安くて簡単に入手できるカロリー源があふれている状況と組み合わせれば、人類史上前代未聞のペースで肥満率が上昇していることにも納得がいく。

だが問題は、ぼくらが消費している食物の量だけではない。これから見ていくように、ぼくらが選ぶ食物は、遺伝的に受け継いだものに最適だとは、決して言えないのだ。

ニュートリゲノミクスという科学分野のおかげで、現代の献立の中で、何を食べずに残すべきかがわかりはじめてきた。たとえば、自分が乳糖不耐症であることを知るのに、もはや、腹部膨満感を感じるまで待って、食物日記をつけ、下痢をしてからようやくわかる、という手順を踏む必要はなくなるだろう。その情報を提供する遺伝子テストはすでに商業的に存在する。そしてもしあなたが新しもの好きだったら、たとえば乳糖不耐症の原因を調べることだけが目的の遺伝子検査を受けるよりも、もっと包括的な検査を積極的に受けて、すでにエクソームどころか全ゲノムの配列を解読し終わっているかもしれない。

その情報は、遺伝子に基づく21世紀型の食事療法のヒントとして活用できる。たとえばこの情報を使って、次に飲むカプチーノをカフェイン入りにするか否かを決めたりすることができるだろう。

その答えは、ＣＹＰ１Ａ２（シップ・ワン・エイ・トゥー）遺伝子のどのバージョンを受け継いでいるかを調べることによって得られる。この遺伝子の異なるバージョンは、カフェインの分解速度を左右する。あなたは、世界最古の刺激薬のひとつを代謝する速度が速い人かもしれないし、遅い人かもしれない。

ＣＹＰ１Ａ２遺伝子の異なるバージョンを持っている人がカフェイン入りのコーヒーを飲むと、夜眠れなくなるどころではない、さまざまな影響を被ることになる。またもやどのバージョンのＣＹＰ１Ａ２遺伝子を受け継いだかによるものの、あなたの血圧に、非健康的な波が生じることになる可能性が高い。この現象が起こるのは、カフェインをゆっくり分解するＣＹＰ１Ａ２遺伝子のコピーを受け継いでいるときだ。半面、カフェインを迅速に燃やし尽くす遺伝子のコピーをふたつ受け継いでいるとすれば、あなたの血圧が同じような影響を被ることはおそらくないだろう。[9]

遺伝子発現 ――栄養学のパズルを解く最後のピース

では、ここで、ゲノムと栄養について見てきたことを、まとめておこう。というのは、これからがいよいよ面白くなるからだ。

ぼくらの人生は、遺伝子だけ、あるいは環境だけ、といった隔絶された状況で、1個の遺伝子だけによって機能しているわけではないことが、明らかになってきている。ゲノムがぼくらの行動や食べるものに常に反応しつづけることについては、すでに見てきた。トヨタやアップルがＪＩＴ（ジャスト・イン・タイム方式）の生産体制を採用しているように、遺伝子も常にオンやオフに切り替えられている。そして、これは遺伝子発現を通して行われる。遺伝子発現とは、言ってみれば、遺伝子が何らかの要因によって誘導されて、ある「製品」をより多く、またはより少なく作るようになることだ。

人々の暮らしが、興味深い方法で遺伝子に影響を与える例は、コーヒーを飲む喫煙者に見ることができる。あなたは、タバコを吸う人は、なぜあれほど大量のコーヒーを問題なく飲むことができるのだろう、と不思議に思ったことはないだろうか。

その答えは、遺伝子発現に関係がある。

ぼくらの身体は、さまざまな毒を分解するのに、同じＣＹＰ１Ａ２遺伝子を使っている。タバコにはさまざまな有害成分が含まれているため、遺伝子に行動を起こさせる、とてもうるさい警戒警報を鳴り響かせる。それを考えれば、喫煙がＣＹＰ１Ａ２遺伝子を誘導する（つまりオンにする）という事実は意外なことではないだろう。この遺伝子がオンになればなるほど、身体はコーヒーのカフェインを分解しやすくなる。とは言っても、誤解しないでほしい。ぼくは何も、コーヒーをたくさん飲んでも夜眠れるようにするために、タバコを吸いはじめなさい、と言っているわけではない。ぼくが言いたいのは、喫煙によって、身体がカフェインを分解する方法が変わり、遺伝子的にカフェイン代謝がゆっくりだった人も、代謝の速い人に変わってしまう、ということだ。

ともかく、もしコーヒーがあなたの遺伝子構造になじまないとしたら、緑茶を楽しめばいい。けれども、腰を下ろして「センチャ」や「マッチャ」を楽しむ前に、ちょっと思い出してほしい。ぼくらがすることは、すべて、遺伝子に何らかの影響を与えるということを。

緑茶の場合は、ある種のがんを防ぐ可能性が示唆されている。最近、「エピガロカテキン－3－ガラート」と呼ばれる、緑茶に含まれる強力な化学物質を乳がんの細胞に投与した研究者たちが、ふたつの重要な結果を手にした。乳がん細胞がアポトーシス（細胞死）と呼ばれる細胞のプロセスによって自滅しはじめ、自滅しなかった乳がん細胞も成長速度が鈍くなっていたのである。いまいましいがん細胞に対する新たな治療法を探しているなら、こうした反応こそ、まさに望んでいるものと言えるだろう。

がん細胞がどのようにしてふるまいを変えるように促されたのかが判明したとき、エピガロカテキン－3－ガラートは、ポジティブなエピジェネティック変化――DNAをオンまたはオフにすることによって遺伝子発現の調節を助ける変化――を促すことができるという事実が明らかになった。これらは、細胞が身体の「集産主義的バイオロジカル・マニフェスト」に従うことを拒否したときに、それらをコントロールするうえで欠かせない重要なステップだ。なぜなら、細胞が協力して作業することをやめ、悪質な狼藉（ろうぜき）に打って出ると、がんが発生するからだ。

ぼくらが食べたり、飲んだり、果ては吸ったりするものと遺伝子の相互作用に関する研究が進むにつれ、こうした相互作用が健康の維持にいかに重要であるかは、ますます明らかになってきている。

そして、同じゲノムを受け継ぎ、似たような食生活を送っている一卵性双生児の研究から、栄養学のパズルにおける重要な未解明部分が判明しつつある。

だからこそ、ここであなたに、ご自分の腸内微生物叢（いわゆる腸内フローラ）について知ってもらいたいのだ。

腸内フローラで「脂肪をつかまえる」——ダイエットの遺伝学

人間の腸は、びっくりするほど複雑な微生物の生物学的多様性が見られる場所だ。

この巨大で小さな生態系におけるふたつのメインプレイヤーは、バクテロイデス門とフィルミクテス門の微生物である[10]。これらふたつのグループに属すあらゆる種を合計したら、数百種の異なるタイプの微生物が手に入るが、個人の「微生物動物園」は、人それぞれ少しずつ違っている。

あなたの身体の中に住んでいる微生物にとって、口から肛門までの9メートルの配管は正真正銘の惑星だ。そこは曲がりくねった世界で、その形を真似したジェットコースターに乗ったら、もっとも手練れのスリル狂でも真っ青になることだろう。そして次々に変わる環境の違いと言ったら、まるで海の底から、火山の中や熱帯雨林の真ん中に飛び込むようなものだ。

それを考えれば、胎児生育期に母親の子宮内で築かれるもっとも複雑な構造のひとつが胃腸系であることも意外ではないだろう。それがどれほどシルク・ドゥ・ソレイユ的なアクロバットを要求することであるかは、次の例でおわかりになるかもしれない。

胎児生育期のある時点で、胎児の小腸は、一度身体から臍帯（へその緒）に飛び出す。その後腹腔に無事に戻るにあたり、小腸は、ちょうどヘビがへびつかいの籐のカゴに身体をくねらせて戻るように、くねくねと曲がり、自らを押し込んでとぐろを巻かなければならない。それほど大変なことだから、ほんのちょっとのエラーが生じただけでこの過程が失敗するのも無理はない。もし胎児の体内に戻る過程で小腸がひっかかってしまったりすると、臍帯ヘルニア（小腸が臍帯に出てしまうヘルニア）が形成される。一方、小腸が胎児の腹腔内に無事戻ることができても、体壁が適切に閉じないと、腹壁破裂が生じる可能性がある。これは胎児生育期に、裂け目や割れ目を通して腸の一部が体外に飛び出したままになる状態だ。小腸と羊水（ようすい）は元来接触するものではないため、羊水にさらされた小腸は通常損傷を受ける。そのためその部位を手術で切除したのちに両端を再度結合しなければならない。[11] これらの事例は、のちに生理学的・微生物的流動体からなるジャングルを宿すことになるシステムが発育する際に起こりうる数多くの問題のほんの一部だ。

そんなわけで、必ずしも気持ちのよいことではないかもしれないが、ぼくらの腸の内部で何が起きているかをもう少し詳しく知れば、自分の健康をチェックするためのまったく新しい手段が手にできるかもしれないのだ。

では、このトピックを掘り下げるために、中国に飛ぶことにしよう。そこでは最近、上海交通大学の科学者たちが食生活の科学を根底から覆してしまった。

何が起きたかというと、こうだ。ある病的に肥満した人（約175キロというその体重は、平均的な力士（スモウ・レスラー）並みだった）の腸を調べていた科学者たちが、エンテロバクター属というグループに属す細菌が豊富に存在することに気がついた。腸に数種類のエンテロバクター属の細菌を宿している人はたくさんいるが、この患者の体内では、エンテロバクター属の細菌が腸内フローラの35パーセントまでを占めていた。これは、ものすごく高い割合である。そこで、何が起きているのかを理解するために、科学者たちは患者からこの細菌の株を取り出し、完全に無菌状態で育てられたマウスの体内に入れた。

その結果……そう、何も起きなかったのだ。

研究をここで終えてもよかったのだが、上海の科学者たちは、エンテロバクターを体内に豊富に持つマウスが、患者の食べていた高脂肪の食事をよく反映した食事を食べたらどうなるかを見てみることにした。いわば、毛のふさふさした小さな友達をマクドナルドに連れていき、ダブルチーズバーガー、Lサイズのソフトドリンク、そしてマックフライポテトをたらふく食べさせたようなものである。山のような脂肪と山のような糖分。そして、だれにとってもまったく意外ではなかったことに、マウスの体重は順当に増えた。

だが、ここに興味深い事実があった。科学実験を行う基本的な手続きにのっとって、科学者たちは、エンテロバクター属の細菌が腸内にはびこっていないマウスを対照群として用意していた。こうしたマウスにも同じ高脂質の食事が与えられたのだが、その体型はガリガリに痩せたままになったのである[12]。

では、肥満男性の食習慣が問題だったのだろうか？　もちろん、そうだろう。しかし、そのこと自体は、彼があれほど体重を増やした唯一の原因ではなかったのかもしれないのだ。

やがてぼくらは、遺伝学と、食習慣と、微生物の特定の組み合わせを使って、局面を有利に変えられるようになるかもしれない。

今のところは肥満を「つかまえる」ことは確かにできないが、細菌をつかまえることはできる。そしてもし、その細菌のタイプが、脂肪に対する不健康な反応に関連するもので、肥満を引き起こす原因になっているのだとすれば、結果的に「肥満をつかまえた」ことになるわけだ。

しかし、自分の微生物叢、すなわち身体の内外に住む微生物とそのＤＮＡの動物園が健康におよぼす作用を考慮すべきなのは、体重増加に関してだけではない。心臓も同じだ。

おそらくあなたは、牛肉や羊肉などの赤い肉や卵は心臓血管系に悪いという話を聞いたことがあるだろう。でも、おそらく、以前から聞かされてきたこととは異なり、心臓疾患のリスクを高めるのは、それらに含まれている飽和脂肪とコレステロールだけではないということはご存じないに違いない。リスクは、そういった食物に豊富に含まれている「カルニチン」という化合物によって高められている可能性があるのだ。カルニチンは、それだけでは、まったく有害な物質には見えないが、大部分の人の腸の微生物叢を構成する細菌に出会うと「トリメチルアミン－Ｎ－オキシド」（ＴＭＡＯ）と呼ばれる新たな化合物に変化し、それが血流に入ると、心臓に悪影響をおよぼすと考えられている。[13]

今までのところ、ヒトの微生物叢を構成する微生物が健康に与える影響に対する人々の関心は、ヒトゲノムに対するものよりずっと低い。しかしこの状況は変わるだろう。なぜなら、微生物叢は、あなたが口にするものや受け継いだ遺伝子と同じぐらい重要であることが、ますます明らかになりつつあるからだ。同一のゲノムを受け継いでいる一卵性双生児でさえ、同じ微生物叢を宿しているとは限らない。とりわけ体重が異なる場合、それは顕著だ。

だからこそ、自分が遺伝的に受け継いだものの世話係になる重要性を学んでいくにつれ、微生物叢の健康にも関心を払ったほうが賢明なのは自明の理だろう。これを実践する簡単な方法のひとつは、石鹸、シャンプー、果ては歯磨き粉にまであふれている抗菌製品の無差別使用に代わる手段について考えることだ。また、抗生剤の使用がほんとうに必要なのかどうか、処方してもらう前に医師に相談することも分別のある行動になるだろう。今日まで再三再四経験してきたように、武力による政権交代や、薬による微生物叢の変化は、往々にして予期せぬ長期的結果を招くからだ。

シンディに「ナイフを使う遺伝子治療」は必要か?

こういったことすべての複雑さを考えれば、次にどこへ行くべきかを理解する努力をあきらめたくなってしまっても当然だ。けれども、どうかぼくに、あなた自身と食生活について学ぶことが役に立つ理由、そしてそうした遺伝情報がどんな将来をもたらしてくれるのかについて説明させてほしい。そのためには、救急外来に戻ることが必要だ。あの日、午前4時半前に病院に到着したとき、シンディと母親はすでにぼくを待っていた。

スタッフはすでに受け入れ手続きを開始していて、シンディの腕に点滴の管が固定され、切実に必要としていた追加のブドウ糖と液体が送り込まれている姿を見て、ぼくはほっとした。ブドウ糖をシンディに与えることは絶対に必要だった。というのは、タンパク質をエネルギー源に使うときに、彼女のOTC欠損症は血中アンモニアの濃度を上昇させるからだ。アンモニア濃度の上昇は身体、とりわけ発育中のシンディの敏感な脳に有害な影響を与える。倦怠感や嘔吐など、シンディの母親があれほど心配した症状を引き起こした原因の一部も、血中アンモニア濃度の上昇によるものだった。

ＯＴＣ欠損症の治療が以前よりずっと積極的なものになった理由のひとつは、このように血中アンモニア濃度の上昇が合併症として脳の損傷を引き起こすからだ。治療オプションのひとつで、とりわけ重症のケースに適用されるのは、「ナイフを使う遺伝子治療」である。これは、ＯＴＣ欠損症のある患者に肝臓移植を行うもので、損傷した遺伝子を受け継いでしまった患者に、同じ遺伝子の機能するコピーを与えることを目的としている。

運よく、シンディのケースは、少なくとも今日の基準から見れば、肝臓移植を必要とするほど重篤なものではなかった。治療オプションが急速に変化するなか、ＯＴＣ欠損症と診断されることは、以前ほど悲惨なことではなくなっている。

血液検査の結果を待つあいだ（彼女の血液検体は氷の上に載せられて検査室に急送されていた）、ぼくは過去数年間に医療を行ううえで生じたあらゆる大々的な変化に思いを馳せた。シンディについて言えば、彼女が遺伝的疾患を抱えていることは、以前だったら、おそらく手遅れになるまでわからなかっただろう。これは、今日の医師は、患者の疾患を評価するためにどのような検査を施すべきかについて精通していなければならないことを強調する事実だ。

ようやくシンディの血液検査結果が戻ってきて、アンモニアの血中濃度は当初予期したレベルより低いことがわかり、彼女の臓器はどのような機能不全も示していないことが判明した。

これはグッドニュースだった。院内紹介記録を書き終え、昼勤チームに夜間診療の記録をEメールで送ったとき、ぼくは疲労感を覚えた。やはり、3時間半の睡眠では足りなかったのかもしれない。

シャワーを浴びて着替えるために充血した目で車を走らせて自宅に戻ると、ぼくはシンディのような疾患を理解しようとする試みを曇らせがちな生化学と遺伝のミステリーの厖大さを思いやった。勇敢な子供たちとその家族たちが日々試練をくぐり抜けている様子を見ていると、ときに新たな考えがひらめき、それが臨床研究の新たな機会につながることがある。こうした素晴らしい家族がたどる医学的旅路をしばしともに歩ませてもらう栄誉に浴すことがなかったら、ぼくは、きっと新しい探索の道筋を見逃してしまうだろう。

そして、次に見ていくように、シンディが特定の食事療法と専門的な医療を必要としていることを発見できたのは、彼女のような子供たちが人生を改善できる早期のうちに、スクリーニングを行う新たな手法が開発されたからだ。個人に合わせた遺伝栄養の分野の行方を知るには、そのルーツを知ることが役に立つかもしれない。あなた自身、またはあなたが愛する人が1960年代以降に生まれたのだとしたら、おそらく知らないうちに、その恩恵を被っていることだろう。

遺伝が引き起こす知的障害なんてあるのか？
——母親と医師たちの闘いの記録

それは、1920年代末に、やはりわが子のことを心配していた、ある母親から始まった。

この女性は、幼いふたりの子を救う手段を必死で探していた、ボーグニー・エグランドというノルウェー人だった。彼女の子供たち――リヴという女の子とダグという男の子――には、重度の知的障害があった。だがエグランドは、子供たちが生まれたときには、このような症状はなかったと確信していた。そして、子供たちを助けてくれる人を求めて病院という病院の門を叩き、信仰治療師の元にさえ足を運んだが、それらはみな徒労に終わった(14)。

しかし幸運なことに、化学と医学の双方の分野で研鑽を積んでいたアズビョルン・フォーリングという医師が、エグランドの訴えを真摯に受け止めた。他の多くの医師がエグランドの話を無視したが、フォーリングは子供たちの境遇を知って、彼女の話に耳を傾けたのだった。そして、子供たちの尿がふつうではなく、かび臭いにおいがするという話に、とくに惹きつけられた。

フォーリングの要請に基づいてリヴの尿が研究室に届けられたとき、当初それは、まったく平凡なものに見えた。所定の検査の結果もすべて正常だった。だが、最後の検査が残っていた。塩化第二鉄を数滴たらして、ケトンの有無を調べる検査だ。ケトンは体内で作られる有機化合物で、ブドウ糖ではなく脂肪を燃やしてエネルギーを得るときに生成される。ケトンが存在しているとすれば、この塩化第二鉄を使う検査で、リヴの尿の色は黄色から紫に変わるはずだった。だが、リヴの尿は緑色になった。

興味を惹かれたフォーリングは、今度はリヴの弟、ダグの尿を届けるように頼んだ。ダグの場合も、塩化第二鉄検査は尿を緑色に変えた。2か月にわたり、エグランドはこの科学者のもとに子供たちの尿を届けつづけた。そして同じ2か月のあいだ、フォーリングは異常な反応の原因を単離するために働きつづけ、ついにフェニルピルビン酸という化学化合物が有力だという見解に至った。それが正しいかどうかを調べるために、フォーリングは、ノルウェーにある発達障害児の施設と協力してさらなる検体を集め、結果的に塩化第二鉄検査に同じように反応した8人の子供たち（一組の兄弟を含む）の尿検体を集めることができた。

しかし、フォーリングが数千件もの知的障害の原因であることがのちに判明する化学物質を突き止めたにもかかわらず、医師たちが真実を導き出すには、まだ数十年を要した。実はこの疾患は、持って生まれた代謝における遺伝子のエラーに基づいて発生するもので（シンディのOTC欠損症にもよく似ている）、そのエラーが、幼い子の体内でタンパク質豊かな多くの食物に含まれているフェニルアラニンという化学物質の分解を妨げていたのだ。

エグランドが当初から感じていたように、彼女の子供たちは、生まれたときには何の知的障害も持っていなかったのだ。のちに「フェニルケトン尿症」（PKU）と呼ばれることになる遺伝により受け継いだ代謝疾患が、脳に不可逆のダメージをもたらす量のフェニルアラニンを新生児の血中に蓄積させたのである。

こうしたことをすべて考えあわせた科学者たちは、PKUと診断された子供たち専用の特殊な食事療法を開発し、知的障害は防げるようになった。唯一の難点は、治療用の食事療法を始められるようにするため、修復不能な症状があらわれる前にPKUのある子供たちを見つけ出すことだった。

PKUにかかっているかどうかを知るには、どうしたらよいのか。しかも、成り行きにまかせるのではなく、早期にそれを知るには？　この問題を解決したのは、ロバート・ガスリーという医師かつ科学者である。彼は、もともとがんの研究者だった。しかし究極的には、最初に意図していたものとはかなり違った道を歩むことになり、がんの研究を離れて、知的障害の原因と予防の研究を手がけることになった。それには個人的な理由があった。

ガスリーの息子も、そして姪も知的障害を持っていたのである。しかし、姪の認知機能障害は防ぎうるものだった。

なぜなら、彼女はPKUを抱えて生まれてきたからだ。

がんの研究で培った経験をPKU検出という問題の解決に応用して、ガスリーは、PKUの検査システムを開発した。これは、新生児のかかとから採取したわずかな血液検体を小さなカード（採血用濾紙（ろし））に浸み込ませるもので、「ガスリーカード」と呼ばれるようになり、アメリカでは1960年代に所定の検査として全新生児に実施されるようになったほか、他の数十か国でも採用されるようになった。また、このカードはその後数十年のあいだに、PKUだけでなく、その他多くの疾患の検出にも使われるようになった。

ボルグニー・エグランドが、あらゆる困難をかえりみずに、わが子の知的障害の原因を探ったときからガスリーの検査が広く行われるようになるまで、40年以上が経過していた。そしてもちろん、この進展も、エグランドの子供たちを救うことはできなかった。

この深い悲しみを書き表せる者などいるだろうか。また、エグランドが始め、ガスリーが成し遂げた、明るい将来への長く苦しい闘いの栄光を十全に表現できる者がいるだろうか。ぼくはこの仕事を、ノーベル賞とピューリッツァー賞を受賞した優れた作家、パール・バックに委ねたいと思う。

彼女もまた、おそらくＰＫＵを患っていたと思われる娘の母親だった。

「今までそうだったことが、これからもそうあらねばならぬということはありません。一部の子供たちにとっては遅すぎるかもしれませんが、悲劇の大部分は避けえたものだったという事実を、彼らが自らの境遇を通して人々に知らせることができるなら、たとえ挫かれた人生ではあったとしても、その命は無意味ではなかったと言えるでしょう[15]」

そしてエグランドの子供たちの悲劇は、ほんとうに無意味ではなかった。

今日、ガスリーカードと、それが導いた新生児のマススクリーニングは、他の何十種類もの代謝疾患に応用されている。これもまた、一見稀な疾患が、世のすべての人々に意味を持つようになった例のひとつだ。しかし新生児スクリーニングでも、すべてを網羅することはできない。一部の人々にとっては、小さな栄養学的決断が健康に与える大きな影響を明らかにできるのは、高度な遺伝子検査しかないのだ。

「かいじゅうの王様」リチャードの劇的な変化

ぼくがリチャードに初めて出会ったのは、２０１０年の春、雨の降りしきるマンハッタンのある朝のことだった。

診察室にぼくが足を踏み入れたとき、彼は、部屋中を跳ねまわっていた。ぼくはやがて、それはこの子のふだんの姿だと知ることになる。

もちろん、10歳の男の子が手に負えないのは、ごくふつうのことだ。だがこの少年は『かいじゅうたちのいるところ』の主人公マックスの回りをぐるぐる駆け回るような子だった。そのため学校ではかなりの問題児になっていた。

しかし、リチャードが最初に病院に来た理由は、そのためではなかった。彼は脚の痛みを訴えて来院したのである。

それ以外の点では、そして目で見る限り、リチャードは健康児の見本だった。新生児のときのスクリーニング結果？　完璧に正常だ。最近受けた毎年の検査は？　完全に平均値の範囲内だ。実のところ、彼はあまりにも健康に見えたので、何かおかしいところがあるということにだれかが気づくには、しばらく時間がかかった。そして、とても優秀な医師のグループが彼の執拗な訴えに耳を傾け、非常に非科学的で簡単な「成長痛」という診断を排除していなければ、真実が判明することはなかっただろう。

脚の痛みの原因がわからなかったため、医師たちは遺伝子検査を行った。そしてその結果、リチャードが、シンディと同じOTC欠損症を患っていることが判明したのである。

シンディは、OTC欠損症のさまざまな症状により、何度も入院しなければならなかったことを覚えているだろうか。しかしリチャードのOTC欠損症は、その表現型がかなり違っていた。通常より高い濃度の血中アンモニアに関連づけられていたかもしれない不可解な脚の痛みのほかは、まったく影響がないように見えていた。

しかしリチャードの他の症状（ほとんどないに等しかったが）は、とても軽度だったため、彼自身も父親も、何か問題を抱えていることを受け入れるのにやや抵抗を示した。実際、ぼくが彼を診察したある日など、OTC欠損症のある人はタンパク質が多い食品をうまく代謝できないから、低タンパク質の食事を維持するようにと彼自身も両親も再三言われていたにもかかわらず、リチャードのバックパックからは、アルミホイルにくるまれたペパロニソーセージがつき出していたほどだ。

だが、そのソーセージこそ、なぜリチャードの症状がなくならないかを教えてくるものだった。リチャードの家族が気づいていなかったのは、学校と家庭で見られた注意力の欠如は、行動学的なものというよりも、生理学的なものだったということだ。ほとんどの人では、通常より高い濃度の血中アンモニアは、震え、発作、昏睡などをもたらす。だがアンモニア濃度の上昇は、リチャードでは闘争的な性向と注意力の欠如をもたらしていた可能性が高い。

でもここで、正直に言っておこう。ぼくも最初はそのことに気づかなかった。最初の診察では、リチャードには、脚の痛みを改善する目的で、食事療法を厳密に守るように、という指示を与えて帰宅させたのだった。

リチャードの問題がそれより根の深いものだったことがわかったのは、3か月後に、食事療法を前より厳密に守った状態で彼が再び来院したときだ。脚の痛みは消えていた――それはそれでいいことだった――が、驚いたことに、学校生活がとてもうまくいっていたのだ。落ち着きが出てきて、注意力も向上していた。彼はもう「かいじゅうの王様」ではなかった。

それからの数か月、ぼくは、リチャードの劇的な好転に含まれていた意味について、何度も考えを巡らせた。世の中には、リチャードのような子供たちがもっといるはずだ。実際、何十倍も何百倍もいることだろう。そうした子供たちは、自分でも気づかずに、遺伝的にそぐわない食物を食べているのだ。その症状は、代謝の崖から彼らを突き落とすほど重篤なものではないけれども、きっと校長先生の部屋に呼びつけられるには十分なものだろう。

ぼくが通常診ている子供たちは、たいていの場合、非常に専門的な医療センターで治療を受けていることを考えると、プライマリーケアではどれだけの代謝疾患患者を見逃しているか、そしてまったく病院に足を運ばない患者もどれだけいるかと、心配せずにはいられない。

事実、何らかの認知機能障害があると診断された人、さらには自閉症スペクトラム障害の人の中に、見つかっていない代謝疾患があり、その治療を受けられていない人がどれだけいるかは定かではない。たとえばPKUの場合は、この遺伝病の理解が進むまで、この遺伝子を持つ子供たちの知的障害の原因が、治療を受けていない代謝疾患にあったという事実はわからなかった。

科学が進展していくにつれてリチャードのようなケースの理解が進み、ひとりひとりの遺伝・代謝ニーズに沿った医学的介入と簡単な生活改善により、そういった人々の人生が改善できるようになってほしいものだ。

ひとりひとり違うからこそ、口にするものを考えよう

では、シンディ、リチャード、ジェフは栄養学に関して何を教えてくれるのだろう。その答えは、こうだ。ぼくらは、ことゲノムについては、ひとりひとりみな違う。また、エピゲノム、さらには

微生物叢の観点からも、それぞれ唯一無二の存在だ。食べ物を自分にとって最適なものにするということは、栄養の偏りを防ぐということとは違う。今では、自分にもっとも適した食物に関するヒントを得るために、自分の遺伝子と代謝を調べることができるし、そうすべきだ。そうして見つかった結果は、自分が口にすべきもの、そして口にすべきではないものを知るうえで重要な意味を持つだろう。

ぼくらは今、稀な遺伝病を持つ人向けの特別な食事療法を編み出すことから、さらに先に進もうとしている。遺伝子配列の解読を通して知りえた情報によって、ついに自分が引き継いだ遺伝子プロフィールを考慮した食事がふるまわれる席に招待されようとしているのだ。

そして、遺伝的に受け継いだものに沿ってカスタマイズされつつあるのは、単に食習慣だけではない。薬棚も調べてみるときがきたようだ。

第6章

薬が効くかどうかも遺伝子次第

GENETIC DOSING

——鎮痛剤で死んだ子と5000歳のイタリア人が変える医療の未来

なぜメーガンは痛み止めで命を落としたのか？

毎年、何千という人が、医師に処方されたとおりの薬の量をきちんと守って飲んだせいで命を落としている。そしてそれを多く上回る数の人が、そのために急性疾患にかかっている。それは医師の不注意のせいではない。実際、そうしたケースのほとんどにおいて、医師は製薬会社や医師会の推奨に厳密に従って薬を処方していた。医薬品の副作用が生じる理由の多くは、個人の遺伝子にある。カフェインの代謝と同じように、ほかの人より、よりよく特定の薬物が分解できる遺伝子を持っている人がいるのだ。

とはいえ、副作用を引き起こすのは、受け継いだ遺伝子のバージョンそのものであるとは限らない。受け継いだ遺伝子のコピーの数も同じく重要だ。ぼくらの中には、他人より少し多いか少し少ないＤＮＡを受け継いでいる人がいる。容易に想像できるように、そのことは人々のあいだに数多くの差異を生じさせている。自分が何を受け継いでいるかは、遺伝子検査や遺伝子配列解析を行わなければ知りようがない。

ゲノムに欠失があり、それが発育または健康に欠かせない情報を宿すＤＮＡの一部の欠損を引き起こしているとしたら、その遺伝子変異は特定の症候群として現れる可能性が高いだろう。半面、ＤＮＡ遺伝物質が重複しているときには、それがどう現れるかは必ずしも明らかではない。

余分のＤＮＡを持っていても、まったく影響が出ないこともあれば、その人の人生を大幅に変えてしまうこともある。これから見ていくように、ほんの少しの余分のＤＮＡが、一般的な薬を致命的な毒に変えてしまうようなことさえある。読者の方はもうお察しのことと思うが、あなたが自分のゲノムに対して何を行うかは、遺伝により受け継いだ遺伝子そのものと同じぐらい重要なのだ。そして、こうしたライフスタイル上の選択には、どんな薬を飲むかということも含まれる。

ある心痛むケースがある。メーガンという幼い少女が、所定の扁桃腺摘出術のあとに死亡したケースだ。その理由は、麻酔のせいでも手術のせいでもなかった。実際、手術は成功し、メーガンはその翌日に退院して家に戻っていたのだ。メーガンの死因は、彼女が抱えていた重大な情報を医師が把握していなかったからだった。メーガンの遺伝子を調べた者は、だれもいなかったのである。

メーガンは、自分の遺伝情報にある他人との差異のことをまったく知らないまま、長い人生をまっとうすることもできただろう。彼女が受け継いだのは、ゲノムにおける非常にわずかな重複で、DNAにわずかな差異のあるその他数百万人の人とたいした違いはなかった。しかし、この小さな重複が生じていたゲノムの「場所」により、メーガンは、CYP2D6（シップ・トゥー・ディー・シックス）という遺伝子のコピーを、ほかの人と同じように両親から1個ずつ受け継いで合計2個持っていたのではなく、合計3個持っていたのだった。[1]

彼女の前に手術を受けた何百万人もの患者と同じように、メーガンも手術が終わったあと、痛みを和らげるためにコデインという薬を与えられた。しかしメーガンが遺伝的に受け継いでいたものにより、少量のコデインが体内で大量のモルヒネに変わってしまったのだ。しかも急速に。大部分の子供たちの痛みを和らげ気分をよくする推奨投与量は、メーガンには薬物の過剰摂取による死をもたらしたのである。

アメリカ食品医薬品局が2013年に、子供の扁桃腺摘出術とアデノイド切除術の後にコデインを使用することをついに禁じたのも、こうした事情があったからだ[2]。悲劇をさらに耐え難いものにしたのは、この副作用は稀な反応ではなかったという事実である。ヨーロッパ系の人々の子孫の10パーセントまで、そして北アフリカ系の人々の子孫の30パーセントまでが、特定薬剤[3]を超高速で代謝する遺伝子を受け継いでいるのだ。

処方される薬剤の数と関与する遺伝子の多様さを考えると、小児科の患者におけるコデインの使用は、治すための薬剤が真逆の作用をおよぼしている例のほんのひとつに過ぎない可能性が高い。今日では、アヘン剤を含む特定の薬剤を超高速または超低速で代謝する人を見きわめるための比較的簡単な遺伝子検査がある。だが、コデインのようなアヘン剤を最近「タイレノール3」のような形で処方された人には、おそらく、このような検査が行われることはなかっただろう。

では、なぜこういった検査はもっと積極的に行われないのか。これは重要な疑問だ。あなたやお子さんが特定の薬剤を与えられる前に、遺伝子検査について医師に相談することをぼくは切に勧めたい*。

もちろん、ある人にとってはリスクになっても、全員にとってリスク要因になるとは限らない。一部の人にとってコデインは、完全に安全で効果の高い痛み止めになる。

そこで、現在医薬界が進んでいる方向は（極力早くそうなってほしいものだが）、あなたが遺伝によって受け継いだものに適した薬の平均的推奨投与量を導き出すのではなく、あなたの多岐にわたる遺伝因子を考慮して、あなた用に——あなただけのために——導き出した投与量を処方するような世界だ。

推奨薬剤投与量は大部分の人に効果はあってもすべての人に効果があるわけではないという事実に加えて、人々が予防的な医療戦略に反応する方法にゲノムが大きく関わっているという事実も理解されはじめている。このことが、あなた、そしてあなたが受け取る健康上のアドバイスにおよぼす影響を理解するために、ジェフリー・ローズという医師と、「予防医学のパラドックス」という適切な名前がつけられた彼の考えを次に紹介しよう。

診察する研究医と「予防医学のパラドックス」

医師には、臨床医もいれば、研究医もいる。すべての医師がその両方になれるわけではないが、たとえ両方になれるとしても、そうしたいと望まない医師もいる。

しかし、ぼくを含む一部の医師にとって、実験室での研究が患者の人生に反映される様子が診察室で目にできるということは、素晴らしい機会、深い洞察力、そして人々を助ける最前線に身を置

＊ 遺伝子の影響を受ける処方薬のリストの一部は次のとおり。クロロキン（日本では販売禁止）、コデイン（リン酸コデインの日本での商品名はコデイン、リンコデなど（以下括弧内は日本での商品名））、ダプソン（レクチゾール）、ジアゼパム（セルシン、ホリゾンなど）、エソメプラゾール（ネキシウム）、メルカトプリン（ロイケリン散）、メトプロロール（セロケン、ロプレソールなど）、オメプラゾール（オメプラール、オメプラゾンなど）、パロキセチン（パキシル）、フェニトイン（アレビアチン、ヒダントール）、プロプラノロール（インデラルなど）、リスペリドン（リスパダールなど）、タモキシフェン（ノルバデックス、タスオミンなど）、ワルファリン（ワーファリン、ワーリン、アレファリン、ワルファリンKなど）。

くという栄誉を与えてくれるものだ。

ジェフリー・ローズを後押ししていたのも、そうした気持ちだっただろう。英国の医師ジェフリー・ローズは、慢性循環器疾患における世界的権威で、当時最高の疫学研究者のひとりだったが、ロンドンの歴史的なパディントン地区にあるセントメアリー病院で臨床に携わることまでは医学研究界から求められていなかったはずだ。にもかかわらず、ローズは何十年にもわたって患者を診察しつづけた。それは、交通事故で危うく命を失いかけて、片目を失明したあとも変わらなかった。彼は同僚にこう語っている。自分が診療を続ける理由は、自らの疫学的理論が常に臨床的妥当性に立脚していることを確実にしたいからだと[4]。

おそらくローズは、人口全体に対する予防戦略の必要性を強調した業績によってもっともよく知られていることだろう。そのおかげでぼくらは、心臓疾患の広まりなどに対して教育的・介入的手段をとるようになった。しかし彼はまた、そうした施策における公衆衛生の弱点もよく理解していた。ローズはこれを「予防医学のパラドックス」と呼んだ。すなわち、人口全体のリスクを低減させる生活習慣に基づく方策も、人口を構成する個人にはほとんど恩恵をもたらさない、という考えである[5]。そうしたアプローチは全体の成功を優遇するもので、遺伝子的に数の優っているグループから外れる少数派のニーズを無視するものだ。

簡単に言えば、身長178センチ、体重84キロの白人男性に効く特効薬は、あなたにも効くとは限らないのだ。この章の初めで紹介したメーガンに対するコデインの処方で見てきたように、薬はあなたを殺すものにさえなりかねない。

それでも、たとえば天然痘撲滅の事例のように、全人口にワクチン接種を義務づけることによって素晴らしい結果が得られた例もある。とはいえ、医師はふつう全人口ではなく、そうした人口を構成する個人を治療する。にもかかわらず、医師が医療を実践する際に使用が推奨されるガイドラインは、さまざまな背景を持つ個人からなる集団研究から集められたエビデンスに基づいて導かれたものだ。だからこそ、小児の扁桃腺摘出術のあとの鎮痛剤として、あれほど長くコデインが使われていたのだ——ほとんどの子供に、ほとんどの場合、効果があるという理由で。

サプリメントは万人に効く、は大きな間違い

予防医学のパラドックスの例は、LDLコレステロール、つまり「悪玉」コレステロールの値が高い人が魚油のサプリメントを摂取しはじめた最初の数週間に見られる。

研究者たちは、魚油（サバ、ニシン、マグロ、オヒョウ、サケ、タラ肝油、さらにはクジラの皮下脂肪からとれる、オメガ3脂肪酸の含有量が多い油）の使用効果は、人口全体に分布する広範なLDL値の変化に関連づけられていることを発見した。そのばらつきは、実にLDL値50パーセントの低下から、驚くべき87パーセントの上昇にまでおよんでいた。[6] 彼らはさらに内容を掘り下げて、いわゆるヘルシーな魚油のサプリメントを摂取する人のうち、APOE4（エイピーオーイー・フォー）という遺伝子の変異体を持つ人は、実際にはコレステロール値が上昇していたことを実証した。つまり、魚油のサプリメントは、どの遺伝子を受け継いでいるかによって、コレステロール値の変化に恩恵が得られる人と、

ひどい悪影響を被る人がいるのだ。

魚油は、世界中で何百万人もの人が日々摂取している唯一のサプリメントなどではない。アメリカ人の半分以上は、毎日サプリメントを口に放り込んでいると推定されている。額にして、年間なんと270億ドルを支払い、シンプルで自然だと思われる方法によって、病気を予防し、病気を治そうとしているのだ。(7)

そして、サプリメントとビタミンについては、医学的ガイドラインや推奨データはほとんどない。だからこそ、ぼくは患者によく聞かれるのだろう。サプリメントに少しでもよい効果はあるのですか、もしそうだとしたら、どのぐらい摂るべきですか、と。ぼくは通常「場合によります」と答える。サプリメントとビタミンには、摂るべき理由と避けるべき理由がたくさんある。あなたは、何か特定のものが欠乏していると言われたことがないだろうか。特定のビタミン摂取を増やさなければならない遺伝因子を受け継いでいないだろうか。あるいは、もっと重要なことに、妊娠していないだろうか?

胎児発育ほど、ビタミンと遺伝子の特定の組み合わせが重大な先天性欠損症を防いでくれることを如実に示す例はないだろう。この理解を深めるために、20世紀初頭に遡って、「こそ泥」モンキー君を紹介しよう。

妊婦がかかる「謎の病」の原因を暴いた「サルの手癖」

世界中の先天性欠損症をなくすうえで最大のブレイクスルーのひとつを導いたのは、ルーシー・ウィルスと彼女のサルだった。そしてこの一件は、例の「ほとんどの人にとってほとんどの場合、最善である」というモデルは、人々の命を救い向上させることにおいては非常に有効であるものの、それと同時に一部の人々にとっては、よくても効果がないし悪くすれば危険なことを示す格好の例になっている。

20世紀が訪れる直前に生まれた世代の若く聡明な医師の卵の例にもれず、ウィルスは最先端のフロイト派の思想に魅せられ、心理学分野で科学と技術を探究する道に進もうと考えていた。しかし、インドにある複数の病院と緊密な提携関係にあったロンドン大学の女子医学部で勉学に励むあいだに、ウィルスは当時ボンベイと呼ばれていた場所に赴いて、妊娠性巨赤芽球性貧血という名の謎めいた病気を調べるための奨学金を手にした。この病気は一部の妊婦のあいだに、衰弱、疲労感、指先の無感覚といった症状をもたらしていた[8]。ウィルスはすぐに、自分自身についてあることを発見することになる。それは、よくできたミステリーが大好きだということだった。

当時、妊娠性巨赤芽球性貧血の原因として知られていたのは、この病気にかかった人では、赤血球が膨張して、その色合いが薄くなる、ということだけだった。だが、なぜそうなるのか。この病気は貧しい女性を不釣合いに多く襲うように見えたため、ウィルスは、食習慣に関連があるのではないかと疑った。ウィルスが研究を行っていた当時——今もそうだが——貧しく恵まれない人々は、新鮮な果物や野菜が満足にとれないことが多かった。そして、ウィルスが調べに出かけたインドの織物工の女性の状況も、まさにそのとおりだったのである。

自ら立てた仮説を確かめるために、ウィルスは妊娠中のラットに、織物工たちが食べているものに似た食事を与えた。その結果、ラットの赤血球には類似の変化が現れるようになり、しばらくして、他の実験動物にも同じ結果が生じたことを確認できた。

この結果を踏まえて、ウィルスは実験動物の食事を「再構築」しはじめた。それはちょうど、赤ちゃんの離乳食を始めようとする母親が勧められる方法、すなわち、有害な反応を特定しやすくするために、新しい食物を1種類ずつ食事に加えていくことに似た方法だ。

ウィルスは完全に健康的な食生活を送れば問題が解決することはわかっていたが、それと同時に、インドに暮らすすべての女性にそうした状況をもたらす力が自分にはないことも理解していた。そこで、自分がやらなければならないことは、女性の食生活に欠けている栄養素を正確に突き止め、その物質を妊娠中の女性に補給することだと心に決めた。しかし、並々ならぬ努力を払ったにもかかわらず、その物質の正体はつかみどころがなかった。そんな折、ある運命の日に、彼女の実験用のサルがマーマイトに手を伸ばしたのである。

もしあなたがイギリス人か、かつて大英帝国の領土だった国に暮らしたことがあったら、おそらくマーマイト（およびベジマイト、ベジックス、セノビスなどといった多くの類似ブランド）のことはご存じだろう。ベトベトしていて、しょっぱい、濃縮醸造用酵母からできた濃い褐色のペーストで、パンに塗ったりして食べる（動物性食品ではないので、菜食主義者は万能調味料としてスープの素などにもよく使う）。このマーマイトの味については、大好きな人と大嫌いな人とできっぱり二分されている。確かに万人向けとは言えないが、その一方で、マーマイト抜きではどこにも出かけられないという人も少なくない。マーマイトは、ふたつの世界大戦で英国陸軍の必需品だった。1999年のコソボ紛争の際に英国陸軍の食料供給チェーンでマーマイトが不足した際には、兵士とその家族が手紙による請願作戦を展開し、軍の食事用テントのテーブルの上に、無事マーマイトをふたたび備えつけさせることに成功している[9]。

ウィルスはあらゆることについて綿密なメモをとっていた。だが、そのサルがどうやってマーマイトを手に入れることができたかについては、まったく記録がない。きっと何か「いんちき（モンキービジネス）」をやったのだろう。このいたずら好きの小動物は、ウィルスの朝食をくすねたのかもしれない。

「広口瓶（ジャー）に入ったコールタール」と愛情とあざけりを込めて呼ばれるこのマーマイトは、実は葉酸の宝庫でもある。マーマイトをたっぷり舐めたあとに奇跡的な回復を見せたサルを見てウィルスが発見したのは、妊娠性巨赤芽球性貧血を治す秘訣だった。

葉酸がそれほどまでに強力な治療薬になる理由の解明には、それからまだ20年の歳月を要したが、その結果判明したのは、急速に分裂を続ける細胞に葉酸はなくてはならない物質だという事実だった。妊娠中に十分な葉酸を得られない女性は、そのため貧血になっていたのである。お腹の赤ちゃんが、成長するためにすべての葉酸をむさぼってしまっていたからだ。

1960年代になると、葉酸の欠乏と胎児の神経管欠損症（NTD）との関連性が確かなものとなった。この病気は、二分脊椎（脊椎の左右の骨が癒合せずに分裂している状態）の患者に見られるような中枢神経系に異常な開口部ができるもので、比較的良性のものから死に至る重篤なものまで、さまざまな症状が引き起こされる。医師が出産可能年齢にある女性に、妊娠する前から葉酸のサプリメントの摂取を勧めるのも、そのためだ。というのは、葉酸によってNTDを防ぐことができる時期は妊娠28日目まで〔最後の正常月経の第1日目から数えて第28日目まで〕なのだが、その時点では、まだ妊娠しているかどうか、自分でもわからない女性が多いと思われるからだ。葉酸摂取はまた、早産、先天性心疾患のリスクの低下と関連づけられており、最近行われたある研究によると、自閉症のリスクでさえ低下させられる可能性があるという[10]。

葉酸の推奨用量は「誰」のためにあるのか

さて、これだけのことを知っても、朝食のトーストにねばねばしたマーマイトを塗るのはお断りだという人もいるだろう。でも心配はご無用。葉酸はレンズ豆、アスパラガス、柑橘類、そして多くの葉物野菜といった天然の食物にも含まれている。

アメリカ産科婦人科学会は、すべての出産可能年齢にある女性は、最低でも1日400マイクログラムの葉酸を摂取するように勧めている。だが、この量は、平均的な遺伝子を持つ平均的な女性に基づいて導かれたものだ。そして、読者の方はすでによくご存じのように、平均的な患者などというものは存在しないのである。

さらに、この推奨用量は、もっともよく見られる遺伝的変異を考慮に入れていない。体内における葉酸の代謝にとって非常に重要な、メチレンテトラヒドロ葉酸還元酵素（MTHFR）と呼ばれる遺伝子があるのだが、この遺伝子の異なるバージョンを持っているアメリカ人は、人口の約3分の

1におよんでいるのだ。

不可解なのは、妊娠する前から葉酸のサプリメントをせっせと摂取していた女性でも、NTDを抱えた赤ちゃんを出産する場合があることだ。[11] MTHFRあるいは他の葉酸代謝に関連する遺伝子に特定の変異がある女性にとっては、400マイクログラムの葉酸では足りないように思われる。そのため、こういった女性は、おそらくさらに多くの葉酸を摂取することで、恩恵を得られるだろう。これは今、一部の医師が勧めていることでもある——とりわけNTDの再発を防ぐために。

読者の方も「後悔するより、安全策をとったほうがいい」と思われるに違いない。

だが薬局に走る前に、考えてほしいことがある。葉酸を多量に摂りすぎると、ほかの問題が生じるのだ。コバラミン、つまりビタミンB12の欠乏である。要するに、ある問題を防ごうとすると、別の問題を隠してしまうことがあるのだ。葉酸サプリメントの多量摂取に関する長期・短期的な臨床研究の結果については、まだ判明しはじめたばかりなので、「後悔するより、安全策をとったほうがいい」というアプローチは、あなたと赤ちゃんにとってそうすることが絶対に必要だと確信できない限り、追加の化学物質をサプリメントによって体内に入れる方法では行うべきではない。自分のゲノムを徹底的に調べることが役立つ理由もそこにある。

最近まで、自分がMTHFRのどのバージョンを持っているのかを知るよい方法はなかった。しかし今では検査がある。MTHFR遺伝子のよく見られるバージョン、すなわち多型は今では検査が可能で、ある種の出生前診断にはすでに含まれている。こうしたスクリーニング検査、あるいは保因者検査では、数百個の遺伝子について数千個もの変異を調べる。妊娠を検討している人は、医師に尋ねる質問の長いリストの中に、この検査に関する質問も入れておくといいだろう。

だがもし、MTHFRのような遺伝子における異なるバージョンを調べる商業的な出生前遺伝学的検査が使えるかどうかについて、あなたの医師がすぐに確固とした答えが出せなかったとしても驚かないでほしい。検査費用が大幅に安くなったため、検査をすることと、そうして得た情報を生かす方法の理解のあいだに大幅なギャップが生じているのだ。

とりわけ、多くの医師は、ひとりひとりの女性の状況に沿った治療を効果的にカウンセリングする正しい手順を未だに模索している。そうしたことは、これまでしてこなかったからだ。しかし今、人々が受け継ぐ可能性のあるあらゆる遺伝子（たとえばAPOE4遺伝子）について、また、生活の中でそうした遺伝子にインパクトを与えられる方法（たとえば魚油の摂取）について医師が情報を学びつつあるなか、状況は急速に変わりつつある。

こうした発見の重要性は、ファーマコジェネティックス（薬理遺伝学）、ニュートリゲノミクス（栄養ゲノム情報科学）、エピゲノミクス（生物の設計図であるゲノムに起こる変更・修正が、遺伝子の働き方をどう変えるかについて研究する分野）などの新たな研究分野を誕生させた。これらの分野の目的は、遺伝子が人の人生に影響を与え変化させる方法をよりよく理解することにある。

さて、遺伝子があなたの栄養学的なニーズに関与していることがわかった今、サプリメントに手を伸ばす前に、もうひとつ知っておいてほしいことがある。

そこで、ちょっと横道にそれて、ビタミンサプリメントの源を探る旅に出かけることをお許しいただきたい。

ビタミンCサプリはオレンジの代わりになる?

もしかしたら、それは健康食品にはまったせいかもしれないし、新年に立てた決意のせいだったかもしれない。また、新たな一歩を踏み出す人生の節目に至ったためかもしれないし、今まで栄養について読んできたため、体重のことを思い出して数キロ体重を落とそうと思ったり、もう少しぐっすり寝ようと決心したりしたのかもしれない。いずれにせよ、あなたは、ビタミンまたはハーブ系サプリメントを飲みはじめようと思ったのではないだろうか。もしかしたら、もうすでに1種類飲んでいるかもしれない。

いや、2種類かも。あるいは3種類? それとも7種類?

でも、そうした錠剤やカプセルがどこから来ているか考えたことはあるだろうか? あの可愛らしい「ヤミーベアーズ」グミに入っているビタミンCはどこからやってきたのか、と。

「オレンジ」と答えた人がいるはずだ。

それは当然かもしれない。何と言っても、あの商品を販売しているメーカーは、ビタミンCのラベルにオレンジや他の柑橘類の果実の画像を使うことがよくある。まるで、フロリダのオレンジ畑で今朝目を覚ました同社の従業員が、丸々としてジューシーなオレンジを樹からもぎとって振ったら、何かの魔法が働いてオレンジが縮み、食べられるテディベアの形になりましたとさ、とでもいうように。

しかし、ほんとうのところは、今朝あなたや子供たちが摂ったかもしれないビタミンは、処方薬に非常によく似た製造過程を経て作られたものだ。ある意味、それはいいことでもある。ビタミンやサプリメントが一貫した製造プロセスによって作られるということは、きのう飲んだものと同じものがきょうも手に入り、きょう手に入ったのと同じものが、明日も手に入るということだから。実際、政府の規制が異なることを除けば、処方薬と多くのビタミン剤の唯一の違いはひとつしかない。つまり、ビタミン剤はふつう、食品に天然に存在する化学物質に基づいて作られているということだけだ。

しかし、これは食品に含まれるビタミンを摂取することとは違う。なぜなら、オレンジを食べるとき、ぼくらは、ビタミンCだけでできた果実を食べているわけではないからだ。オレンジには、繊維、水分、糖分、カルシウム、コリン、チアミン、そして、たった1種類のビタミンに限定されない何千という植物性化学物質が含まれている。

この意味において、ビタミンの摂取は、ちょっと『エンパイア・ステイト・オブ・マインド』のピアノループだけを聴くのに似ている。ジェイ・Zが刻む歯切れのいい押韻、アリシア・キーズのボーカル、リズムトラックとギターのリフがなかったら、あの曲は、数種類の畳みかけるようなキーボードの反復演奏しか残らなくなってしまう。

サプリメントに欠けているのは、すべての栄養素からなる交響曲だ。本物のオレンジに含まれている他の植物性化学物質をすべて含めたもの。そうした化学物質の作用は、まだ完全には理解されていない。

もちろん、ビタミンのサプリメントがどんな状況でも効果を発揮することはない、と言っているわけではない。サプリメントでも恩恵が得られることは、神経管欠損症の予防に葉酸のサプリメントが役立つ例で、すでに見てきた。しかし、食物によって天然の形で得られるにもかかわらず、自分や子供にサプリメントを与えることによってビタミンを補おうとしているのだとしたら、もっとも自然な形で存在するビタミンを摂取するという真の栄養学的恩恵をみすみす手放していることになる。

では、ニュートリゲノミクスとファーマコジェネティックス分野における最新の研究を日々の治療計画に盛り込もうとしたら、どこから始めればいいのだろう。

それはまず、すでに見てきたように、自分が遺伝的に受け継いだものを、できるだけ詳しく知ることだ。エクソーム全体あるいはゲノム配列の解析を依頼することも考えたほうがいいかもしれない。それから、自分の遺伝子情報にアクセスしてその情報を利用するのは、生きているあいだにやったほうがいい。とはいえ、結果を手にするだけなら、なにも生きている必要はないのだ。これから見ていくように、こと遺伝子に関しては、「死人に口あり」なのだから。

5000歳のイタリア人ミイラが教えてくれること

その遺体は損傷し、ひどく腐敗していた。そのため、オーストリアとイタリアの国境に近いエッツタール・アルプスでトレッキングをしていたハイカーが出くわしたとき、彼らはまず、数シーズン前に命を落とした遭難者を発見したのだと思った。

遺体を山から降ろすのには何日もかかった。しかしいったんふもとに到着すると、それがふつうのハイカーのものなどではないことが明らかになった。その遺体は、少なくとも5300年前に生存していた類を見ないほど保存状態のよいミイラだったのである。その男性のミイラは、「エッツィ」と名づけられた。

それからから数十年が経ち、エッツィの人生とその死については、多くのことが判明してきた。まず、どうやら彼は殺害されたらしかった。その暴力的な最期は、左肩の軟組織に矢じりが突き刺さった後、後頭部を一撃されたことによるものと思われた。胃と腸の内容物の分析からは、最後の数日は、よい食生活を送っていたことがわかった。エッツィは穀物、果実、根菜のほか、数種類の赤い肉を食べていたからだ。

しかし、ゲノムの観点から言ってほんとうに面白くなってきたのは、エッツィの左臀部から小さな骨片を外したあとだった。その骨に保存されたDNAの遺伝分析から、エッツィはイタリアの凍てつくアルプス山脈北部で発見されたものの、彼にもっとも遺伝的に近い、今日生存している親類は、そこから450キロほども離れたサルデーニャ島とコルシカ島に住む人々であることがわかったのだ。彼はまた、おそらく肌の色が白く、瞳の色は茶色で、血液型はO型だったと思われる。そして乳糖不耐症があり、心血管疾患で命を落とす高い遺伝子的リスクにさらされていた。言い換えれば、当時まで遡って、彼をミルクと肉と殺人者から遠ざけることができていたら、エッツィは45歳という推定死亡年齢より、もう少し長生きできたかもしれない[12]。

エッツィにとって、そうした遺伝子情報がもたらされるのは遅すぎた。しかし、5000年以上前にアルプスをうろついていた人からそれだけ多くの情報が引き出せるとすれば、今日生きている人についてどれほどのことがわかるかは、推して知るべしだろう。

包括的な遺伝子検査や遺伝子配列の解析が利用できない人にも、ローテクの選択肢はある。これは、エッツィが耐えなければならなかった死後の綿密な遺伝子検査をしなくてもすむ方法で、ふつうの家系図を作るだけで数多くの貴重な情報を得ることができる、というものだ。たとえば親類に、急性薬物反応を起こした人がいないかどうかを訊くだけで、自分の命を救うことになるかもしれない。

遺伝子の無数の相互作用がもたらす複雑な病気を分類しようとするときには、どんな情報でも鍵になる可能性がある。実は、よく記述された医学的家系図に勝る情報はないのだ。今から数十年後、遺伝に基づく健康管理においてモルモン教徒が世界をリードしている可能性がある理由もそこにある。

いわゆるモルモン教徒と呼ばれる人たちが、急速に成長している国際的な末日聖徒イエス・キリスト教会の信者であることはご存じだろう。そして、人によっては、玄関先に現れた彼ら（いつもふたりで行動し、ジェルで撫でつけられたクルーカットの髪型、黒いスラックス、白いシャツ、そして黒い名札をつけている）に直面したこともあるかもしれない。

だが、おそらくあなたも知らないのは、モルモン教徒たちが、死者のためのバプテスマという洗礼の儀式を実践していることだ。これは、正式な者の手による洗礼を受けることなくこの世を去った者でも、生きているモルモン教徒から代理の洗礼を授けられれば、いわば、この二度目のチャンスによって救済される、という考えに基づいている。

この儀式を実践するため、現代のモルモン教徒は高度なコンピューターを駆使した系図学の研究に乗り出すことになった。これこそ、モルモン教会の信者の多くが、数百年も前の先祖の名前やその人生を――たとえそれが一夫多妻制によって複雑化していたとしても――すらすら暗唱できる理由である。これはモルモン教徒の魂がひとりたりとも天国から締め出されることがないようにするための措置なのだ。

遺伝病と家族歴との結びつきを調べている医師にとって、こうした詳細な情報は金の鉱脈に等しい。今日、モルモン教会は、多くの系図学的記録をインターネット上で公開しており[13]、多くの非モルモン教徒もその情報を利用しているが、教会員にとってみれば、それは純粋に宗教的な目的で行われるべきものだ。

そしてモルモン教徒は長いあいだ、体内に入れるものに関してかなり厳格なガイドラインを遵守してきているため（多くの教徒はカフェインを摂らず、大部分はアルコールの摂取を控えており、非合法ドラッグの摂取は徹底的に避けている）、人生に影響をおよぼす遺伝的、エピジェネティック的、環境的な問題を他の人々より抱えていない可能性が高い。

家系図と遺伝子検査で、あなた専用の生活習慣を手に入れる

とは言っても、モルモン教徒にならなくても、あなたの兄弟姉妹、子供たち、孫たちに、それぞ

れのゲノム、ひいては自分の健康をよりよく理解するためにの情報をよい形で受け渡すことはできる。そうした人たちに与えることができる最良の贈り物のひとつは、詳しい家系図だ。まず、自分の両親の健康について知っていることを書き込んだあと、両親の兄弟姉妹、両親の親たち、と広げていって、医学関連情報をわかる限り書き込んでいこう。

書き込む情報は、詳しければ詳しいほどいい。たとえば、特定の薬物に関する過敏反応といった、ある世代の一見些細な問題が、医学面から見た家族歴に多くの情報をもたらしてくれる可能性がある。だから、詳しい家族歴あるいは直接の遺伝子検査を通して自分の受け継いだものをよりよく知ることは、自分の特性を思い出させてくれる重要なきっかけになる。

それは、次のような質問を自分にすることにより、その他大勢から離れるときがきたことを教えてくれるものでもある。自分の遺伝子型にとって最適な薬とその用量はどのようなものだろうか。予防医学のパラドックスを避けるにはどうしたらいいか。自分の遺伝子的なニーズをもっともよく満たすには、どんな栄養および生活習慣の戦略をとるべきだろうか。そして、凍った5000歳のイタリア人ミイラから、どんな遺伝子学的な人生の教訓を得るべきだろうか。

こうした重要な質問には、すぐに答えを出すことができないかもしれない。でも問いつづけていけば、あなたを比類なきほどにオリジナルなものにする、もっとも重要な遺伝的特徴のいくつかが見えてくるだろう。

第7章

右か左か、それが大事だ

——生命というオーケストラの指揮者が奏でる遺伝子のハーモニー

PICKING SIDES

落ちぶれた「グーフィー」サーファーの伝説

猛々しい牡牛はもうおしまいだ。放牧地に追いやられてしまった。彼はそう言われていた。

そう言ったのは批評家だけではなかった。もちろん批評家も多かったが、そう言ったのは、主に仲間のサーファーたちだった。仲間たちはずっと前から、マーク・オクルーポが自分自身の内に棲む悪魔に蝕まれていることを知っていたし、ドラッグの悪影響が出ていることも知っていた。彼の胴回りが太くなり、当時のトップサーファーたちからどんどん落伍していく姿も見られていた。

それが極致に達したのは、1992年だった。フランス南西部の名高いオセゴービーチで開かれたリップ・カール・プロ・ベルズビーチ競技会で、「オッキー」という名で世界中に知られていたこの男は、何度も審査員の椅子を倒し、ライバルにサーフボードを投げつけ、オーストラリアまで泳いで帰ると宣言する前に、砂を食べることまでやってのけたのだった[1]。

物おじしない、威張りくさったこのオーストラリア人は、それまで一度も世界タイトルを勝ち取ったことがなかった。そのため、その年に世界プロサーフィン連盟のチャンピオンシップツアーを放棄したとき、彼が世界チャンピオンになる日は絶対に来ないだろうとだれもが思った。

しかし、世間の注目を浴びなくなったあと、オクルーポは自分の人生の立て直しに着手したのだった。酒を断ち、引き締まった身体を取り戻し、あまりにも長く主食にしていたフライドチキンを断つ誓いを立てた。そしてもう一度サーフィンを始めた。今度は、金や名声のためではなく、楽しみと健康を手にするために。

そして１９９９年。オクルーポは、ひと波ごと、競技会ごとに勝ち進み、ついに世界プロサーフィン連盟のワールドツアー・タイトルを手にした。33歳になっていた彼は、それまででもっとも高齢のチャンピオンになった。

その後長い年月が経ったあとも、オッキーはまだ上を目指していた。もう一度隠退を経験してから——これは前回の隠退のときより穏やかだった——猛々しい牡牛は、W杯のタイトルを狙っていた。ぼくがハワイのホノルルで、ある素晴らしい朝にオクルーポを見たのはそのときである。彼は砕けつつある大波の下に頭から飛び込むと、それからすぐ泡立つ波の頂点に姿を現し、そのすぐあとに、こともなげにまた波と波の谷間に身体を沈めた。

ぼくはプロのサーファーではないが、オクルーポがサーフィンに精を出す姿を見て気がつかずにいられなかったことがある。彼は「グーフィー（goofy）」だったのだ。

一部の人は、左利きのことを「サウスポー（southpaw）」と呼ぶ。そのほかにも、「モリードゥーカー（mollydooker）」や「コーキー・ドバー（corky dobber）」といった呼び名もある。科学者は今でも、左利きを表現するのに「シニスター（sinister）」という言葉をよく使う。元々のラテン語では単に「左」という意味だが、後に邪悪さと結びつけられるようになった。[2]

読者の方は、「コーキー・ドバー」として生まれることに、医学的な意味などあるのかと考えていることだろう。でも、左利きの女性は、閉経期前に乳がんにかかる確率が右利きの人に比べて２倍だと聞いたら、びっくりされるのではないだろうか。研究者の一部は、これは、子宮内で特定の化学物質にさらされたために遺伝子が影響を受け、左利きと発がん感受性の土台が築かれたため生じるものだと確信している。[3] もしそれが正しいとしたら、これは環境が遺伝を変えるもうひとつの例だ。

ぼくらの両手、両足、さらに両目は、ほとんどの人が右利きだ。さて、あなたは、利き足と利き手はいつも同じだと思っているかもしれない。だが、右手が利き手になっている人では必ずしもそうだとは限らず、左手が利き手になっている人では、同じになる割合がさらに低い。多くの人は利き手と利き足が「一致（congruent）」していないのだ。

ボードに乗るスポーツでは、利き足が左足であることを「グーフィー（goofy）」という。これは右足がボードの前にきて、左足が後ろに来る状態だ。つまり、ボードの向きを変えるときに、軸足になるのが左足だということ。オッキーの左足もボードの後ろのほうに置かれていた。

一部の人がグーフィーである理由については、驚くほど多岐にわたる仮説がある。だが、用語そのものの由来は、1937年に劇場公開された8分間のウォルト・ディズニー・アニメ『ハワイアン・ホリデー』に帰されることが多い。このカラーアニメは、例の一味（ユージュアル・サスペクツ）、すなわち、ミッキーとミニー、プルートとドナルド、そしてもちろんグーフィーの登場によって始まる。一行がハワイで休暇を楽しむなか、グーフィーはサーフィンにトライする。そして、ついに波を捉えて短いクレストの上に乗ったとき、彼は、右足をボードの前、左足を後ろに置いて立っていたのだ。[4]

もしあなたが自分もグーフィーかどうかをビーチに行く前に知りたかったら、これから登ろうとする階段の前に立っている自分を想像してみてほしい。どちらの足が先に動くだろうか？　もし最初の架空のステップに左足で乗るようだったら、あなたはグーフィー・クラブの一員である可能性が高い。一方、もしグーフィーでなかったら、あなたは多数派だ。

利き手と遺伝子に関係はあるか

利き手や利き足が左だったり右だったりする理由は、脳の発育早期における重要な時期に関連があると考えられている。「側性化」と呼ばれるこの現象のもっとも人気のある説明は、脳の右半球と左半球が機能的に分かれて進化してきたことに関するものだ。それぞれが異なる労働を分担することにより、ぼくらは同時に複数の複雑な作業をこなすことができるのだ。

あなたは、仕事をしながら口笛を吹くことができるだろうか？　できるとしたら、あなたの同僚は、脳の見事な側性化を呪うべきだろう。運転しながら携帯電話で話すのはどうだろう？　これも側性化の一例だ*。

では、なぜ右利きのほうがずっと多いのか。ヒトにとって、もっとも重要なタスクのひとつはコミュニケーションだ。この機能は通常、脳の左半球が司っている。一部の科学者は、それこそ、ぼくらの大部分が右利きである理由だと考えている。というのは、おそらくご存じと思うが、脳の左半球は通常、右半身の筋肉をコントロールしているからだ（そのため、左半球に脳卒中が生じた人は、右腕と右脚に機能障害が残ることが多い）。

* あなたは自分で思うほど、このふたつの作業をうまくやりこなせていないかもしれない。車に乗って携帯電話を使う人の運転は、酔っ払い運転と同じぐらいヘタクソになることを見出した研究がある。

では、もしあなたがグーフィーだったら、何を心配すべきだろうか。実は、この質問は、アメリカ国立がん研究所にある遺伝子制御・染色体生物学研究室の上級調査官で、左右性の遺伝学を10年以上にわたって研究してきたアマー・クラーに、多くの人がぶつけたものだ。

クラーは、左右性には遺伝子、それもおそらくたった1個の遺伝子だけが直接関わっているという見解の提唱者だ。しかしこの遺伝子は、ヒトゲノムが綿密に調べられたにもかかわらず、未だに捜査をすり抜けている。

クラーのチームが、グレゴール・メンデルを誇らしい気分にさせたに違いない優性・劣性形質遺伝の予想モデルによって裏づけたその仮説を使えば、一卵性双生児が必ずしも同じ利き手や利き足を共有しない理由も説明できる。これは、遺伝的継承に反する理論のように見えるかもしれないが、クラーや他の一部の一流遺伝学者たちは、この理論上の遺伝子にはふたつの対立遺伝子があるという仮説を立てている。ひとつは右利きを生じさせる優性の対立遺伝子、そしてもうひとつは劣性の対立遺伝子だ。一対の劣性対立遺伝子を受け継いだ人が右利きになるか左利きになるかは、半々の確率である。クラーがこのつかみどころのない遺伝子を探しはじめてから10年以上が経つが、それはまだ見つかっていない。だが彼は希望を捨ててはいない。

左右性が遺伝子だけの原因で生じるという仮説に代わる考えは、左利きの人は何らかの神経傷害を発育時または分娩時に被ったため、そのことが脳の配線方法に影響を与えて左利きになった、というものだ。この「傷害仮説（insult theory）」の証拠を集めるために、未熟児として生まれた子供と左利きの相関関係を発見した研究を引き合いに出す研究者がいる。スウェーデンで行われたメタ分析*で、左利きの割合は未熟児においてほぼ2倍に増加するという結果が見出されているのだ[5]。

左右性の生物学的成り立ちをさらに発見するために、遺伝子原因説、子宮内曝露説、あるいはその両方について調べることは、わが子をティーボール（幼い子向けの野球ゲーム）のバッターボックスのどちら側に立たせるべきかという問題の答え以上の知識を与えてくれる。

なぜかというと、左利きはまた、失読症、統合失調症、注意欠陥多動障害（ADHD）、気分障害のかかりやすさ、そしてすでに見てきたように、がんでさえ、その罹患率の上昇との関連性が発見されているからだ[6]。実際、研究対象に左右性を含めることによって、デンマークの研究者たちは、ADHDの症状を見せていた8歳の子供たちのうち（率直に言って、この歳では、どんな子だって少しはやんちゃなところがある）、16歳でも同じ症状を持ちつづけていると予測される子供たちが見つけやすくなったという[7]。

しかし、左右性とは異なり、ぼくらの身体の発生時に生じる解剖学的な計画の遺伝学的根拠については、もう少しで理解できるところまできている。つまり、心臓と脾臓が体の左側に来るよう、そして肝臓が右側に来るようにするために、どんな遺伝子が一所懸命働いているのかということがわかりはじめているのだ。この遺伝学的理解は、次で取り上げる質問に答えを出すのを助けてくれる。

* メタ分析とは、同じテーマについて行われた研究のうち、研究デザインが似ている論文を複数集めてそれらの結果を総合的に分析することにより、統計学的な効力を高め、その力で結果の正確性を高めようとする研究のこと。

「心臓は左側」を決めるタンパク質の〝触覚〟

「何がどちら側にあるということは、ほんとうに重要な問題なのだろうか？」

もしあなたが、誤って「冷」というマークをつけられた熱いお湯の蛇口をひねったことがあったら、側性化がうまくいかなくなったときの痛みについては、すでにご存じのことだろう。ぼくらの身体もラベル通り、あるいは予期したとおりに働かないと、危険な事態が生じかねない——少なくとも、ちょっとしたヘマ（グーフィー）は生じるだろう。

しかしまずは、左右を決めようとする身体を遺伝子がどのように助けているのかについてしっかり理解するために、お母さんの子宮の中で人生の冒険を始めようとしている胚の状態にまで時間を遡ることにしよう。3次元の発生を始める際には、将来の身体の釣合いが確実に維持できるようにするため、微妙な成長のバランスをとる必要がある。

この不均衡なバランスの興味深い特徴は、あらゆることを不具合にするには、すべてをいじる必要はない、ということだ。ほんの少しの生物学的不釣合いは人生にはプラスになる場合があっても、それよりほんの少し多く不釣合いが生じると、事態は深刻なものになりかねない。しかも、急速に。

小舟に乗ったことがある人なら、そのことがよくおわかりだろう。たとえば、キャンプに出かけてカヌーに乗ったときのことなどを思い出してほしい。みんな座って一糸乱れず漕いでいれば、カヌーは水面を移動する非常に安定した乗り物になりうる。けれども、だれかが都合の悪いときにちょっと立ち上がっただけで、カヌーは転覆してしまうのだ。

オアフ島北岸のビーチに立って、白い波がしらが左に移動していくなか、オクルーポが波のトンネルの中から勢いよく飛び出したあとに鋭くカットバックし、常に砕ける波に一歩先んじる姿を見ながら、ぼくはそういったことに思いを馳せていた。オクルーポが波をうまく操る様子は、まるで、鉄板の上で音を立てて焼ける鳥の胸肉を切り分ける日本人のシェフのように見事だった。

オクルーポは優れた職人だ。だが1930年代に生じたあることがなければ、彼でさえそうなることはできなかっただろう。

アニメ『ハワイアン・ホリデー』を見ると、グーフィーのサーフボードは、どこかアイロン台に似ている。長くて、平らで、一方が細くなっている。そして、底面には何もついていない。なぜなら、グーフィーのボードは、まだトム・ブレイクに出会っていなかったからだ。ブレイクは、サーフボードの発明者かつ製造者で、あのアニメが作成される数年前に、サーフィン界に「スケッグ」を紹介したのだった。これは、ボードの底面に取りつけられたフィン（ひれ）で、サーファーのバランスを維持することによって、ボードの操作性が増す。伝説によると、ブレイクは最初のモデルを、海岸に流れ着いたモーターボートの竜骨（キール）で作ったという。

当初は、サーフボードのそんな付属物がどんな恩恵をもたらすのかだれも理解していなかった。だがその後10年のうちに、世界中のほぼすべてのサーファーが、1本またはそれ以上のフィンをつけるようになっていた[8]。

では、サーフィンがどのように遺伝子と発生に関係してくるかというと、こういうことだ。人間にはスケッグそのものはないが、遺伝子の奥底にコードされた類似構造が発生に不可欠な役割を果たし、正しい遺伝子が正しいときに発現するような環境を築く。とはいっても、大方の読者にとって、この構造はおそらく初めて聞く名前に違いない。それは、胚発生時期（あなたがお母さんの子宮内で潰れたガムみたいな形をしていたとき）に現れる「ノード繊毛（せんもう）」と呼ばれるものだ。ノード繊毛は、その極めて重要な時期に、のちにあなたの頭になる部分から、小さなタンパク質の触覚のように突き出している。

そしてちょうど、水の上でサーフボードの舵を切って、そこそこの波を刻むサーファーをスケッグが助けるように、ノード繊毛も発生中の胚の周囲で体液（羊水）を動かして（ある状況では体液を感知して）、必要とされている化学物質の濃度勾配を空間の中に作り出す。このように、繊毛は単純だが絶対に欠かせない存在だ。つまり、体液を特定の方向に動かして、胚の周囲に渦巻きのような流れを作り出す。これを受けて、浮遊しているタンパク質の量が正しい順序で変化し、それが遺伝子発現を通して、適切な時期に身体部位の発生を導くのだ。

発生しつつある胚は、遺伝子によってコードされているこうしたタンパク質のシグナルを使って、たとえば肝臓は身体の右側に、脾臓は左側に形成されるように図る。

どの器官を手に入れるかについて身体の右側と左側で交わされる壮絶な闘いで、ぼくらの遺伝子は「レフティ2」「ソニック・ヘッジホッグ*」「ノーダル」などという粋な名前がつけられたタンパク質をコードする。こうしたタンパク質が、側性化という領域で、首位をつかむことを目指して決着がつくまで闘いつづけるのだ。

しかし、ノード繊毛が遺伝子変異によって正常に機能しないと、身体の発生のバランスは完全にひっくりかえってしまう。沖合の岩礁や予期せぬ潮のうねりなどでスケッグが折れてしまったサーファーのように、動作のおかしくなった繊毛は、胚に押し寄せるタンパク質の量に不均衡を生じさせる場合がある。

そしてもし、ソニック・ヘッジホッグ・タンパク質が通常の限度を超えて多量に押し寄せるという悪さをしでかすと、いわばそれが脾臓を食べてしまうために、脾臓を持たない人間ができてしまう。そしてソニック・ヘッジホッグに負けじとレフティ2も悪さをして自ら機能不全に陥ると、脾臓がふたつ以上作られる。これは、多脾症と呼ばれる疾患だ。

「酔っぱらった指揮者」に生まれくる子供の運命を委ねられるか？

混乱した繊毛は、内臓をグーフィーにしてしまうこともある。体液の渦巻きを反対側に回せば、主要な内臓の一部を完全に逆側に来させることもできるのだ——心臓を右側に、肝臓を左側に、脾臓を右側に、というように。

これは無害どころか、胚の発生時に内臓の位置が狂ってしまったら、血管の配管から神経の配線まで、あらゆることが影響を受ける可能性がある。そして、解剖学的および神経学的に生じたことは、簡単には元に戻せない。決して元に戻せないこともよくある。

＊　もしかしたらと思っているかもしれないが、ソニック・ヘッジホッグ・タンパク質は、ほんとうにセガのテレビゲームのキャラクターにちなんで命名されたのだった。

産科医が、妊娠中には飲酒をしないようにと強く勧めるのもそのためだ。たいていの場合、アルコール摂取と妊娠の組み合わせについては、ここまでは飲んでもよいという安全レベルは存在しないと考えられている。その一方で、妊娠中に飲酒をしていた母親から生まれた赤ちゃんに、ほぼまったく影響が出ない場合があることもわかっている。

この差はなぜ生まれるのか？　それは、ぼくらが遺伝的に多様で、アルコールの代謝については、とくにそれが当てはまるからだ。母親がどの遺伝子を受け継いでいるかにより——そして、母親とそのパートナーがどのような遺伝子を子供に受け渡したかにより——胎児に与えるアルコールの影響は、やや毒性があるものから、ストレートに強力な毒のいずれにもなりうる[9]。子供の発生におけるこの時期のことがよくわかっていないことを考えると、ぼくには、やはり妊娠中は飲酒を完全に控えたほうが安全に思える。

このアドバイスは、不健康な食物を含め、女性が妊娠中に口にする疑問のある物質すべてに当てはまるものだと思われるかもしれない。けれどもアルコールについては、とりわけ重要なのだ。そして、とくに胎児の最初の発生段階においては、いわば繊毛が「しらふ」でいることが決定的な重要性を持つ。

ある意味、繊毛は発生というオーケストラの指揮者のようなものだと言えるかもしれない。一度でもマエストロがオーケストラを指揮しているところを見たことがあったら、交響曲の指揮は、しらふのときでさえ簡単ではないことがわかるだろう。そのうえで、酔っ払って指揮棒を振っているところを想像してみてほしい。研究で、妊娠中に多量飲酒をする母親から生まれた子供たちが、側性化にまつわる問題を多く抱えていることがわかっているが、それも当然だろう。子供たちが抱える問題には、右耳の難聴や言葉の理解に困難を示すことなどが含まれる。両方とも、通常、脳の左半球で処理される機能だ[10]。

機能不全に陥った繊毛は、発生というオーケストラを和音、旋律、リズムにおける見事なパフォーマンスを通して遺伝的に指揮する代わりに、いわば天才肌の日本人作曲家、武満徹（たけみつとおる）を思わせるような方法で指揮する。武満のしばしば不協和音を伴う作品は、思索を巡らせたり、研究したりするには非常に魅力に富んでいるが、理解しにくいこともある。そして、この理解しにくさこそ、繊毛が通常の機能を遂行できなくなることが原因の「繊毛病」として知られる遺伝病の難しさなのだ。

繊毛病を理解するには、繊毛自体と、その背後にある遺伝学的知識を理解することが欠かせない。そしてそうするには、まず、繊毛はどこにでも生えているという事実を知る必要がある。ほんとうに、あらゆるところに生えているのだ。あなたは繊毛のことを知らなかったかもしれないが、彼らはあなたとあなたの健康を、生まれる前から見つめている。そして、細胞の中には、触覚の代わりのように、繊毛を使って自らの周囲の世界を物理的に感知するものさえある。

とはいえ、触覚を使って周囲の世界を知ることの重要さがわかる力強い例も、ないわけではない。

「繊毛病」と内臓の逆位、そして医師たちの新人いじり

アメリカ人の彫刻家、マイケル・ナランホは、ベトナムに従軍していた22歳のとき、手榴弾（しゅりゅうだん）に

襲われて視力と右腕の機能を失った。日本の病院で治療を受けているあいだ、ニューメキシコ州の芸術一家出身のナランホは、粘土を探してきてもらえるかどうか看護師に尋ねた。数日後、看護師は彼の願いをかなえ、ナランホは後に彼を世界中に連れて行くことになる芸術の旅路に乗り出したのだった[11]。それから何年も経って、彼はイタリア、フィレンツェのアカデミア美術館に招かれた。ミケランジェロのダビデ像の周囲には彼のために足場が組まれ、像の顔面を手でなぞることができるように図られた。ナランホはそうやって世の中を見る。

この素晴らしいアーティストと同じように、目が見えない細胞も遺伝子的にコードされた繊毛を使って周囲の世界を感知する。繊毛はぼくらの生命にとって非常に基本的なものであるにもかかわらず、そのサイズが顕微鏡を使わなければ見えないほど小さいために、それについて深く考える人はほとんどいない。でも繊毛は、その小ささを影響力で埋め合わせているのだ。

繊毛は、ぼくらの生命のごく初期の時点からインパクトを与えはじめる。それは、ノード繊毛が胚周囲の羊水をかき混ぜ、感知する仕事に取りかかるより、もっと前の時点だ。なぜなら、繊毛は受胎において不可欠な役割を果たしているのである。

まず、精子の尾部は「鞭毛」として知られる、繊毛が変化したものだ。鞭毛が適切に働かなければ、精子は適切に泳ぐことができず、適切に泳ぐことができなければ、行きつくべきところに行きつけない。このオペレーションの反対側では、鞭毛は卵管の入口（卵管采）に存在して、排卵時には激しく体液を撹拌して強い流れを作り、卵巣から出た卵子を取り込もうとする。

肺もまた、繊毛に頼って物理的な環境を整えている。これは、外から体内に酸素を取り込むのを助ける重要な要因になっている。ちょうどロックコンサートで熱狂的な群衆が無数の手を伸ばしてアーティストを「クラウドサーフ」で運ぶみたいに、繊毛も粘液やほこり、微生物などを、そうやって肺から運び出す。たとえコンディションが最高であっても、この仕事は簡単ではない。だが、繊毛に悪影響を与えかねない化学物質を吸い込む喫煙者の場合には、状況はさらに厳しくなる。喫煙者の咳を耳にするたびに、ぼくらは繊毛に感謝すべきだろう。というのは、遺伝子に促されて仕事をするこの小さな働き手たちがいなければ、ぼくらは常時そんな咳にわずらわされることになるからだ。

でも、喫煙によらなくても、このシステムは破壊されうる。たとえばＤＮＡＩ１（ディーエヌエイアイ・ワン）やＤＮＡＨ５（ディーエヌエイエイチ・ファイブ）といった特定の遺伝子の特定の突然変異を受け継げば、繊毛は正常に働かなくなる。これらの遺伝子の突然変異によって引き起こされる遺伝病が、「原発性線毛運動障害（ＰＣＤ）」だ。

理解が深まるごとに、繊毛が司る仕事の大部分は目に見えない場所で行われていることがわかってきた。繊毛がうまく働かないと、肺の筋肉と弾性組織がついには崩壊して呼吸困難を引き起こし、副鼻腔（ふくびくう）もふくらんで鼻の通りをふさいでしまう。こうした症状はみな繊毛にかかわる遺伝子疾患の結果であり、さまざまな理由により、ふつうの動きを促すシグナルを繊毛が受け取れなくなってしまうことから生じている。

ＰＣＤの人は「逆位」も抱えることがある。これは何をおいても、先輩医師が駆け出しの医師をいじる、とっておきのチャンスを提供してくれる症状だ。

ぼくは医学生だったときに、この「新人いじり」を経験した。それは診察の試験の最中のことで、ぼくは指導医のひとりから「肝臓を打診しなさい」と告げられた。打診は何世紀にもわたって医師が使ってきた診断技術で、生命維持にかかせない臓器の大きさを測るテクニックだ。超音波検査が到来した今日でさえ、習得が必要な技術である。だがその指導医は、ぼくがその患者の打診を始めたときに、都合よく肝心なことを言い忘れたのだった。その患者は「完全内臓逆位症」であるということを。つまり、その女性患者の主要な内臓はみな、通常とは反対側に位置していたのである。

「モアレム、どうかしたか？」患者の腹部をぎこちなく触っているぼくを見て、指導医が言った。この試験のために何度となく友人や家族や患者で練習した通りのことをしようと、ぼくは必死だった。

「いや……その……ぼくは……」

「さぁ、やってみなさい、打診すればいいんだから」

そのとき、ぼくはあまりにも戸惑っていたので、グルになっていた女性患者が笑いをこらえていることに気づかなかった。結局、彼女はそれ以上抑えることができずにヒステリックに笑いはじめたのだが、それでもぼくは、肝臓を探して腹部をくすぐってしまったから、笑っているのだと思った。ようやく自分がジョークの種になっていることに気づいたのは、その場にいた全員が笑いはじめてからだった。

今になって振り返ると、この悪ふざけは、そのときはとてもバツの悪い思いをさせられはしたけれど、自分が受けた医学教育の中で、もっともためになった経験のひとつだったように思う。患者の診察をする際には、いつもちょっと時間をとって、自分の思い込みをすべてクリアしてから行うべきだという教訓を授けてくれたからだ。

身体の中でもっとも重要なのに、研究されていないもの

医師の頭の中を医学的な白紙状態にするのは簡単ではない。医師には、これまで学んできたことをあたりまえのことととらえてしまうことがあるからだ。とりわけ、医学教育の一環として人間の解剖学的構造と生理学はこうあるべきだと思うように訓練されたあとでは。

実際、頭を真っ白にすることは、医師として忙しく仕事をするようになったあとでは、さらに難しくなった。その一方で、そうすることはさらなる重要性を帯びてきた。というのは、ほんとうに患者ひとりひとりに沿った医療を行おうとすればするほど、それまでの思い込みを捨てることが絶対に必要になってくるからだ。

それでも、だれにとっても絶対当てはまることだと確信できることもある。こと健康について言えば、繊毛の背後に潜む遺伝的な性質は、おしなべて重要だ。繊毛の仕事は、胚が内臓を形成するときに、その場所を導くだけではない。腎臓、肝臓、さらには目の網膜についても、それらの内部構造が適切に形成されるよう助けている。[12] ナランホの手が大理石の表面をまさぐるように、変性した繊毛は、骨の細胞が3次元の空間に並ぶのを助けることによって骨の適切な形成まで促しているのだ。

実のところ、ぼくらの身体に、繊毛が大きな役割を果たしていない場所は、まず見当たらない。にもかかわらず、繊毛は未だに身体に関してもっとも研究されていない部位のひとつにとどまっている。

きちんと働く繊毛をもたらす遺伝子がなければ、側性は存在しない。そして側性がなければ、内臓と脳は適切に形成されない。これこそ、ぼくらの知っている生命のど真ん中に繊毛が位置している理由なのだ。これからすぐに見ていくが、側性、つまり左右性には、唖然とするほど深遠な遺伝子的含蓄がある。それは、文字通り別世界の話なのかもしれない。

地球は「左利きのアミノ酸」をひいきする

ときにぼくらは、どちらか一方を支持しなければならない状況に遭遇する。数年前ぼくは、現実社会でそれが生じている面白い例を目撃した。それは、タイとラオスの国境を隔てる橋を渡ろうとしたときのことだった。タイ人は道路の左側、ラオス人は右側を運転する。そんなわけで、その朝、検問所が開いたとき、橋の上で左右どちらの側を運転すべきかを決めかねた人々が、かなりの混乱と大騒ぎを引き起こしていたのだった。

人の体内の奥深くでも、これと同じことが起きている。左右どちらかを選択しなければ、分子と発生における混乱の世界では、すぐに迷子になってしまうだろう。そのため、ほぼすべてのことが、左または右側に位置するようにあらかじめ決められているのだ。そして、たとえ世界の「右腕投手」

が、あなたにどんなことを信じ込ませようが、ぼくらの体内の生化学的性質は、いわゆる「左利き」の分子構造を好むらしい。

たとえば、組み合わさって何百万種類もの異なるタンパク質を作り出す20種類のアミノ酸について考えてみよう。ぼくらの身体はもっとも基本的なレベルで、アミノ酸を身体に形と機能を与える構成要素として使っている。アミノ酸が連結される特定の順序は、遺伝子が提供して翻訳する情報に応じて異なる。DNAの文字が1個変わるだけで、タンパク質を作るために使うアミノ酸が変わり、タンパク質が機能する能力も完全に変わってしまうことがある。だからこそ、もちろん、アミノ酸とそれが連結される順序はとてつもなく重要なのだ。

アミノ酸（唯一の例外であるグリシンを除く）は「キラル」（対掌性）だ。これは、右利きのアミノ酸と左利きのアミノ酸があることを意味する。実際、アミノ酸を研究室で人工的に作ると、右利きと左利きが半々にできることがよくある。

さて、右利きのアミノ酸に別段悪いところはない。左利きとまったく同じようにふるまうことができるし、段重ねできる椅子みたいに積み重ねたときも、左利きと同じように安定する。けれどもなぜか、この惑星の生物界では左利きが優遇されるのだ。

さて、こうしたことがみなちょっと別世界の話みたいに聞こえてきたとしたら、あなたは正しい軌道に乗っていると言えるだろう。実は、NASAの科学者が導き出した理論があるのだが、それが、まさに地球外の話なのだ。

2000年の冬、カナダ北西部にあるタギシュ湖に隕石が落ちた。その破片を回収したあと、N

ASAの科学者たちは検体を湯の中に入れた。そしてその後、高速液体クロマトグラフィーと呼ばれる手法によって分子を少しずつ分離していった。これは、多成分の混合物から単一の成分を分離するのに使う、実験室でよく使われる手法だ。

すると、驚くなかれ、アミノ酸が見つかったのである。

だが、NASAの連中は、そこで夢見心地に陥るようなことはしなかった。彼らは着実に研究を続け、左利きのアミノ酸と右利きのアミノ酸を分けはじめた。その結果見つかったのは、右利きをずっと上回る数の左利きのアミノ酸だった。[13] もしこの研究が有効だとすれば、それが意味するのは、地球上で左利きのアミノ酸が優性である理由は、はるかかなたの銀河に由来しているのかもしれないということだ。そしてそのせいで、ぼくらが住む宇宙の片隅も、ちょっと左に傾いているのかもしれない。

食事の摂り方こそが最高のサプリメント

ここで、サプリメント業界が知ってほしくない最大の秘密をそっと明かそう。あなたが買って飲んでいるビタミンには、身体にいいどころか有害なものがあるのだ。その理由は、左右性にある。そうした例のひとつがビタミンEだ。あなたはビタミンEを重要な抗酸化物質として知っているかもしれない。今は昔の1922年、この物質は「トコフェロール」と呼ばれていた。その由来は「子供をもたらす」という意味のギリシア語。欠乏すると、ラットが不妊になるということしか、当時はわからなかったからだ。

ビタミンEはさまざまな食品に含まれている。葉物野菜もそのひとつだ。そして、そう、ビタミンEは、酸化という化学的な襲撃から細胞膜を守るものとして知られている。言ってみれば、悪天候と道路用塩の被害から車の底を守る錆止め剤みたいなものだ。だが、ビタミンEの作用は、それだけにとどまらない。ある種の遺伝子の発現を大幅に変えてしまうことがわかっている。そうした遺伝子には、命を支えるために毎日何百万回も生じている細胞分裂にかかわるものも含まれているのだ。[14]

サプリメントに含まれるビタミンEはどこから来ているかご存じだろうか。実はそれは、今日市販されているほかの多くのサプリメントと同じように、化学工場で人工的に作られている。

ビタミンEには立体異性体として8つの型がある。そのうちサプリメントによく含まれる型はアルファトコフェロールだ。天然の食物に含まれるビタミンEの型はひとつしかなく、それはガンマトコフェロールと呼ばれる。実は何十年も前から、アルファトコフェロールの大量摂取は、ガンマトコフェロールのレベルを引き下げてしまうことが知られてきた。[15]言い換えれば、カプセルに入った人工的なビタミンEは、もうひとつの天然ビタミンEの型の作用を弱めてしまうのだ。

このことを踏まえ、カプセルやアニメキャラクターの形をした錠剤などをやめて、ビタミンEが豊富に含まれる食物、たとえば、ある種のナッツ類、アプリコット、ほうれん草、タロ芋などを食べることをお勧めする。自然はふつう、ぼくらが実際に必要とするビタミンEの型のかなり優秀な裁定者だから。

よく考えられた食事によってビタミンを摂れば、ほかにも役立つことがある。そうした摂り方をすれば、適切で賢明な量を超えてビタミン摂取をするようなことがほとんどなくなるのだ。

そしてこの時点に至って、もうみなさんにわざわざ言うこともないだろうが、あなた独特の遺伝子型は、個々のビタミンの代謝に大きな影響を与える。実際、最近の研究では、男性がビタミンEサプリメントを代謝する方法に影響を与える3種類の遺伝子型が突き止められた[16]。

しかし、大部分の人にとって鍵となるのは単純なバランスだ。そこでは、ぼくらの身体、命、果ては宇宙の平衡（へいこう）までが、ほんの少しの適切な量の非均等性に依存している。

このようにして、遺伝子は左と右の選択を助けている。ぼくらの生命と脳の正常な発達は、オーケストラのように見事に組織化された、この側性の均衡のおかげである。正しい遺伝子が適切な瞬間にオンにならなかったら、ぼくらの身体は内側と外側が、そして脾臓から指先までが、みなこんがらがってしまうことだろう。

第8章

ぼくらはみんな「突然変異」を抱えてる

WE'RE ALL X-MEN

——シェルパ、剣呑み曲芸師、遺伝子にドーピングされたアスリートに見る「進化」と遺伝子の関係

富士登山で得た二重に屈辱的な教訓

富士山の山頂には、コカ・コーラの自販機がある。

日本で一番高い山の頂に立ったときの記憶としてぼくが思い出せるのは、その程度のことでしかない。

とはいえ、そこに至るまでのことは、残念ながら鮮明に覚えている。日出ずる国の登山は未明から始まった。たいていの人は6時間ほどで山頂に達する。そして夜歩く人は（山頂で日の出を待つ時間がたっぷりとれると思ってぼくもそうした）、それ以上の十分な時間的余裕を持って出かけるように勧められる。

けれども当時、ぼくは若く健康で自信たっぷりだったから、後に続く人々をあの巨大な美しい山の火山性のちりの中に残して、ひとり斜面を駆け登れると思っていた。計画では、途中の混雑する山小屋のひとつで温かい「ウドン・ヌードル」をすすり、できたらちょっと仮眠（パワーナップ）をとって、さらに頂上を目指し、美しい日の出の記憶を誇らしげに脳裏に刻み込む予定だった。

いやはや、何という妄想だったことか。

予定していた休憩場所にたどり着くのは、全体から見れば、さほど難しい部分ではなかった。それでもそこまでの道のりは、思っていたより時間がかかってしまった。標高が上がるたびに、ぼくの歩みは遅くなっていた。脚は疲れていなかったが、頭が疲れていた。前日の晩はたっぷり8時間寝ていたのに。ぼくは自分に言い聞かせた。たぶん興奮して眠りが浅かったんだろう、前からずっと楽しみにしていた富士登山に、ついに出かけられることになったんだから、と。

そう、ぼくはそう思った。そうに違いないと。

それでも、頂上には夜が明ける前に着こうと決心していた。予定していた「イネムリ」（日本人は、パワーナップのことをそう言う）は飛ばして、「ウドン」をすすり、水筒に温かい緑茶を詰めて、山道を進んだ。

だがそのとき、まるで空手の達人（カラテ・マスター）みたいに、山が反撃に転じたのだった。荒々しく。

それ以降の登りは、ほとんど雨とみぞれと、そして雹（ひょう）との闘いだった。だが、天候はまだましなほうの敵だったのである――ちょっとましなだけだったが。

ぼくの頭はズキズキしていた。吐き気とめまいもしていた。世界がグルグル回っているように思えた。今まで経験した中で最悪の二日酔いを想像してみてほしい。だが、それよりもっと悪かった。ぼくは登山道のわきで前かがみになってそれ以上前に進めず、どうしたらよいかと途方に暮れていた。

頭は働くことを完全に拒否していた。

そのときだった。高齢の日本女性がぼくを救いに現れたのは。彼女とは数時間前に、ふもとで出会っていた。ぶかぶかの悪天候用の雨具を着ようとしていた彼女が、身体を支えてくれと、ぼくに頼んできたのである。そのとき、股関節と左ひざを誇らしげに指さし、最近ステンレスとチタニウムの人工関節インプラントを入れて関節を「アップグレード」した事実をぼくに教えようとした。それを知っていたから、山は半分も登れないだろうと、ぼくは確信していた。実のところ、正直に言うと、悪天候と登山の難しさから、ぼくは彼女のことが少なからず気がかりだったのだ。

にもかかわらず、2本のつえに頼ってゆっくりと足を運んできた90歳になろうとする女性に助けられたのは、ぼくのほうだった。彼女は足を止めてぼくのリュックサックを持つと、手をとってぼくを立ち上がらせた。

それ以上屈辱的なことはないだろう、とそのときは思っていた。だがそれも誤りだった。ぼく自身、そして周囲にいた人がうろたえたことに、ぼくは直に学んだのだった。人間はどれほどガスを生成できるかということを。

そう、ぼくは放屁しながら富士山に登ったのである。

「低圧低酸素環境」については聞いたことがあった。気圧が低くなるのが原因で酸素の量が減った状態だ。だが、あの晩までは実際に経験したことはなかったし、ぼくの頭は、腹部膨満、めまい、混乱、疲労がみな高山病の一部であると理解できるような状態にはなかった。

だが、なぜこれはぼくだけに起きて、ぼくの親切な高齢の登山仲間には起きなかったのだろう？なぜ彼女はおしゃべりをしながら、自分のものに加えてぼくの荷物まで持ち、ときどき振り返っては、ぼくが必死で追いつくのを励ますために、歯を見せてにっこり微笑むようなことができたのか？

それは、こういうことだった。ぼくは遺伝的に、大部分の人よりもちょっと高山病にかかりやすいらしい。ぼくが遺伝によって受け継いだ形質は、富士登山を助けるどころか、重荷となってしまったのだ。

もう少しシェルパっぽかったらよかったのに。

高山病にかかりやすい人とそうでない人がいるのはなぜ？

ほぼどんな文明、国家、文化にも、そこに属す人々が、現在の地までどうやって到達したのかを綴った物語がある。こうした起源譚（きげんたん）は、荒れ狂う海を渡り、不毛の砂漠を横切り、険しい山脈を越えてきた、というように、物理的な旅路に関するものであることが多い。

それにはもっともな理由がある。たとえ今日、言語、文化、政治などによって隔てられていると感じることがあっても、ぼくら人類の集合的な物語は、移動に関するものだからだ——ぼくらは、より青々とした牧草地や恵み深い海を求めて移動してきた。実際、ぼくらはみな、遺伝子的に見ても移民なのである。

今日では、遺伝子地図が広く利用できるようになったおかげで、人々の起源を科学的に調べることができるようになった。それでもまだ、埋めるべき穴、発見すべき物語は多々残っている。[1]

ぼくにとって、もっとも心躍る物語のひとつは、シェルパ族の話だ。彼らは500年ほど前にチベット高原の他の地域からヒマラヤ山脈のある場所に移住したと考えられている。そこは、彼らがチョモランマと呼ぶ聖なる頂にもっとも近づける場所だった。[2]

あなたはその山を、エベレストという名で知っているかもしれない。

シェルパ族が「大地の母（チョモランマ）」と呼ぶ頂の近くに住むことがもたらす最大の問題は、この偉大なる大地の母が鎮座している環境にある。というのもそこは、人類がこの惑星に住むことを可能にしている大事な物質が希少になる環境なのだ。標高およそ4000メートルにあるチベットの村、パンボチェは世界最古のシェルパ村で、多くの人が低圧低酸素環境の影響を感じはじめる時点より、さらに1600メートルほども上にある。

私事で恐縮だが、ぼくは、当分のあいだそこに行くつもりはない。

ともあれ、そうした高地で、ふつうの人に何が起こるかというと、ゆっくりと登ってきた人はおそらく、ちょっとした頭痛、疲労感、吐き気を抱えるだろう。陶酔感すら覚える人もいるかもしれない。[3]

だが、これから見ていくように、標高の高い場所での生活を楽にする特別の遺伝子を受け継いでいない人は、その報いを受けることになる――ぼくがそうだったように。とはいえ、高地での暮らしを快適にするような遺伝子構造を持っていない人でも、やれることはある。時間をかけて徐々に高度を上げ、身体が高地に順応するのを、遺伝子発現を通してゲノムに助けさせればいい。

あるいは薬を飲むこともできる。そういった薬には、処方薬もあれば、市販されているものもある。南米に住む一部の先住民は、高山病がもたらす症状に対処するために、コカの葉を噛むと言われている。また、標高の高い場所では、カフェインが有効だとする事例研究もある。[4]もしかしたら、富士山頂で飲んだ缶入りコカ・コーラがあれほどおいしく感じられたのも、そのせいだったのかもしれない。そのときは、10ドルも払って「元気回復へのパスポート」[5]を手にしたからだと思っていたのだけれど。

たいていの場合、高地である程度長く時間を過ごすと、遺伝子はその発現を微妙に調整しはじめ、腎臓内の細胞にエリスロポエチン（EPO（イーポー）、赤血球生成促進因子）というホルモンをより多く生成・分泌させようとする。このホルモンは、骨髄にある細胞を刺激して赤血球の産生を増大させるとともに、すでに血管を循環している赤血球については、消費期限が来ても存続させるように図る。

赤血球はふつう、血液の半分弱を占めている。その割合は男性のほうが女性より少し多い。赤血球が多くなればなるほど、生存のために身体が必要としている酸素をより多く吸収して運搬できるようになる。赤血球はいわば酸素用の小さなスポンジみたいなものだからだ。そして標高の高いところに行けば行くほど、大気中の酸素の量が減るため、身体はより多くの赤血球を必要とする。身体はそうした生理学的な必要性を察知して遺伝子に信号を送り、発現を調整してニーズに応えるように図る。

ＥＰＯをより多く必要とするとき、身体はそれに名前がよく似ている遺伝子の発現を増やす。そしてそれが、より多くのＥＰＯの産生を促す遺伝子のテンプレートとして働くのだ。しかし、生物学的な暮らしにおいて、タダで手に入るものはない。そのため、ＥＰＯは、ちょっとワシントンＤＣのロビイストみたいに働くことが必要になる。酸素の入手量が減ったとき、赤血球の産生にもう少し資金を出すようにと、連邦議会の議員を説得しなければならないのだ。だが、ちょうどワシントンと同じように、あるプロジェクトへの資金を増やしたために、他の資金が削られてしまう、ということがままある。結局のところ、生物学的通貨は、ドル紙幣（グリーンバック）とさほど変わらない。そして、あらゆる資本支出にたがわず、常に予期しなかったコストが生じる。

より多くの赤血球を手にするために、ＥＰＯの遺伝学的な出費を増やす際に生じる予期せぬコストは、血が濃くなることだ。高粘度の潤滑油のように血液は循環系を少しゆっくりと流れるようになる。そうなると、血栓が生じる確率が高くなるのだ。

だが、あまりにも濃く、あまりにもその状態が長く続くことがなければ、EPOが遺伝的にちょっと余分に産生されるということは、身体にとって、酸素流量を増やすために願ってもないことになる。酸素が欠乏すると身体がだるくなるのと反対に、酸素が余分にあると、より多くのエネルギーを活用して燃やすことができるようになる。腎不全があって自力で十分なEPOが作り出せず、そのために貧血に陥る人にとって、合成EPOがかけがえのない贈り物になるのもそのためだ。

だが、そのことはまた、EPOを一部のプロ耐久スポーツ選手のお気に入りにしてもいた。それを検出する検査が開発されるまでの話ではあったが。合成EPOの使用を認めたり、「ドーピング」でつかまったりした人には、ツール・ド・フランスを7連覇したランス・アームストロング、同じ自転車競技チャンピオンのデヴィッド・ミラー、トライアスロン選手のニーナ・クラフトなどがいる。

「遺伝子にドーピングされたスキー選手」は反則なのか

競争優位性をちょっと手にするのに、だれもが合成EPOでドーピングしなければならないわけではない。たとえば、エーロ・アンテロ・マンティランタがいる。1960年代、フィンランドにオリンピック金メダルを3個もたらしたこの伝説的なクロスカントリー・スキー選手は、原発性家族性先天性赤血球増加症(PFCP)という遺伝病を抱えていた。言い換えると、彼の動脈と静脈には、生まれつき高いレベルの赤血球が循環していたということだ。そして、そのことは、有酸素運動競技に生まれつき強い遺伝子的優位性を持っていたことを意味する。

さて、ここに疑問がある。一部の人が、たとえば血液に余分の酸素を含むことができる能力など、生まれつきの遺伝的優位性を持っているなか、他の人が人工的に同じレベルにまで能力を高めるのは、ほんとうに不公平だと言えるだろうか？　誤解のないように言っておくと、ぼくはドーピングを支持しているわけではない。でも、遺伝的に受け継いだものがぼくらの人生に影響を与える様子がますます明らかになるにつれ、ぼくらの中には、生まれつき遺伝子にドーピングされている人がいるという現実に直面せざるをえなくなるに違いない。

しかしマンティランタがオリンピックで活躍した理由を、彼がたまたま受け継いでいた遺伝子のせいだけにするのは馬鹿げていると言えるだろう。たとえ生物学的な利点を手にしているアスリートにとってさえ、国際レベルで闘うために必要となるトレーニングのレベルは苛酷なものだ。だが、バスケットボール選手、シャキール・オニールの２１６センチメートルという威圧的な身長と、オリンピックで金メダルを獲った水泳選手、マイケル・フェルプスの常になく長い両腕と大きな足のことを考えれば、「マンティランタのユニークな遺伝形質は彼の成功の一因ではない」というふりをするのは、あまりにも人を食っていると言えるだろう。

人間の身体の大きさが多岐にわたるため、レスラーやボクサーは、ずっと前から体重別階級を作って闘ってきた。改造自動車レースは、あらゆる車がほぼ同じ仕様で改造されるシステムにのっとって行われる。そしてもちろん、プロのスポーツは、男性と女性を常に分けて試合を行ってきた。

なぜなら、身長、体重、パワーの面で、成人男性は成人女性をしのぐ傾向にあるからだ。こうしたことすべては、試合をできるだけ公平にするために考案された手段だ。

だとすれば、将来、遺伝子階級別によってスポーツが競われるようになるということも、ありうるのではないだろうか？

ところで、ターボチャージされた心血管というマンティランタの遺伝形質は、DNAのたった1個の変異がもたらしたものだ。この変異は、EPOの受容体であるタンパク質を作るテンプレートとして働く遺伝子にある。EPOR（イーポー・レセプター）として知られているこの遺伝子の中で、ヌクレオチド配列の第6002番にあるはずのG（グアニン）が、マンティランタと彼の30人ほどの親族では、A（アデニン）に置き換わっているのだ。

マンティランタのゲノムに生じたこの0・0000003パーセントの変異は、EPOにとても感受性の高いタンパク質をEPOR遺伝子に作らせ、その結果、ふつうよりずっと多い量の赤血球が産生されることになった。そう、EPOR遺伝子が作るタンパク質がマンティランタの血液に酸素量を50パーセント増やすのは、数十億個のうちのたった1個の文字を変えるだけでよかったのである。[6]

人はだれでも、ゲノムの中にこうしたマイナーな1個の文字の変異、つまりヌクレオチドの変異を抱えている。血縁関係が近ければ近いほど、互いのゲノムも似てくる。ゲノムは身体の構成の仕方を指示するテンプレートのコーディングを行うため、ゲノムが似ていればいるほど（「一卵性（モノザイゴ）双生児（ティック・ツイン）」すなわちそっくりな双子（アイデンティカル・ツイン）を想像されたい）、見た目も似てくる可能性が高い。だが、たとえあなたがきょうだいにぜんぜん似ていないとしても、血縁関係がないということではない。どうして似ていないのかというと、あなたときょうだいは、それぞれ違うユニークな遺伝子の組み合わせを両親から受け継いでいるからだ。

そして、あなたが受け継いだものは、あなたの先祖の経験によって形づくられてきたものだ。乳糖不耐性について見てきたように、ミルクをしぼるために動物を飼っていた祖先がいなければ、遺伝子的に運に見放され、大人になってアイスクリームを楽しむことができないという不運をかこつことになる。

最速の人類進化の証「シェルパ遺伝子」

だが、順応の話は、それで終わりではない。

そのため、ここでシェルパの話に戻ろう。ユニークな遺伝形質を持つ彼らは、世界最高の山の頂上を目指す世界中の登山家を助けるという危険な重荷を（文化的誇りと経済的必要性から）引き受けたのだった。ちなみに8848メートルというエベレスト山の標高は、大部分の大型商業航空機の飛行高度を少し下回るだけである。

こうした驚くべき人々のひとりが、控えめな男性、アパ・シェルパだ。2013年の時点で（2017年の時点でも）世界最多登頂記録をもうひとりと共有しており、酸素吸入器を使用しないで登った回数も4回ある。少年時代、アパはエベレスト山に登ろうなどと思ったことは一度もなかった。だが、自分がそれに向いていることを発見したとき、彼は、家族の生活を助ける手段を手にしたことを知ったのだった。[7]

ではなぜ彼はエベレスト山を登ることが、そんなに得意だったのだろう。その頂は１９５３年まで、だれにも踏まれたことはなかったというのに。実際、なぜシェルパたちは、高山という環境での暮らしに、あれほどよく順応することができたのだろうか？

おそらくもうおわかりかもしれないが、この少数民族の一部は、彼らの人生に大きな違いをもたらすことになったとても小さな遺伝子変異を受け継いでいるのだ。その変異はＥＰＡＳ１（イーパス・ワン）と呼ばれる遺伝子の中にある。赤血球細胞をより多く作り出すのではなく、この特殊なシェルパ遺伝子は赤血球細胞をふつうより少なく産生させ、ＥＰＯに対するシェルパの生物学的反応を鈍らせているように見える。

「すごい（マイティー）」マンティランタとその遺伝形質について聞かされたあとでは、これは理にかなっていないように思えるかもしれない――最初は。何といっても、空気の薄い環境に暮らすシェルパにとっては、赤血球細胞がたっぷり詰まって酸素が充満している、蜂蜜のように濃い血を持って生まれてきたほうが都合いいのではないのだろうか、と。

まあ、それはそうだ――しばらくのあいだなら。けれども思い出してほしい。濃い血液は短期間ならありがたいものになりうるが、危険なものにもなりうる。十分に長い時間濃いままになると、悲惨な脳卒中を引き起こす可能性が高まるからだ。シェルパは、ヒマラヤ高地を「訪れている」のではない。彼らはそこに「暮らしている」のだ。だから、酸素がたっぷり詰まった血液は、いっときスキーや自転車レースをするためにではなく、生きるために始終必要なのである。

低酸素状況下で赤血球細胞量を増加させつづける代わりに、シェルパ独特のEPAS1遺伝子構成は、長期にわたる安定性を提供する。つまり、周囲の大気から酸素を摂取することが困難になったときにも体全体に十分な量の酸素を行きわたらせることができる能力を授けているのだ。

独特の遺伝子を持つ集団としては、シェルパは、驚くほど若い集団と言える。背景から類推するに、彼らがチョモランマに移住したのは、おそらくクリストファー・コロンブスが後に北アメリカと呼ばれることになる大地に出発しようとしていたころだろう。

シェルパに特異的なEPAS1の突然変異は、実際には、自然選択が働いた例かもしれない。そして一部の研究者は、これは今まで記録された中で最速の人類進化の例であると確信している。

言い換えれば、シェルパの低酸素の生活環境は、彼らが受け継いできた遺伝子を迅速に変え、今やそれが連綿と引き継がれてきているのだ。

そしてあなたも、おそらくそうした変異を引き継いでいる。それはEPOR遺伝子やEPAS1遺伝子における変異ではないかもしれないが、きっとあなたの祖先が生き残るのを助けた遺伝子にある変異だろう。ゲノムのマッピングが進み、世界中の人々の集団のあいだで微妙かつ大々的に異なる一塩基変異多型（個人のゲノム塩基配列の中で1文字、すなわち1個の核酸塩基だけが異なる変異で、SNPs〈スニップス〉と呼ばれる）の理解が進むにつれ、祖先の歴史はよりよく解明され、それに伴って、ぼくら自身のこともよりよくわかるようになるだろう。

富士山山頂で腰を下ろし、太陽がゆっくりと夜明けの空に顔を出すのを眺めたぼくは、足の痛みにぼう然としていた。登っているあいだじゅう吐き気とガスに悩まされていたために、足にひどいまめと水ぶくれができていたことに気づかなかったのだ。

数分間静かに座って缶入りコーラを飲んだあと、ぼくはそっと登山靴を脱いでダメージを調べた。きっと感じているより軽傷だろう、とぼくは思っていた。だがそれも靴下をはぎとるまでだった。足の親指は登山の被害をもろに受けたらしい。雨のせいで靴は水浸しになり、親指は腫れあがって、信じられないぐらい痛いミニソーセージに変わり果てていた。そして、次に何がぼくを襲い来るのかもわかっていた。何時間もかけて、下山しなければならないのだ。

これからどうしようと考えながら、ぼくはこんなことを夢想していた。遺伝的にちょっとシェルパに近くなって高山病を回避することに加えて、痛みをまったく感じない人生というのも、悪くないのではないかと。

痛みを感じない赤ちゃん、ギャビー

人はだれでも、人生のある時点で、何らかの痛みと出合う。もしかしたらそれは、あなたのもっとも早い記憶かもしれない。また、たった今痛みを感じている人もいるだろう。ひとつだけ確かなことがある。痛みは——とくに慢性的なものである場合には——深刻な問題であるということだ。アメリカだけでも、痛みの処置に関して、毎年推定6350億ドルものコストがかかっていると聞くと、驚かれるに違いない[8]。それは、心臓病やがんといった疾患に費されるコストより高額だ。

富士山の山頂で自分の足の親指を見つめて途方に暮れながらも、ぼくには、その痛みは深刻なものではなく、一時的なものにすぎないとわかっていた（少なくとも、そう願っていた）。だが残念なことに、日々の暮らしが痛みによって慢性的に消耗させられている何百万もの人々にとっては、そうはいかない。いくら費用をかけようとも、その痛みが癒えることはないのだ。

そろそろ濡れた靴下に水ぶくれができた足を入れようかと考えていたとき、ぼくが何より望んでいたのは、ズキズキとうずく痛みからの一時的な解放だった。人間離れした能力を持つ漫画のキャラクターになれたら、どんなにいいだろう、と。そして、そんな夢想にふけるのはぼくだけではないこともわかっていた。実際、痛みを感じなくてよくなるためなら、人はどんなものだって手放すだろう。だが、この望みがかなえられる前に、ぼくらはギャビー・ジングラスという名の12歳の少女に会わなければならない。

ギャビーはほかの子と少し違う、と両親が気づいたのは、2001年に彼女が生まれてすぐのことだった。ギャビーは自分の顔をよくひっかいた。自分の目に指を突き立てた。ベビーベッドに頭を打ちつけても泣かなかった。そして、乳歯が生えてきても（それはほとんどの赤ちゃんにとって、かなりの痛みをもたらす経験なのだが）、ギャビーはまったく気にしていないように見えた。[9]

そして、噛み癖があった。両親や兄弟姉妹を噛む赤ちゃんは少なくない。そして、歯が生えることは、断乳のきっかけになることがよくある。だがギャビーは他人を噛むだけではなかった。自分自身も噛んでいたのだ。彼女は、自分の舌を生のハンバーグみたいになるまで噛みしだいた。手の指は血だらけになるまで噛みつづけた。

この可愛らしい赤ちゃんがなぜ自分を傷つけるのかがわかったのは、何か月も医師のもとに通ったあとだった。ギャビーは、「先天性無痛無汗症」と呼ばれる遺伝病を抱える世界でも稀なグループの人々のひとりだったのだ。この疾患がある人は、身体の一部、あるいは全部にまったく痛みを感じない。

この非常に稀な疾患を持って生まれてくる人はもっといるかもしれないが、長くこの世にとどまることはできない。なぜなら、痛みを感じないような人生は、ほんとうに生きるのが難しい人生だからだ。

娘が自分を傷つける理由をギャビーの両親が理解したあとも、彼女を守るためにできることはとても限られていた。ギャビーが状況を理解できる歳に達するのはまだ何年も先のことで、それまでのあいだ両親にできたのは、彼女が自分を自分から守れるように最善を尽くすことしかなかった。そのため両親は、娘の口から乳歯をすべて抜くという辛い選択を下した。だが、それはかえって永久歯を早く生やすことになり、それらもすぐに抜かなければならなかった。

ギャビーの目は、指で突き刺したためにかなりのダメージが生じていたが、右目については一時的にまぶたを縫い合わせることによって救うことができた。傷が可能なかぎり治ったあとも、ギャビーはほぼ常時、水泳用のゴーグルの着用を余儀なくされた。だが、左目は救うことができず、3歳のときに眼球が摘出された。

「人間針刺しの大道芸人」が人類にもたらした信じられないほどの恩恵とは

感じているときには、そうは思えないかもしれないが、痛みは、実はぼくらを守ってくれるものなのだ。痛みは、幼児期から成熟期までの成長を助け、より高度な意思決定能力を発達させるのに必要な、イエスかノーの基本的なフィードバックを提供してくれる。つまり「これに触ったら痛いかな？　おお、痛い。もう二度と触らないようにしよう」というふうに。

だが、こうしたことが生じるのは、身体が痛みのシグナルをある場所から次の場所へと伝達しているからだ。まるで電子の速度で伝言サービスを行う顕微鏡版の「ポニー・エクスプレス」（19世紀の郵便速達サービス）のように、痛みのメッセージを細胞から細胞へ、そして脳へと伝達するのは、ある種のタンパク質が担っている。

このことがわかったのは、SCN9A（エスシーエヌ・ナイン・エイ）という遺伝子にある変異が、ギャビーの疾患に関連のある稀な疾患「先天性無痛症」で見つかったときだった。[10] 痛みを感じない人と、それ以外の地球に暮らす人との違いは、受け継いだSCN9A遺伝子のバージョンにあるほんのわずかな変異だけなのだ。

SCN9A遺伝子や他の関連遺伝子にある変異は、「チャネロパチー」と呼ばれる一連の疾患をもたらす場合がある。チャネロパチーという用語は、細胞の表面にあって、細胞の中に入るものや細胞の外に出るものを媒介したり決定したりするゲートが機能不全に陥った結果生じるさまざまな疾患を指す。痛みを感じない人では、SCN9A遺伝子から作られるタンパク質が信号の伝達を妨げている。メッセージはこのタンパク質に渡されるのだが、迅速にワイルドな冒険に旅立つ代わりに、ポニーとその乗り手は囲いの中をうろついてしまうのだ。

SCN9A遺伝子とその痛みの伝達との関連性が見出されたのは、ケンブリッジ医学研究協会の科学者たちが、パキスタンのラホールに住んでいた少年に関する報告を詳しく調べてみたときだった。この少年は、痛みをこらえることにおいて超人間的な能力を持つと言われていた。そして、痛みを感じないことを利用して、人間針刺しの大道芸人として日々の糧を得ていた。少年は、あらゆる種類の鋭いもので身体を傷つけても（そのひとつとして消毒されていなかった）、剣を飲み込み、熱く燃える石炭の上を歩いても、まったく動じなかった。そして地元の病院を訪れては、自らつけたナイフの刺し傷を縫い合わせてもらっていた。

だが残念なことに、ケンブリッジの科学者たちがラホールに到着したとき、少年はすでに落命していた。14歳になる直前のことで、友人を感心させるためにビルから飛び降りたのだという。少年の親族への聞き取りを通じて、痛みをまったく感じたことがないという者がほかに何人もいることがわかり、彼らの遺伝子プールを調べたところ、そう答えた全員が、ある事実を共有していることがわかった。つまりSCN9A遺伝子に同じ突然変異を抱えていたのだ。

ぼくはいつも、遺伝子コードとその発現におけるごく些細な変異が、どれだけ多岐にわたる影響をもたらすかに畏怖の念を覚える。数十億個の文字のつながりのたった1個が異なるだけで、ほんの少し圧力がかかっただけで折れてしまう骨が生じる。また、表現型がほんの少し変化するだけで、骨が折れたことさえまったく感じなくなってしまうのだ。

痛みについては、SCN9A遺伝子の発見のあと研究が加速した。今では、人生にさまざまな痛みをもたらす他の遺伝子が続々と見つかっている（すでに400種類近くにもなる）。これらすべての発見は、非常に近い将来、ある種の慢性痛の激烈さだけを選択的に抑えられるようになると期待される研究を導いている。ここでは「選択的」という言葉が鍵だ。というのも、ギャビーやラホールの少年について見てきたように、即座に感じる痛みの保護効果は、ぼくらが生きのびるために欠かせないものだからだ。

遺伝で受け継いだものにあるわずかな差異の多くは、痛みに対する反応を媒介することをはるかに超える役割を果たしている。それらすべてがどのように関連しあっているかは、次に解明すべき課題としてぼくが現在手掛けているテーマだ。

受け継いだ遺伝子を知りつつ、振り回されずに生きる

ヒトゲノムが最初に公表されたとき、研究者たちは、特定の形質に結びつけることができる遺伝子を同定しようと、しのぎを削った。その結果、手に届きやすいところにぶらさがっていた果実は、かなり早い段階でもぎ取られてしまった。本書でこれまで見てきた遺伝子に関連する病気の多くは、単一遺伝子疾患だ。痛みを感じなかったラホールの少年のケースのように、こうした変化は、たった1個の遺伝子変異の結果として生じる。しかし、ふたつ以上の遺伝子の関与が疑われる糖尿病や高血圧などといった絡みあった要因をほどくのは、単一遺伝子疾患の解明よりずっと困難だ。

どんな仕事になるかちょっと考えてみるために、『ハリー・ポッター』のホグワーツ魔法魔術学校で、寮から教室へ行き、そこから庭に出て図書館に行ったあと、元のところに戻るという道順を、予想のつかない動きをする巨大な動く階段を経由してたどることを想像してみてほしい。ほんの少し踏み間違えただけで、元の振り出しに戻ってしまう。そうした種類の複雑さには、気が滅入り、フラストレーションがたまる。とりわけ、その解明に人の命がかかっている場合は。

今日、遺伝学のトレンドは、特定の遺伝子が何をするかということを調べるだけでなく、遺伝的に受け継いだものがネットワークとしてどう働くのか、そしてもちろん、人生における経験がエピジェネティクスのようなメカニズムを通して、どうやって複雑なシステムに影響を与えるのかを理解することにシフトしている。

さらに、親をはじめとする近い祖先が経験したことが、いかに現在のぼくらの多様な遺伝的風景に影響を与えているのかという難しい問題も解明が待たれており、これがまた状況を複雑にしている。

そうした遺伝子の変異が自分自身にとって意味することがわかれば、あらゆることについてよりよい判断が下せるようになるだろう。たとえば、自分にはどんな冒険が合っているか（ぼくはもう登山は遠慮することにする）、どこに住んだらいいか（ぼくはアメリカ国内でもっとも標高の高い町、標高3224メートルのコロラド州アロマに引っ越すことは考えていない）、そして第5章で詳しく見てきたように、何を食べたらいいか（ぼくは今でもセモリナ・ニョッキが大好きだが、海抜ゼロメートルで食べたい）、といったように。

遺伝により授けられた、これらすべてのこと、そしてもっとずっと多くのことは、自分のユニークな遺伝子遺産の本質だ。

コカ・コーラの自動販売機と痛む足以外には、ぼくは、富士山山頂に立ったときのことをあまりよく覚えていない。しかし、日の出を拝んだことは記憶に刻まれている。その瞬間に周囲を見回して、同じ経験をぼくと共有している人々の顔を見たことも。そこにはさまざまな年齢の人々がいた。中には、今山を登ってきたばかりというより、それまでぐっすり寝ていたのではないかとしか思えないほど活き活きして若返り、登る太陽と同じぐらい元気な人々もいれば、ぼくのように、倒れる寸前にしか見えない人もいた。

そして地平線上の雲の上に太陽が顔を出すと、みなほどなくして、下山の途につく準備にとりかかった。

山岳ガイドが手を伸ばしながら近寄って来て、雲の下のどこかを指さした。ぼくらも山を下るときがきたのだ。ぼくは、リュックサックを手に取り、下山用の新しい靴下を捜した。そして、こう考えていた。シェルパの遺伝子がなくても、富士山のてっぺんに登ることができたんだ、と。ぼくにとってそれは、受け継いだ遺伝による制約とされているものを克服する人間の能力をまさに象徴する出来事だった。とどのつまり、受け継いだ遺伝子にかかわらず日々スーパーヒーロー的な選択を下すことこそが、スーパーヒーローであるゆえんなのだ。

第9章

それでもゲノムをハックする？

――遺伝子検査がもたらした新たな選択肢と新たな差別

HACKING YOUR GENOME

肺がんとタバコの複雑すぎる関係

がんは現代の黒死病だ。と言うこと自体、ある意味で人類の努力の成果を表している。何といってもぼくらは長い道のりを経て、感染症の大部分を手なずけられるようになったのだ。感染症は、人類の歴史の大部分において人々の命を奪うトップキラーだった。今日の先進国では、ぼくらを襲う最大の脅威のひとつはドブネズミやダニ、ウィルスや細菌によってやってくるものではなく、ぼくら自身に潜んでいるものだ。

毎年がんによって命を落とす人の数は、世界全体で約７６０万人にもおよぶ。ある部屋に10人いたら、そのうちの４人は人生のあいだに何らかのがんにかかるわけだ[1]。あなたは、この病の魔手に触れられたメンバーが家族の中にひとりもいない、なんて人を知っているだろうか？　ぼくは知らない。自分や愛する人が、いつかそうなるかもしれないと不安になったことがないという人も、ついぞ知らない。

がんは最近生まれたばかりの災いではない。人類学と考古学を研究する学者によると、古代エジプトでもっとも長い在位期間を誇った女性のファラオ、ハトシェプストも、がんにまつわる合併症で命を落としたらしい[2]。古生物学者は、さらに人類以前の生物の進化にまで遡り、恐竜――とりわけ、アヒルのような嘴（くちばし）を持つハドロサウルス（発がん性があると考えられている針葉樹の葉とその実を食べていたことがわかっている白亜紀後期の草食動物）――もこの運命に屈していたことを発見している[3]。

ぼくらの種について言えば、近年もっとも横行している悪性のキラーは肺がんだ[4]。とはいえ、肺がんにかかる人の80パーセントから90パーセントは喫煙者であるものの、喫煙者が必ず肺がんになるわけでないこともわかっている[5]。

たとえば、ジョージ・バーンズの例を考えてみよう。生前最後の取材のひとつで、当時98歳だったこのコメディアンは、『シガー・アフィシオナード（葉巻愛好家）』誌の記者にこう語っている。「もしかかりつけの医者のアドバイスを受け入れて、言われたときに葉巻をやめていたら、その医者の葬式に生きて出かけることはできなかっただろうさ[6]」。葉巻が大好きだったバーンズ――70年間にわたって毎日10本から15本吸いつづけた――は、そのおかげで長生きできたのだろうか？　おそらく、そんなことはないだろう。だが、少なくともぼくらが見るかぎり、あの大量の「エル・プロドゥクト」葉巻が彼の命を縮めることもなかったようだ。

こうしたケースは、タバコが身体に悪いという社会通念が間違っていることを示す証拠だ、と誤って考える人もいる。だが、これはそんな証拠ではまったくない。とはいえ、次の事実は言っておくべきだろう。悪癖（たとえば、喫煙、深酒、大食など）があると、健康を害する可能性がより高くなるといっても（アメリカ疾病対策センターによると、喫煙者が肺がんにかかる可能性は非喫煙者の15倍から30倍になるという）、それは、がんにかかりやすくなるということではないのだ（実際に肺がんにかかる喫煙者は、約10人にひとりでしかない）。

とはいえ、喫煙は「ロシアン・ルーレット」であることも事実だ。さらには、高くつく嗜好でもある。それに、副流煙は他の人――たいがいの場合、とても身近な人たち――をより大きなリスクにさらしてしまう。

では、一生タバコを吸っても肺がんにならない人がいるのはなぜだろうか？　今のところまだ、大きなリスクにもっともさらされている人を予測するための、遺伝的、エピジェネティクス的、行動学的、環境学的要因の組み合わせは見つかっていない。こうしたこんがらがった網をほどくのは簡単なことではないのだ。

とはいえ、ある特定の遺伝的要因と環境的要因の組み合わせが、喫煙の結果として肺がんになる危険性の低減に役立つ可能性は確かにある。ヒトの健康におけるこの面については、真剣な科学的研究はあまりなされていない。タバコを唇のあいだに挟んでもたいしたことにはならない、などということをある種のグループの人たちに伝えることになるような、道義に反した研究に精を出したいという研究者はあまりいないからだ。

しかしながら、この面の科学的探究に熱い関心を寄せているセクターがひとつある。そう、もちろんタバコ業界（ビッグ・タバコ）だ。

タバコ業界、欺瞞の歴史 ――なぜ自ら率先して害を研究するのか？

誠実な科学者は、1920年代から、喫煙と肺がんが関連している可能性があることを知っていた。それに、ちょっとでも喫煙のことを考えてみた人には、すぐにわかったはずだ。タバコの葉や成長促進剤、殺虫剤、その他なんだかわからないものいっさいがっさいを化学物質が浸み込んだ紙で巻いて火をつけ、口の中に突っ込むようなことが、タバコ企業がときおり吹聴していたような万能薬になるはずがない、と。

にもかかわらず、健康被害へのリスクは、その後30年以上にわたって、一般の人から無視されつづけたのだった。

そんな折、ロイ・ノールが現れた。この老練なニューヨーク在住のライターが、最初に喫煙の危険に関する曝露記事を『クリスチャン・ヘラルド』という比較的マイナーな雑誌の1952年10月号に寄稿したときには、世の関心をたいして惹くことはなかった。しかし数か月後に、当時世界最高の発行部数を誇っていた『リーダーズ・ダイジェスト』誌が同じ記事の圧縮版を掲載すると、まるで堰（せき）を切ってあふれ出したように関心が高まった。(7) その後の数年間、アメリカの新聞と雑誌は、タバコの使用と「気管支原性がん」（当時、肺がんはそう呼ばれていた）とを結びつける手厳しい記事を載せつづけたのだった。(8)

批判記事は、ますます高度になり定量化が可能になりつつあった科学的調査が医学に応用されたことにより、さらに信憑性が高まった。このような調査は、現在では当然のものとして受け取られているが、1950年代当時にはまだ比較的稀だったのだ。

こうした研究は科学の成果だと考えることもできる。しかしほんとうは、人間性の軽視から生まれたものだった。世界初の原子爆弾の使用、絨毯爆撃、そして現代の化学生物兵器の使用を含め、半世紀にわたって世界で繰り広げられた戦争により、ぼくらは、死を与え、そして死を分析するエキスパートになった。そんなわけで、喫煙に対する突然の一斉射撃は、戦いのためのものだった定量的研究を平和な医学に振り向けた最初の例だったのだ。それはまた、歴史的にも完璧なタイミングだった。第二次世界大戦のあと、医学研究に対する前例のない資金拠出の波が押し寄せていたからである。

しかしタバコ業界はすばやく反撃に転じた。当時は、アメリカ人の成人の40パーセント以上が喫煙者で、平均的なアメリカ人喫煙者は年間1万5000本のタバコに火をつけていた[9]。

タバコ業界は大儲けしていた。そして儲けていたのは、業界だけではない。当時、タバコが1箱売れるたびに、アメリカ政府は7セントという額を懐に入れていたのだ[10]。これは1年にすると15億ドル。現在の価値で言えば130億ドルにもなる。もちろん、これ以外にも、古くからのタバコ栽培地域であるバージニア、ケンタッキー、ノースカロライナなどの各州で、喫煙者がタバコ関連の雇用を支えていたことは言うまでもない[11]。

都合の悪い報道の洪水に直面したタバコ業界は、何かをしているように見せる必要があった。そこで、14社のタバコ企業のトップが一堂に会して「紙巻きタバコ喫煙者のみなさんに対する率直な声明」と名づけたものを合同で作成し、アメリカ全土を網羅する400以上の新聞に全面広告を載せたのである。その中で彼らは、喫煙をがんに結びつけている最近の研究は「がんの研究分野では、それが結論であるとはみなされていません」という厚かましい議論を展開した。

「われわれが製造している商品は、健康に被害を与えるものではないと確信しています」とタバコ業界トップたちの声明は続く。「300年以上にわたり、タバコは人類に、慰めとリラクセーション、そして喜びを与えてまいりました。そうした年月のあいだ、批評家たちは折に触れ、タバコが実質的にあらゆる病気の元凶であると糾弾してきました。しかし、こうした言いがかりは、証拠がないためにひとつずつ破棄されてきたのです」

さらに同じ広告の中で――しかも糾弾にはあたらないという建前をつくろっていたにもかかわらず――タバコ業界のトップ集団は、かなり大胆なことを誓ったのだった。つまり彼らは、「タバコ協会調査研究委員会」という業界から独立した科学的調査研究機関を設置することを約束したのだ。この機関は、喫煙が健康に与える影響を理解するために最新の研究を調べ、自ら調査を行うことになっていた。

しかし、まったく意外でもなんでもないことに、この委員会（のちに、「タバコ研究審議会」と改名された）は、独立組織であるどころか、その真の使命は極悪非道としか言えないものだった。その後の数十年間、組織の研究者たちは何千件もの科学論文や新聞記事を集めて、矛盾点や正反対の結論などを探した。そして、そうした情報を利用して、マーケティング用のメッセージを入念に作りあげ、訴訟や法的規制にあらがい、喫煙がもたらす真の危険に対して人々が疑いの目を向けるよう画策しつづけたのである。

このデマ情報を広める使命を担っていたのが、遺伝学者のクラレンス・クック・リトルだった。彼はメンデル遺伝における学術的業績によって、第一次世界大戦に至る年月、絶大な影響力を行使していた。また、その多岐にわたる職歴には、メイン大学とミシガン大学それぞれの学長ポスト、およびそれより論議を呼んだ「アメリカ産児制限連盟」と「アメリカ優生学協会」の会長職も含まれていた。

しかし、タバコ企業がどうしても手に入れたかったリトルの履歴は、現在の「アメリカがん協会」

の前身である「がんコントロール協会」の専務理事という肩書だった。

1955年にエドワード・R・マローのテレビ番組『シー・イット・ナウ』に出演したとき、リトルは、紙巻きタバコに発がん性物質が見つかったかどうか尋ねられた。

「いいえ」と彼は答えた。そして強いニューイングランド訛りで、「何も見つかりませんでしたよ。紙巻タバコにも、他の喫煙製品にも」と続けた。[12]

彼はなにもキャッチフレーズにすることを意図したわけではなかったのだが、そのテレビ映像（リトルは火がついていないパイプらしきものを噛んでいる）はその後半世紀にわたり、皮肉なうけを狙って何度も繰り返し放映された。

とはいえ、テフロンみたいに何をやっても汚名をくっつけないように慎重だったリトルの総合的な答えは、もう少し微妙なものだった。リトルは、こう続けている。「タールには判明している発がん性物質がたくさん含まれているので、この分野の研究は続けられるものと確信しています。あらゆる素材について、がんを引き起こす物質が調べられることになるでしょう」

つまり、紙巻タバコはがんを発生させないが、それに含まれ、そして必ず肺にたまっていくタールはがんを発生させる、ということか？　リトルは、タバコ業界の用意した地位にぬくぬくと座っていなかったら、政治家として第二の人生を送っていたかもしれない。ジョージ・オーウェルが言ったように、そういった巧みな詭弁は「嘘が真に、殺人が有徳なものに聞こえるよう意図されたものである」。

ただ、リトルは真実をうやむやにしていたかもしれないが、直接嘘をついていたわけではなかった。少なくとも厳密に言えば。なぜなら、当時行われていた大部分の研究は、喫煙と肺がんの直接的かつ特定の関連性を探すもので、細胞を友好的なものから悪性のものに変える原因を突き止めるための高度なツールが手に入るのは、まだ何年も先のことだったからだ。

しかしながら、ぼくらの目的にとってみれば、あの晩リトルが口にしたもうひとつの言葉のほうが、もっと興味深い。それは、将来訪れることに関するヒント、しかもタバコ業界だけでなく人を不調にする製品を製造するすべての者から寄せられることになるものへのヒントだ。

「わたしたちはとても興味があるんです」とリトルは続けた。「どんな人がヘビースモーカーになり、どんな人がならないのか。すべての人が喫煙者になるとは限らないし、喫煙者のすべてが、みなヘビースモーカーになるわけでもない。人の何が、このような差を生むのか。タバコをたくさん吸うのは神経質な人なのか。緊張やストレスに違う反応を見せる人なのか。なぜかというと、ほかの人のほどうまく状況に対応できない人がいることは、はっきりしているからです」

いいいい、とても興味があるだって？　もちろん、タバコ業界は、興味があるにきまっている。今だってそうだ。もしタバコ業界が、一部の人がヘビースモーカーになる理由――そしてそのため病気を抱えることになる率が高い理由――を立証できたら、問題はタバコ自体にあるのではなく、親から受け継いだヘビースモーカーになりやすい遺伝的感受性が原因なのだと言い逃れできるからだ。

清涼飲料水企業とジャンクフードの製造会社が繰り出す同じ種類の言い訳をまだ聞いたことがなかったら、耳を澄ましているといい。そのうち耳に入ってくるだろうから。そして、次にだれかが、太らされたという理由でファストフードチェーンを訴えたら（何年か前にブラジルにあるマクドナルドの店長がやったことだ)、被告側の鑑定人リストに原告側のゲノム(と腸内フローラ)が載っていることは、ほぼ確実だ。

なぜかというと、こと責任回避に関しては、大企業は『ゴッドファーザー』のソニー・コルレオーネが言ったみたいなことをしてきた過去があるからだ。

「ことを構えるまでだ(We go to the mattresses)……」

その証拠が見たいって? じゃあ、BNSF(バーリントン・ノーザン・サンタフェ)鉄道を見ればいい。

「遺伝情報差別」で訴えられた鉄道会社の愚

ぼくらの身体は、もともと、そんなふうにふるまうようにはできていなかった。

人間はアクティブな動物だ。というか、かつてはそうだった。有史以前の日々、ぼくらはもう少し活動的だった。小さな獲物にとびかかり、岩山を登り、川を泳ぎ渡り、剣歯虎から逃げ回っていた。[13]

けれども、産業革命が起きて以来、とりわけデジタル産業革命後、ふたつの大きな変化が起きた。ぼくらは座りがちになり、日々の暮らしもどんどん単調な繰り返しになっていったのだ。

ぼくらが同じことを何千回も、いや何百万回も繰り返して身体を酷使するようになったのは、ほんのここ数百年のことだ。手根管症候群から腰の痛みまで、ぼくらの関節と身体は、そのつけを支払っている。

反復運動損傷の解明は、産業医学の父と呼ばれるイタリア人医師、ベルナルディーノ・ラマッツィーニに負うところが多い。その著書『働く人の病（*De Morbis Artificum Diatriba*）』は、1700年にイタリアのモデナで出版されたものだが、未だに公衆衛生に携わる人々に引用されている〔邦訳は『働く人々の病気』松藤元訳、北海道大学図書刊行会1980年刊と、『働く人の病』東敏昭監訳、産業医学進振興財団2004年刊がある〕。

17世紀のイタリアの医師が書いた、21世紀のオフィスライフにも妥当する内容とは、どんなものなのだろうか。さっそく、その一節を読んでみることにしよう。

書記の病気には……原因が3つある。まず、絶えず座りつづけていること。次に、手をいつも同じ方向に動かしつづけていること。第3に、粗相して帳面を汚さないように、または加算や減算などの計算を行うときに主人に損をさせないように、と気を配ることから来る精神的ストレスを被ること……絶え間なくペンを紙の上で動かすと、手と腕全体がひどく疲れる。なぜなら、常時筋肉と腱が強直性に近い緊張状態にあり、それはやがて、右手に力が入らないという結果を導くことになるからだ……[14]。

そう、よく核心を突いていて、今日「反復運動損傷」と呼ばれている症状を簡潔に言い表していることがおわかりだろう。

今から300年以上も前にラマッツィーニが見出したのは、同じことを何度も何度も繰り返す過程が害になるということだった。

そこで関係してくるのが、ＢＮＳＦ鉄道だ。１８４９年にアメリカ中西部で創設されたこの会社は、今日、北米有数の貨物専用鉄道企業に成長し、その線路はアメリカ国内28州とカナダのふたつの州の大地を切り裂いて走っている。

すべての貨物列車を線路の上に走らせるには、４万人近い作業員が必要だ。そして容易に想像できるように、鉄道にかかわる作業は肉体的にきつい仕事になる。だから、ＢＮＳＦの従業員の一部がときおり、仕事関連のけがにより一時的労働不能休暇をとっていたことが判明したのも当然と言えば当然だった。だがこの状況はもちろんＢＮＳＦのような雇用主にとっては非常に高くつきかねなかったため、経営陣はコスト削減の道を探るように指示された。

さて、一時的労働不能休暇を減らす良策のひとつは、労働衛生基準の改善に気を配ることだ。しかしＢＮＳＦはそうはしなかった。ふたつめの良策は、全従業員に対して、よりひんぱんに休憩をとったり、反復的でけがを引き起こしやすい作業については交代でやったりするように促すことだ。だが、ＢＮＳＦはこれもやらなかった。

そうする代わりに、彼らは従業員の遺伝子を追いかけたのである[15]。

どうやら、ＢＮＳＦの経営陣のひとりが、手と指のうずき、脱力感、痛みをもたらす病気（のちに手根管症候群と同定された）へのかかりやすさがＤＮＡに大きく依存している可能性を知って、遺伝学に興味を持ったらしい[16]。アメリカ雇用機会均等委員会によると、その後ほどなくして、手根管に起因する労働障害を訴えたＢＮＳＦの従業員は、採血検査をするように強要されたという。伝えられたところによると、血液はその後——当人の認識も同意もなく——遺伝子的に手首の痛みとけがにかかりやすいかどうかを示すDNAマーカーについて調べられたそうだ。

噂によれば、検査を拒否したらクビになると考えた従業員は、ほとんどが血液検査に応じたらしい。だが、少なくともひとり、反撃することを決めた者がいた。究極的には、件の血液検査は「障害を持つアメリカ国民」法に抵触するものとみなした米国雇用機会均等委員会が、その従業員に代わって大義の追求に取り組んだ結果、BNSFは220万ドルの和解金を支払わなければならなくなったのだった。

「オバマケア」の意図せぬ盲点——保険会社とSNSから遺伝情報を守るには

この事件は、2000年代初頭に起きた話だ。今日、従業員は、アメリカ連邦法によって職場における遺伝情報差別から守られている。この法律「遺伝情報差別禁止法」(GINA)の趣旨は、雇用と健康保険に関して、遺伝子による差別から人々を守ることにある。2008年にジョージ・W・ブッシュ大統領が署名して発効したこの法律は、一部の人によって「反ガタカ法」と呼ばれ(噂によると、遺伝子によって階級が二分される未来を描いた1997年のSF映画『ガタカ』を見て、法案を支持することにした政治家たちがいたという)、遺伝子検査の結果人々が直面しうる差別を予測して予防するうえで、大きな一歩を刻んだものとして歓迎された。

だが残念なことに、GINAは、生命保険と身体障害保険に対する差別からの保護策にはなっていない。たとえば、寿命が縮まったり障害をより持ちやすくなるＢＲＣＡ１（ビーアールシーエイ・ワン）遺伝子の突然変異を受け継いだような人に対し、保険会社はいまだに合法的に高額の保険料を請求したり、保険販売を拒否したりすることができるのだ。これこそぼくが、遺伝子検査や遺伝子情報の解読を匿名ではない状況で行おうとする患者に対して、自分や家族に降りかかる可能性のある問題を考慮し、ほんとうにそうしたいのかどうか見極めるよう、口をすっぱくして助言している理由だ。なぜなら、そういった検査によって判明する情報は、健康には欠かせないものかもしれなくても、あなた自身、あなたの直近の家族、そしてあなたの遺伝子を受け継ぐ子孫すべてに対して、障害保険と生命保険の販売が拒否される要因になりかねないからだ。

遺伝子検査と遺伝子情報の解読が、小児科から老年学までを含む医療のさまざまな面で所定の診療として広範に行われるようになれば、より多くの情報が入手可能になり、特定の健康リスクを自分独自の遺伝形質とリンクできるようになるだろう。

「オバマケア」（オバマ政権による医療保険制度改革。アメリカ国民に公的医療保険への加入を義務づける制度）は、多くのアメリカ人に医療を受けやすくすることが目的だが、不注意にも、彼らを遺伝情報差別にさらすことになってしまった可能性がある。ＧＩＮＡに意図的に開けられた巨大な抜け穴のおかげで、保険会社は、顧客の障害保険と生命保険の保険料を決めるときに、顧客の遺伝子情報を逆手にとって、自由に料金を設定することができるようになっているのだ。

そして、状況はさらに恐ろしいものになりうる。今日では、保険会社、いや実はだれであれ、あなたの細胞にまったく触らなくても、あなたが遺伝により受け継いだものに関して多くの情報が入手できるのだ。
ぼくを含め、科学者たちにとって、名前や社会保障番号といった身元情報を除いた患者の遺伝子やその配列データを他の研究者と共有することは、ふつうに行われている職業的慣行だ。だが、ぼくらの大部分が比較的堅固な機密保護手段と思ってきたものは、生物医学の専門家、倫理学者、そしてハーバード、MIT、ベイラー、テルアビブ大学のコンピューター専門家からなる明敏なチームにしてみれば、ハッキング可能な対象だったのである。
匿名の短い情報を趣味の系図追跡ウェブサイトに入力した研究者たちは（こうしたサイトのユーザーは、祖先を探すために、ますます自分の遺伝情報を入力するようになっている）、その患者の親類グループを簡単に特定することができた。そして、年齢、居住州といった、科学者たちが共有する匿名の患者情報に通常含まれているデータをさらに補えば、数多くの個人の正確な身元を特定することができたのだった。[17]
これは、逆方向にも働く。あなたには、がんを克服した家族がいないだろうか？　その人は、自分の経験をブログに書いていないだろうか？　フェイスブックでは？　ツイッターでは？　ソーシャルメディアは愛する人々とつながる優れた方法であるだけではない。それはまた、遺伝子サイバー探偵にとって、潜在的に非常に深く豊かな情報源になりうるのだ。もうすでに3分の1以上の雇用者が、フェイスブックのようなソーシャルメディアで見つけた情報を利用して、応募者を排除していると答えている。[18] アメリカでは雇用者負担の保健医療費が高騰を続けていることから、ソーシャルメディアに掲載された健康状態のチェックを、通常の（秘密にやるにしても）雇用プロセスの一部にするのは致し方ないと考える企業も出てくるかもしれない。

あなたの名前と、ウェブ上で公的に入手できる何百万件もの家系図的情報を利用すれば、好奇心豊かで要領のいい人――たとえば、あなたを雇用したいとか、あなたとデートしたいとか、あなたと結婚したいとか思っている人――なら、あなたに関することを、あなた自身よりもっとずっとたくさん知ることができる場合もある。[19] そして、もしあなたがその「好奇心豊かで要領のいい人」で、当人に知られずに、ある人の遺伝子情報をもっと簡単に入手する方法があるとしたら、あなたはどこまでやるだろうか?

ぼくの質問はこういうことだ。

「あなたは他人のゲノムをハッキングするつもりがありますか?」

もし婚約者の母親がハンチントン病だったとわかったら?

ある晩、タクシーを拾おうとしていたとき、携帯電話のバイブレーションが鳴ってメールの受信を知らせた。それは友人からのメールだった。デイヴィッドという名前の若い社会人で、少し前に婚約したばかりだった。彼の婚約者のリサは、同じくニューヨーク市に住む、ファッション専門の写真家だ。ふたりが正式に婚約する数週間前、ぼくはリサがソーホーの画廊で初めて開いた個展に出かけて、本人にお目にかかっていた。

デイヴィッドは、遺伝子検査について相談したいので時間がとれないか、と訊いてきた。ぼくは、友人や家族から、急速な発展を続けているこの分野に関する相談をよく持ちかけられる。デイヴィッドは、リサと結婚したら家族を持ちたいと言っていたので、進化した出生前遺伝学的検査を利用したいと思っているのだろうとぼくは推測した。こうした「遺伝子パネル」を使った検査は、あなたとパートナーが遺伝子変異の保有者であるかどうかを、数百種類の遺伝子について調べることができる。つまりこのタイプの検査は、カップルの遺伝的適合性のスナップショットを提供してくれるのだ。

ぼくらはみな、ひとにぎりの劣性突然変異を抱えている。そうした突然変異は、単独では、ほとんどの場合無害だが、あなたとパートナーが同じいたずら遺伝子を抱えていたとしたら、潜在的な遺伝災害を子供に引き起こしかねない。そんなわけで、今ではますます多くのカップルが、親になる前に数百種類の遺伝子をスクリーニングする検査を利用している。検査は簡単だ。小さな容器に唾をはき、郵便ポストに投函して結果を待てばいい。

とは言っても、ぼくらが抱える突然変異の大部分は、両親が突然変異を抱えていた遺伝子とは違う遺伝子で生じていることを考えると、このタイプの遺伝子不適合は、避けられることが多い。しかし、ようやくタクシーをつかまえて、デイヴィッドに電話をかけたぼくは、彼の懸念が出生前遺伝学的検査ではなかったことをすぐに知ることになった。彼が知りたかったのは、婚約者に知られずに、彼女の遺伝子をハッキングできるかどうか、ということだったのだ。

デイヴィッドの懸念は、ごく幼いときに養女に出されたリサが実の父親に再会したあとに湧いてきたという。リサは実の父親を結婚式に招待したくて、彼を捜し出したのだった。喫茶店で父親に会ったリサは、実の母親が、ハンチントン病としか思えない多くの症状に苦しんだあとに亡くなっていたことを知る。この病は、遺伝を通して受け継がれる神経変性疾患だ。ハンチントン病を抱える人は、脳の神経細胞が徐々に変性していく。治療法はなく、死に至るまでの道には、筋肉の協応性の欠如や精神的問題がちりばめられ、最終的に認知機能が低下して死を迎える。

しかし事態を複雑にしたのは、リサが遺伝子検査を受けたがらないことだった。「でも」とデイヴィッドはぼくに言った。「もし彼女の髪の毛1本とか、彼女の歯ブラシとかをきみに渡せば、それですむことだよね？　そうすれば検査できるだろ？　彼女がそれを知る必要はないんだ。クレージーだってことはわかってる。でも……もし自分がどんなことに直面しているのかがわかったら、どんなに気が楽になるか」

彼がぼくにお先棒を担がせようとしていたことは、好意的に見積もっても倫理的に問題があるだけでなく、多くの国ではまさに違法行為だ[20]。その場で彼をとがめて頼みを断り、彼の好きなようにさせるより、一緒に一杯やったほうがいいと、ぼくは判断した。デイヴィッドは、仕事のあと用事がいくつかあるけれど、そのあとは暇だと言うので、ぼくらは午後10時に会うことにした。ぼくは、デイヴィッドを彼らしからぬ行為に駆り立てたのは何だったのかを知るのを心待ちにした。

それは、8月のマンハッタンにはよくある、嫌になるほど蒸し暑い晩で、大方の人は冷房の効いた自宅にいるか、可能であれば街を出ていた。タクシーを降りてバーに飛び込んだぼくは、湿気からつかの間逃れられたことをありがたく思った。

カウンターに空いたスツールをふたつ見つけたぼくは、腰を下ろして飲み物を注文した。バーテンダーが巧みにモヒートを作ってグラスに注ぐのを眺めながら、デイヴィッドのことを考え、ケリーに電話することにした。彼女はソーシャルワーカーをしている友人で、末期疾患を診断されたばかりの人のパートナーに対するカウンセリングに精通していた。

「まずは、致命的な遺伝病の遺伝子を持っているかもしれない人と結婚しようとしている彼の恐怖感と期待感を見きわめることね」とケリーは言った。「そしたら、そのふたりが今までにどんな話をしたのかを聞きだして。どんな人でも無防備になるのは怖いわ。とりわけパートナーの前ではね。でも、もし彼が自分の怖れていることを彼女に伝えていなかったとしたら、このことがふたりの将来や関係にどんな意味を持つのか、そして次に何をしたらいいのかについて、それぞれ正直に話しあうことはできないわ」

その数分後、デイヴィッドがバーにやってきた。もちろん彼は、医療に関する応用倫理学についての話をしようなどとは思っていなかった。彼が望んでいたのは、自分の話を聞いてもらうことだけだった。

夜がふけるにつれ、ぼくは「知らないでいること」はときに、「知っていること」より、ずっと複雑で辛い場合があることを思い出していた。長年にわたってデイヴィッドと友情をはぐくんできたぼくには、彼がショックを受けていることは言うまでもなく、ひどく精神的に苦しんでいることがわかった。彼にとってみれば、人生をともに過ごそうと思っていた相手が胸の中に秘密をしまい込み、それを明かそうとしてくれない、という状況だったのだ。

ぼくは、ただ座り、耳を傾けて、答えられる質問にだけ答えようと努力した。正直なところ、そうした質問はあまりなかった。時間が経つにつれ、デイヴィッドは、リサの実の父親が生存していて、ふたりの住まいからそれほど遠くないアップステート・ニューヨークに住んでいることを知ったときの驚き、彼女の母親があまりにも多くの疑問をあとに残して、若くして亡くなったことなどを打ち明けた。そして、ぼくはリサのためらいと、検査を受けることについての全面的な拒否について、デイヴィッドがフラストレーションを抱えていることも知った。

「どうして知りたくないのか、わからないんだ」と彼は繰り返し言った。

ゲノムをハッキングすべきか、すべきでないか

このデジタル時代、デイヴィッドはすでにハンチントン病について多くのことを調べて知っていた。彼が学んだのは、この病気の背後にある遺伝子の状況は、1個の特定の「文字」の突然変異がもたらす他の遺伝子疾患とは異なり、何度も同じ音節を繰り返す、傷ついたレコードのようなものだということだった。この悲惨な神経疾患を持つ人は、HTT（エイチティーティー）という遺伝子の中に、異常に伸びた3個のヌクレオチド（シトシン、アデニン、グアニン）の繰り返し配列がある。

人はだれでも、こうした繰り返しを一定の数受け継いでいる。けれども繰り返しが40回以上になると、ほぼ確実にハンチントン病が発症する。そして、繰り返しの数が多ければ多いほど、ハンチントン病の発症時期は早くなる。繰り返しが60回以上になると、2歳という早期に症状が現れるこ

とさえあるほどだ。

なぜかははっきりしていないが、ハンチントン病を非常に若い時点で発症させる人は、その遺伝子を父親から受け継いでいる。しかし、それを母親から受け継いだ人でも、繰り返しの数は、世代を経るごとに増えていく。遺伝で受け継いだものにおけるこのタイプの変異は「表現促進現象」と呼ばれる。

話しているうちに、ぼくにはデイヴィッドがハンチントン病の遺伝手段を含め、かなり正確にこの病について理解していることがわかった。この病気には、通常より多い繰り返しの数を持つHTT遺伝子のコピーがひとつあるだけでかかるため、母親がかかっていたとすれば、リサがハンチントン病を発症する確率は50パーセントだった。そして、もしそうなるとすれば、表現促進現象のメカニズムにより、リサに症状が現れるのは、母親に最初の症状が現れたときより、もっと若い歳になることが予想された。

そして何よりも彼にわかっていたのは、もしリサがハンチントン病の遺伝子を持っていたとすれば、彼女とともに年を取ることはかなわない、ということだった。むしろ、病が脳を改造して徐々に彼女の精神を崩壊させるにつれ、彼女の人となりが変わっていく姿を見つめなければならなくなる。そうなったとき彼は、彼女のニーズを適切にケアするための感情的、精神的、身体的な強さを持つことができるだろうか？

「でも、ぼくはできるさ」とデイヴィッドは言った。「いいかい、同意を得ずにハンチントン病の検査をするなんて、よくないことはわかってる。でも、ぼくらがどんな問題を抱えることになるのか知りたんだ。知らないでいるってことが、たまらないから。リサはなぜ検査を受けようとしない？　どちらの答えが出ても、ぼくらの人生は変わるかもしれないけど……でも結局のところ、検査をするかどうかは、彼女自身の問題なんだろうね」

それでおしまいだった。デイヴィッドは突然会話を終わらせた。ぼくは勘定を頼み、蒸し暑い外に出て、タクシーで家路に着く心の準備をした。

この話がハッピーエンドで終わったと言えたら、どんなによかっただろう。

ふたりは計画通りブルックリンのトレンディーな一画で素晴らしい結婚生活を送っている、と言えたらどんなによかったか。そして、デイヴィッドはリサをもう一度説得する力を得て、彼女は検査を受けた、と言えたなら。

そして何より、リサのハンチントン病の検査結果は陰性だったと言えたら、どんなによかっただろう。

でも、遺伝にまつわる話は、人生と同じだ。ときおりものすごく素晴らしく感じられるかと思えば、ひどく心が痛むこともある。そして、その中間であることも少なくない。

事実を明かせば、デイヴィッドとリサは、計画通りに結婚しはしなかった。でも、彼女は今でも彼にもらった指輪をはめているし、ふたりは今でも狂おしいほど愛しあっている――愛と人生が狂おしくなれる限りにおいて。デイヴィッドについて言えば、今でもふたりの将来に訪れるものを知ることをためらい、検査を受けることに抵抗するリサの気持ちを理解しようと努めている。リサのほうでは、ハンチントン病の家族を持つ人の支援を専門にしているカウンセラーに連絡をとった。

とはいえ、本書を執筆している時点でも、スクリーニング検査を受けるかどうかはまだ決めていない。

遺伝子検査のコストが下がりつづけ、検査を受ける方法もより簡単になりつつあるなか、こうした状況は、より多くの疾患について頻繁に見られるようになるだろう。「ゲノムをハッキングすべきか、すべきでないか」という問題には、これからますます直面することになるはずだ。だがそうした事態が起きたとき、だれもがその問題に対処する高度な倫理感と経験を備えているとは限らない。

この「素晴らしい新世界」にますます本格的に足を踏み入れていくにつれ、人々の関係は試され、人生は変わっていくだろう。そして、これから見ていくように、そのことは身体についても例外ではない。

アンジェリーナ・ジョリーの「ブレーキが壊れた」遺伝子

アンジェリーナ（アンジー）・ジョリーは、自分の勝算が低いことを知っていた。

アカデミー賞を受賞したこの女優は、勝ち得たステータスや名声にもかかわらず、まったく無力に感じながら、自分の母親が、何年も闘ってきたがんに屈服する姿をなすすべもなく見つめていた。そして、パートナーと子供たちのために生きつづけられるよう願った末に遺伝子検査を受けることを決心し、自分が引き継いだＢＲＣＡ１（ビーアールシーエイ・ワン）遺伝子に変異があることを知った。

ほとんどの女性において、ＢＲＣＡ１遺伝子の変異は、65パーセントの乳がん発症率を意味する。なぜなら、正常なＢＲＣＡ１遺伝子は、急激な増殖や不必要な増殖を抑えることによって細胞のがん化にブレーキをかける遺伝子のグループに属しているからだ。

だが、ＢＲＣＡ１遺伝子の役目は、それだけではない。この遺伝子はまた、他の多くの遺伝子と協力して、損傷したＤＮＡを修復する働きも担っている。

本書ではこれまで、エピジェネティクスのようなメカニズムを通して、ぼくら自身の行動が遺伝子の発現を変えることに関する多くの例を見てきた。けれども、あなたが気づいていないかもしれないことがある。それは、日々行っている多くのことが、ＤＮＡを物理的に傷つける可能性があるという事実だ。そして、あなたは、気づかないあいだに、何年間もゲノムを虐待してきてしまっているかもしれないのだ。

実際、もし「遺伝子保護局」というような政府機関があったら、ひどい仕打ちから守るために、あなたの遺伝子はとっくにあなたから引き離されて、保護されているだろう。

一見ポジティブな影響をもたらすと思われる短期間の海外休暇さえ、驚くほど身体に悪い。あなたの犯罪チェックリストは、たぶんこんなふうなものになる。

1．アメリカとカリブ海を飛行機で往復したか――はい
2．肌を焼くために、太陽に長時間肌をさらしたか――はい
3．プールサイドでダイキリを2杯飲んだか――はい

4．タバコの副流煙を吸い込んだか――はい
5．ベッドのトコジラミを防ぐための殺虫剤に触れたか――はい
6．避妊潤滑剤に含まれる殺精子剤「ノノキシノール9」に触れたか――はい

あなたの架空のバケーションまで台無しにしてしまうことをお許し願いたい。でも、遺伝子保護局がこうした罪状を挙げるのは、あなたがどれだけ自分のゲノムを軽んじているか、気づいてほしいからだ。

このリストにあるどの行為もDNAを傷つけかねない。ゲノムに与えているダメージを常時適切に修復しつづける能力がなければ、何らかの深刻な事態に陥ってしまう。遺伝子のダメージをどれだけうまく修復できるかは、あなたが受け継いでいる「修復」遺伝子によるところが大きい。がんにかかりやすくなることが判明している1000個以上のBRCA1遺伝子変異のどれかを受け継いでしまっていたら、自分の遺伝子を大切に扱うことがことさら必要になる。とはいえ、興味深いことに、受け継いだ変異のすべてが同じ程度に憂慮すべきものであるとも限らないのだ。

遺伝子検査が生んだ「プリバイバー」という新しいクラスター

そこでまたアンジーの話に戻ろう。BRCA1遺伝子の検査を行ったあと、アンジーは医師から、彼女が受け継いだ特定の変異型は、まったく安心できる種類のものではないと告げられたのだった。(21)

乳がんにかかる確率は87パーセント、卵巣がんにかかる確率は50パーセントだという。

かくして、2013年の冬から春にかけての3か月間、世界でもっとも見つめられていた女性のひとりだったアンジーは、スクリーンで演じたスパイさながらパパラッチを煙に巻いて、カリフォルニア州ビバリーヒルズにあるピンク・ロータス・ブレスト・センターで一連の手術を受けたのだった。それには両乳房の切除も含まれていた。[22]

「胸に排液管や組織拡張器が装着された状態で目を覚ましたんです」アンジーは、手術からほどなくして、『ニューヨーク・タイムズ』紙にこう寄稿した。「SF映画の1シーンみたいでした」

そう、ほんの少し前まで、それは確かに空想映画の中だけの出来事だった。

医師は乳房切除術を長年手がけてきたが、ごく最近まで、それは病気を取り除くための手段であって、予防するための手段ではなかった。

だが、そういった状況は一変した。がんの分子的構造に関する知識が深まり、遺伝子のスクリーニングと検査が容易に利用できるようになると、その結果、アンジーが受け取ったような恐怖のメッセージを、より多くの女性（さらには一部の男性でさえも）が受け取るようになったからだ。厄介で不完全な検診療法を続けていくかどうかの決断を迫られた女性のうち、約3分の1は、予防的乳房切除術を選択している。乳がんに襲われる前に、乳房をあらかじめ切除してしまうわけだ。そうすることにより、彼女たちはまったく新しい患者グループを構成することになった――プリバイバーだ（「あらかじめ」を意味するpreと「生存者」を意味するsurvivorを組み合わせた造語）。

プリバイバーはすでに数千人を超えている。そのほとんどが、アンジーと同じ決断を迫られた女性たちだ。結腸がん、甲状腺がん、胃がん、膵臓がんといった他の疾患でも遺伝子的要因が作用しているらしいことがますます明らかになるにつれ、このグループはほぼ確実に拡大していくだろう。「がんは、いまだに人々に怖れと深い無力感を抱かせる言葉です」とアンジーは書いた。その一方で彼女は、今日では簡単な検査を受けるだけで、がんへのかかりやすさがわかり「それに基づいて行動を起こすことができる」ことを指摘している。

これは、医師たちに多くの新しい倫理的問題を生じさせることになった。なぜなら、医師たちは今まで「*primum non nocere*（プリムム・ノン・ノケレ）*」という格言に従って医療を行ってきたからだ。

「遺伝子保護局」のチェックリストに学ぶ、人生を変える方法

「行動を起こす」ということは、何も、乳房切除術、結腸切除術、胃切除術といった根治手術だけを指しているのではない。なぜなら、切除して取り除いてしまうわけにはいかない器官もあるからだ。他にとることができる先制攻撃的行動には、監視またはスクリーニングの機会を増やすこと、予防薬の投薬計画に従うこと、そして可能であれば、潜在的に遺伝子に害を与える行為を控えることなどがある。

だからこそ、先ほど列記した「犯罪チェックリスト」が、自分が遺伝で受け継いだものの面倒を

*　「まずは害をなさざること」という意味のラテン語〔医学的介入によって患者の身体を傷つける前に、まず様子を見るべき、という意味合いがある〕。

見る必要性を思い出させる重要なメモになりうるのだ。自分の遺伝子を大事に扱うことができなければ、うっかりそれを変性させてしまう危険性があるのだから。

航空機による移動中に浴びる放射線、日焼けで浴びる紫外線、カクテルに入っているエタノール、タバコの残留物に含まれる化学物質への曝露、殺虫剤とパーソナルケア製品に含まれる化学物質。こうしたものはみな、あなたのＤＮＡを損傷しかねない、よくある危険因子の例だ。日々どのような暮らしを送るかによって、ゲノムをどれだけ大切にできるかが決まる。

そのため、ぼくらはみなよりよい知識を身につけることが必要だ。それには、単に家族の病歴を調べたり自分の遺伝子を解読したりすることだけでなく、そうした情報を元に、どのような予防的かつポジティブな変化を人生に起こせるかを調べることも含まれる。こうした予防的な変化を起こす方法は人によってさまざまだ。一部の人にとっては、果物を避けることかもしれないし、他の人にとっては、乳房切除術を受けることかもしれない。

それと同時に、ぼくらはまた、遺伝子の理解が深まるにつれて加速度的に変化していく将来、他の人々がこうした情報をどう使うことになるのか認識することが必要だ。「他の人々」とは、すでに見てきたように、医師、保険会社、企業、政府関連機関、そしておそらく、あなたの愛する人も含まれる可能性が高い。遺伝子検査には秘匿性があると期待しているかもしれないが、自分の遺伝子をハッキングする前に、生命保険と身体障害保険における差別から身を守る手段がまったくないという事実を思い出してほしい。

ぼくらは、ものすごいパラダイムシフトが生じる瀬戸際に立っているだけではない。多くの人が、もうすでにその向こう側に身を投じている。そしてぼくらはみな、技術の面からも遺伝の面からもあまりにも密接につながっているため、さらに多くの人が加わっていくことだろう——それを好むと好まざるとにかかわらず。

第10章

染色体を見ても性別が決められない?

――10億人にひとりの「男性」が教えてくれた性差の不思議

MAIL-ORDER CHILD

潜水艦探知の技術がお腹の中の赤ちゃんに使われるまで

その日、カリブ海は静かな朝を迎えていた。1943年5月13日の木曜日。アンモニアを大量に運搬するために特注されたアメリカの商船『SSニッケライナー』は、3400トンの揮発性の積み荷を満載してイギリスに向かっていた。アンモニアは武器弾薬の製造に欠かせない材料で、当時供給がひっ迫しており、第二次世界大戦の「大西洋の戦い」が山場にさしかかるなか、船は大西洋を横断してイギリスを目指すという非常に危険な旅を強いられていた(1)。

ニッケライナーの乗組員31名にとって、その日は「いつもと変わらない日」とは真逆の運命がもたらされることになった。というのも、ライナー・ディエクセンという名の海軍将校に率いられたドイツ軍の潜水艦、いわゆるUボートが、『ニッケライナー号』が港を離れた時点から、ずっと後を追ってきていたからだ。

キューバ、マナティの北方約10キロの地点で、Uボートの鋼鉄製潜望鏡が静かに海水の表面を割った。密かに、細心の注意を払って、魚雷発射管射手が狙いを定める。すでに連合軍の船を10艘撃沈していたベテランのキャプテンが、ターゲットを確認して発射命令を下す。ドイツ軍の魚雷2門が水中に発射され、プロペラを高速回転させてスピードを増した。爆発の衝撃はすさまじく、水柱と火柱が空中に30メートルも噴き上がった。『ニッケライナー号』はほどなくして海底に没し、救命ゴムボートに乗った乗組員の運命は天に任された。

連合軍にとっての問題は、簡単であると同時に気が狂いそうになるほど複雑だった。彼らは、海に潜ったUボートを発見する方法を見つけなければならなかったのである。

その答えはソナー（超音波探知機）だった。当時ソナーは大文字で「SONAR」と表記されていた。「音波航行と測距（SOund NAvigation and Ranging）」を意味する頭文字だったからだ。巨大な増幅器が海中で「ピーン」という音を出し、それがターゲットにあたって跳ね返ってくる音を受信機で「聞き取る」。その時間を測ってターゲットまでのおよその位置を知るという技術だ。

それから70年以上経った今でも、世界中の国々の海軍はソナーを対潜兵器および対機雷兵器の鍵を握る技術として活用している。しかし歳月を経るにしたがい、ソナー技術は、軍事目的以外にも役立つことがわかってきた。もともと人命を世界から抹殺するために設計された技術は、今日、人命を救う頼みの綱になっている。

1940年代後半に何千人ものソナー操縦者が国に帰還すると、彼らはソナー技術を軍事以外の分野に利用する方法を探りはじめた。その技術を最初に採用したのは婦人科医たちだった。彼らは当時「メディカル・ソナー」と呼ばれたこの技術を使えば、身体を傷つける手術なしに婦人科の腫瘍や他の増殖物が検出できることをすぐに見出したのである[(2)]。

けれどもソナーがほんとうに流行（はや）り出したのは、胚が子宮内に着床してからほんの数週間後に、胎児と胎盤の「写真」が撮れることを産科医が知ってからだった。当時の医師にとってこの技術は、赤ちゃんが発育していくにつれて発達段階が手に取るように見られるという、まさに魔法に他ならなかったろう。けれども、今日でも知らない人が大部分だと思うが、こうした画像はまた、人間の発育に非常に重要な役割を果たしている、胎児期における遺伝子の発現と抑制のあいだのデリケートな遺伝的相互作用も見せてくれるのだ。

今日「胎児超音波検査」として知られる技術により、医師は、かつて分娩時までわからなかった遺伝的なつまずきや異常の最初の兆候を手にできるようになった。

さて、人間の発育における遺伝子の影響について学ぶ前に、ここでちょっと時間を遡って、読者の方々が抱いているに違いない質問に答えることにしよう。あなたはおそらく、『ニッケライナー号』を攻撃して沈没させたUボートは、いったいどうなったのだろうと思っているだろうから。

『ニッケライナー号』撃沈の2日後、アメリカ軍の哨戒機が、浮上しているUボートとおぼしきものを発見した。哨戒機はマーカーを放出して水面に目印をつけた。Uボートの乗組員が必死で比較的安全な海の底深くに沈もうとするなか、連合軍の駆逐艦がUボート発見現場に駆けつけ、製造したばかりのソナー装置を使って、海中に逃げた潜水艦の位置を把握した。

ソナー装置が示す深度と方向の情報に基づき、駆逐艦の乗組員は3発の水中爆雷を投下した。こうして、ナチスのUボートはズタズタに割けたアルミ缶のように変わり果て、『ニッケライナー号』と同じように海の藻屑と消えたのだった。[3]

一人っ子政策×SONAR＝「産み分け」という現実

隠れた潜水艦を探すためのSONARテクノロジーとして開発されたものは、赤ちゃんをこの世にもたらすうえで、計り知れないほど貴重な技術になった。けれども、おそらくだれにも想像できなかったのは、もともと人の命を奪うために開発されたテクノロジーが、一時期その使命を中断したのち、これほどまでに早く、ふたたび人の命を選択的に奪う手段となったということだろう。

ある用途のために開発したテクノロジーが、他の驚くような目的に利用されることはよくある。そして想像に難くないように、女児より男児が尊重されるような国では、胎児超音波検査の使用は、非常に問題の多いものになる。性別の価値が対等ではない環境で分娩前に赤ちゃんの性別がわかるということは、両親にとって子供の性別を選ぶチャンスが得られるということだ。

中国で生じたことも、まさにそれだった。長年にわたり中国は非常に厳しい、ときには義務的な人口抑制政策をとってきており、ほとんどの両親にひとりしか子供を許さない「一人っ子政策」を施行してきた〔2016年1月1日をもってついに廃止された〕。中国における男の子を持つことの文化的重要性と一人っ子政策とが組み合わさり、妊娠中の夫婦が男の子を望むプレッシャーはさらに高まった。その結果は数字に明らかだ。中国では男性の人口が女性の人口を3000万人も上回っているのである。このアンバランスは、胎児超音波検査を使ってシステマティックに女児を探し、人工中絶してきた結果だ[4]。この慣行は、今でも拡大していると考えられている。

事実、それまで胎児超音波診断技術がなかった中国の地域にこの技術が導入されると、生まれてくる赤ちゃんの男女比が広がることが研究によって示されている[5]。超音波は、もうひとつのトレンドを引き起こした。こちらのほうは中国のケースに比べたら無害だと言えるかもしれないが、今でも収まる気配はない。あなたもおそらく一役買っていて、トレンドの隆盛を助けているかもしれない。

アメリカで赤ちゃんと幼児の衣類を男児用と女児用に分けることが本格化したのは第二次世界大戦が終わってからだった。そしてこのトレンドは、胎児超音波診断技術が全米で利用可能になると完全に定着した。あらかじめ生まれてくる赤ちゃんの性別がわかるようになったため、友人や家族や同僚は贈り物選びに時間がかけられるようになり、一方の性に特定したベイビーシャワー（出産前の女性に贈り物をするパーティー）が行われるようになったのだ。[6]

けれども、他の多くの人はピンクとブルー、トラックと子猫、迷彩色とレースは、性別に基づく差異だと考えているのだろうが、ぼくにはそうは思えない。ぼくには、そうした分け方は、世界で初めて広く使えるようになった実質的な出生前遺伝学的検査（すなわち超音波検査）がもたらした文化的な影響の産物だと思えるのだ。何といっても、20世紀の大部分を通して、遺伝子レベルでの女性と男性の主な違いは、男性にはY染色体があるが女性にはそれがないことだと人々は理解していた。出生前超音波検査（ソノグラム）は、これから赤ちゃんとして生まれてくる胎児について、ぼんやりした写真より何より、受け継いだDNAのスナップショットを提供してくれる。

超音波検査は、通常妊娠4か月目までに、性別を含め、胎児のかなり正確な解剖学的情報を与えてくれるが、体外受精と着床前診断による男女産み分けが可能になった今では、性別を知るために、そうした検査を待つ必要はもはやなくなった。

だからこそ、新たに登場しつつある医療技術や、ますます入手可能になりつつある医療技術に、少女を少年と同じように大切に扱うことを人々に教える社会的・教育的イニシアチブが組み合わされなければ、事態はさらに悪化する可能性がある。

そしてもちろん、妊娠前あるいは妊娠初期の基本的な遺伝子検査から導き出せる多量の情報は、単なる性別の違いなどより、もっとずっと多くのことを教えてくれる。と聞くと、性別は単純な問題なのだと思われるかもしれない。

だが、そんなことはないのだ。

「XYは男性で、XXは女性」は時代遅れ？

「男の子、それとも女の子？」だれかに赤ちゃんが生まれたと聞いたとき、あなたが最初にする質問は、ふつうこれだろう。そしてほとんどの場合、その答えはふたつにひとつだ。

性同一性に影響をもたらす要因は、まさに虹のようにさまざまだが、赤ちゃんが母親の子宮から最初に出てきたときにぼくらに見えるのは身体の外側の配管だけだ。それは、シュワルツェネッガーが主演した『キンダガートン・コップ』で5歳児が放った次の言葉を待つまでもない。「男の子にはペニスがあって、女の子にはワギナがあるんだよ」

だが、必ずしもそうではないのが問題だ。今日では、生殖器官が発生する際に身体が通常とは異なる経路をたどった子供や大人たちを指すときに、性分化疾患（DSD）という言葉を使う。

どの経路をたどるかによっては、身体の外にある性器の形がとても曖昧になることがある。たとえばクリトリスが異常に拡張していてペニスのように見える女性器や、陰唇のひだが融合しているために陰嚢（いんのう）のように見える女性器などがある。医師にとっては、常に変わりゆく社会心理学面での多様な性別の観念に追いつくだけでも大変な仕事だ。同様に、身体的な性の発達も、幅広いスペクトラムからなることがわかりつつある。このことは、染色体に基づく古典的な性の理解、つまり「ＸＹは男性で、ＸＸは女性」という狭い考えを大幅に時代遅れのものにしてしまった。

しかし、いまだに名前から、名詞、衣類、公衆トイレまでが性別で分けられているこの世では、性的な曖昧さは、かなりの困惑やろうばいを引き起こす可能性がある。赤ちゃんの性に不確実なところがある場合はとくにそのことが当てはまる。

だからこそ、生まれてきた赤ちゃんに性別に関する曖昧さがあるときは、単に親の心配として片づけずに、急を要する医学的問題として取り扱われることが多いのだ。そして、ぼくのような医師が、昼夜を問わずコンサルテーションのために呼びつけられる。

では、ここで、赤ちゃんが生まれ、ＤＳＤを抱えていることが疑われたとき、実際何が行われるか案内しよう。社会心理的問題の深刻さを考え、ぼくらは通常、緊急でない仕事はすべて放棄して、大切な幼い患者を世話している医療チームと家族のもとに駆けつける。

そのあとすぐに、赤ちゃんの両親から、兄弟姉妹、甥や姪、おじやおば、祖父母を含め、現在過去の家族歴について聞きだせるかぎりの情報の聞き取りが始まる。この過程ではたくさんの質問がなされる。生存している親類は健康か？　反復流産や重度の学習障害を持つ子供がいないか？　両親、祖父母、曽祖父母に近親同士で結婚した人はいないか？

こうした質問は、貴重な遺伝的情報を与えてくれるだけではなく、生まれてきた赤ちゃんに関係している人たちに、赤ちゃんのルーツは広範な親類全体にあり、赤ちゃんは彼らの一部であることを思い出させてくれる。そしてもっとも重要なことに、解決が必要なのは単に医療的な「問題」だけではないことも思い出させてくれるのだ。

その後ぼくらは、第1章で見てきたようなディスモルフォロジーの診断から始まる身体検査を行うが、この場合は、先に述べたものより、もっと詳しい診察が行われる。医師は、首からぶら下げた病院備えつけの巻き尺を指のあいだで忙しく飛び回らせて、赤ちゃんの頭囲、両目の距離、瞳孔の距離、人中の長さなどを測る。腕、脚、手、そして足の長さも測る。クリトリスとペニスの長さまで測り、肛門が正しい場所にあるかどうかも調べる。赤ちゃんの両の乳首の距離といったものでさえ、ときおり、その赤ちゃんのゲノムの中で起きていることについて貴重な情報を与えてくれることがあるからだ。もっとも重要なのは、ＤＳＤの判定の際に、赤ちゃんの身体が全体的に見て、異形であるかどうかを見きわめることだ。

こうした診察を行っているところを見た人から、ぼくらは細かな変異をみつけようとしている医師というよりも、オーダーメイドの赤ちゃん服を作るために寸法を測っている仕立屋のようだと言われることも少なくない。

ぼくらはみな、何らかの形で変則性を抱えている。だが臨床的見地から見てもっとも重要なのは、こうした変異——ごく小さいこともあれば、大きいこともある変異——が、どのように組み合わさっているか、ということだ。

ごく小さな特徴が、まったく新しい診断を導くこともある。そして、これからすぐに見ていくように、ごくごく小さなものが、世界に対するぼくらの見方を完全に変えてしまうこともあるのだ。

遺伝学の教科書に反する赤ちゃん、イーサンを前にして

彼はどこから見ても愛らしかった。スタイリッシュなバガブー社のベビーカーで静かに寝ているイーサンは、ほかのどの愛らしい赤ちゃんとも、まったく変わらないように見えた。[7]人はだれでもその人独自のユニークな発達の旅をたどるが、ほとんどの人の旅路は共通している。その旅路は、環境と遺伝子の状況によって舗装され、形づくられている。そしてそれはみな、息をのむほど美しい乳児から始まる――小さくて無防備だけれども、限りない可能性に満ちている赤ちゃんから。

ぼくの目の前ですやすや眠っていた赤ちゃんも、そうしたものすべてを備えていた。そして、そのときはまだ知らなかったのだが、彼はまた、ぼくが今まで出会ったどの赤ちゃんとも違う乳児だった。実のところ、それまでこの世に生まれたすべての赤ちゃんとも違う子だったのである。

指摘しておかなければならないのは、イーサンの胎児超音波診断検査の結果はすべて正常だったということだ。数か月前、生まれてくる子は男の子か女の子かと母親に尋ねられたとき、産科医は彼女の膨らんだお腹に塗った超音波診断用の青いジェルの上でスキャナを滑らせ、まだ生まれていない子の脚のあいだを覗いた。

「男の子です！」と産科医は答えた。

目で見るかぎり、その医師は正しかった。

生まれたとき、イーサンには、潜在的な懸念材料ではあるけれども、さほど珍しくはない特徴が

あった。ほとんどの男児では、尿道口（おしっこを出すところ）は、ペニスの亀頭の中央部近くにある。けれどもイーサンには尿道下裂（にょうどうかれつ）があった。つまり彼の尿道口は通常の位置にではなく、もっと陰嚢の近くにあったのだ。

およそ135人にひとりの割合で、男児は何らかの尿道下裂を抱えて生まれてくる。その程度は、陰嚢の近くという低い位置に尿道口が開いているものから、大部分の男児のものに近い位置にあるものまでさまざまだが、たいていは修復可能だ[8]。修復は、ほとんどの場合、見た目を修正する整形手術とみなされるが、修復のために包皮を犠牲にしなければならないこともある。尿道下裂の程度が軽くて見た目が少し違うだけの場合は、手術はすべきでないと考える親もいる。けれどもより重篤な症例で、少年が立って排尿することができず、座って用を足さなければならないような場合には、社会心理的理由から手術をすることが重要な意味を持つようになる。

とはいえ、尿の流れが妨げられないかぎり、尿道下裂の修復手術は急を要するとはみなされない。そのため、生後数分後に尿道下裂が見つかったとき、イーサンの両親はその旨を告げられ、選択肢に関して説明を受けた。そして、通常の生後1日検診をすべて受けたあと、心配は無用だと言われ、数か月後に尿道下裂を修復する手術チームによるフォローアップが予約できるというアドバイスとともに、イーサンは退院したのだった。

けれども、イーサンの両親は不安になった。とりわけ数か月経っても、息子の身長と体重が最下位のパーセンタイルに留まりつづけたことは心配で、どうやったら息子を標準体型に引き上げられるか知ろうとした。そして、発育状況を調べる所定の診察として始まったものが、やがて厖大な数のピースを持つパズルに変貌したのである。

　イーサンの小柄な身長と一見何も問題のない身体的特徴を踏まえて、核型（かくけい）解析と呼ばれる遺伝子検査が行われた。この検査では、細胞を何個か取り出し、ペトリ皿に入れて培養してから、染色体がくっきり見えるようにするために特殊な染料で処理する。

　そのとき初めて、イーサンは彼の前に生まれた少年たちや男性たちと少し違うということがはっきりしはじめたのだった。他の少年や男性はみな、父親からＹ染色体を受け継いできた。稀ではあるが、遺伝的に女の子である人が男の子として発達することはゼロではない。それは、ＳＲＹ（エスアールワイ、sex-determining region Y、「性決定領域Ｙ」を意味する頭文字）と呼ばれる領域を含む、Ｙ染色体のごく小さな一部が受け継がれた結果だ。これが起きると、その人の発達のすべての経路が、女性ではなく、男性のものにシフトしてしまう。

　このＳＲＹという小さなかけらを探すために、イーサンの症例でぼくらが使った次の手段は、ＦＩＳＨ法（蛍光インサイチュー・ハイブリダイゼーションの略で、「フィッシュ」と呼ばれる）と呼ばれる検査だった。ＦＩＳＨ法では、検査対象のＤＮＡに相補的な染色体の部分だけに結合する分子プローブを使う。

　ぼくらがイーサンについて予測していたのは、類似の症例と同じように、ＦＩＳＨ法を使ってＳＲＹ領域を調べた結果が陽性になることだ。しかし、そうはならなかった。実のところ、イーサンはＹ染色体を父親から受け継いでいなかっただけでなく、そのごくごく小さなかけらさえ受け取っていなかったのだ。この結果により、なぜイーサンが男の子になれたのかについては、すでに判明している遺伝学的根拠ではほとんど説明できないことになった。

正直なところ、ぼくの机の上に置かれた遺伝学の教科書によれば、彼は女の子であるべきはずだった。

「先生、わたしが何かしたことが原因だったのですか？」

「男の子です！」イーサンの両親、ジョンとメリッサが待ち望んでいたのは、まさにその言葉だった。そして、それがほんとうになったとき、ふたりは喜びに沸いた。

それは、近い親族もみな同じだった。とりわけ中国からの移民1世だったジョンの両親は感極まった。中国では、一人っ子政策が実施される前から、男の子が生まれることは幸運とみなされていたため、メリッサのお腹の子が男の子だとわかったとき、彼らはことのほか喜んだのだった。

そして、ほんの少し過保護になった。少なくとも毎日1回、ジョンの母親はメリッサの職場に電話をかけて彼女の健康状態をチェックし、家族の文化的伝統に従って、メリッサのすること、考えること、食べることについて、していいことと悪いことを言い聞かせた。禁止された食品の長いリストには、メリッサの好物がふたつ含まれていた。スイカとマンゴーである。

でも、それだけではなかった。メリッサは、ハサミやナイフといった尖ったものを絶対にベッドに置かないようにと諭された。うっかり自分の身体を傷つけることから守るためだけでなく、ジョンの母親は、それは悪運を招き入れ、現在口唇裂あるいは口蓋裂と呼ばれている「裂けた唇」を持った子供が生まれると信じて育ったからだ。

メリッサはとりわけ迷信深いたちではなかったが、不必要な家庭内不和を避けるために、義理の母親に合わせることにした。それでも、たとえ隠すことになっても、譲れないことはあった。妊娠が進むにつれ、メリッサはスイカが食べたくてたまらなくなったのである。そして、義理の母親が訪れたときに大きな緑色の皮と小さな黒い種が見つからなければ、ばれるはずはないと思っていた。

けれどもあるとき、この義理の母親が、たまたまゴミ出しを「志願」して、スイカの皮と、ゴミ袋の一番下に溜まっていた赤い汁を見つけてしまった。その結果、ものすごい喧嘩が勃発した。メリッサが何を言おうが義理の母親の怒りは収まらない。結局、メリッサは義理の母親に謝り、出産後しばらく経つまで、そうした「キラーフルーツ」には近づかないと約束した。そのくせ内心では、次回秘密のスナックを食べるときには、証拠物件を捨てる場所にもっと慎重になろうと固く胸に誓っていた。

メリッサは、義理の母親の心配は突飛なものだとわかっていたものの、生まれた赤ちゃんの遺伝学的な例外性について告げられたとき、家族の迷信はほんとうだったのかと、思わず口にせずにはいられなかった。ぼくは、スイカに懸念を抱いている人にはそれまで会ったことがなかったが、彼女のような心配を抱く人は珍しくない。

赤ちゃんに遺伝子疾患が見つかったとき、親の口からまず発せられる質問は「先生、わたしが何かしたことが原因だったのですか？」というものだ。

そんなときぼくは、親が感じている根拠のない罪悪感を取り除く手伝いをすることが自分の義務だと感じる。だから、「うまくいっていないこと」をもたらした原因に関するあらゆる憶測について話すよりも、科学的に確立されたすでに判明している事実のもとに話を進めようと努力する。もちろん、ふだんそうできるのは、ぼくに何らかの知識があるからだが、イーサンの症例については、少なくとも当初のうち、手掛かりになるようなものはまったくなかった。

シャーロック・ホームズさながらの大規模「捜査」

イーサンの症例についてまず考えられた可能性のひとつは、先天性副腎過形成（CAH）だった。ひとにぎりの遺伝子によって生じるこの一連の遺伝病は、女性の外見を男性のように見せる。CAHを持つ人々は生まれつき、コルチゾールと呼ばれるステロイド・ホルモンが十分に作れない。身体がこの欠乏に気づくと、副腎を刺激して、ステロイド・ホルモンを増産させようとする。しかし問題は、作られるのがステロイド・ホルモンだけではないことだ。さらに多くの種類の性ホルモンも増産されてしまうのである。

CAHのある種のケースでは、CYP21A（シップ・トゥエンティーワン・エイ）と呼ばれる遺伝子のバージョンのひとつが、少女と若い女性に、重度のにきび、多量の体毛、そしてある種の状況下では、出生時にペニスのように見える大きなクリトリスをもたらす場合がある。曖昧な性器の形状により、女の赤ちゃんを男の赤ちゃんのように見せる最大の原因のひとつがCAHである理由もそれだ。

この遺伝子を引き継ぐことによって生じる過剰な男性ホルモンはまた、正常な排卵周期に干渉することによって、女性の妊娠を妨げる場合がある。アシュケナージ系ユダヤ人の30人にひとり、ヒスパニック系の女性の50人にひとり、そしてそれより低い率のさまざまな民族の女性が、CAHを引き起こす遺伝子を受け継いでいるが、その事実に気づいてさえいないことが多い[9]。

それを知るのに遺伝子検査をする必要はない。女性がこの形のCAHにかかっているかどうかを調べるには、比較的簡単な血液検査があるからだ。それでも、常に検査が受けられるとは限らないため、多くの女性が成果の出ない不妊治療に何年もの歳月を費やすことになる。数千ドルもかかる治療費については言わずもがなだ。そして究極的に、妊娠を妨げている原因は不妊症などではまったくなく、デキサメタゾンと呼ばれる薬で簡単に治療できる遺伝病だとわかることになるのだ。

でも、イーサンはどうなのだろう？ 彼の症例は、常になくはっきりした形のCAHだったのだろうか？ ディスカッションで検討したあと、ぼくらはその可能性をすぐに却下した。CAHをもたらす遺伝子の突然変異は、少女に男性化をもたらす。その程度はかなりのもので、出生時に男児とみなされるほどだ。けれども、この突然変異にもできないことがひとつある――精巣を作ることだ。しかし、目視と睾丸(こうがん)の超音波検査を行った結果、イーサンには正常に形成された睾丸が確かにふたつあることが確認されたのだった。

このタイプのXX性転換を生じさせるさらに稀な疾患はいくつかある。けれども、そのいずれも、イーサンに生じていることに合致するものではなかった。ぼくらは、ゆっくりと、だが確実に、イーサンが示している症状の原因となっている可能性がある既知の疾患について、確率の高いものからひとつひとつ、しらみつぶしに調べていき、該当しない疾患を排除していった。

究極的にぼくらのグループのメンバーは、サー・アーサー・コナン・ドイルのシャーロック・ホームズによって有名になった次の考えのもとで結びつくことになった——「不可能なものを排除したのちは、たとえどれだけありえないものに思えても、あとに残ったものが真実であるはずだ」。しかし、不可能なものをそぎ落としていったあとに残ったものは、あまりにもありえなさそうなことだったので、それが実際に真実であるかもしれないとして受け入れる心の準備が整ったのは、ずっとあとのことだった。

もしかしたら、ぼくらの性に関する考えは、はなから間違っていたのかもしれないのだ。

これまでの「性」の見方は、すべて間違っていた!?

長いこと男女の分類に関する定説は、「染色体については始めから男か女かに分かれているが、発生については同じ状態から出発する」というものだった。もしY染色体を受け継げば、たとえそれがほんの一部だけだったとしても、ぼくらは男性になる迂回路を進む。一方、Y染色体が存在しなければ、ぼくらはみなそのまま進んで、女性になるための遺伝経路を邁進する。

けれどもこれまで見てきたように、イーサンのシナリオはそうではなかった。そこでぼくらは、従来の遺伝子に関する知恵が実際には誤っているのではないかと疑いはじめたのだった。

地球を初めて周回した初期の偵察衛星のように、初期の遺伝子核型検査から拾い出した情報のほとんどは粒子が粗くて解像度が低く、実質的にゲノムのパッケージを1マイル上空から見下ろした姿のようなものだった。

けれども、数十年前のそうした検査でも、染色体の長腕があるかないかについては知ることができた[10]。ある意味、核型検査を行うのは、アンティークショップに足を踏み入れて、百科事典を収めた本段を眺めるようなものである。ざっと眺めただけで、巻が何冊あるか、そして全巻そろっているかどうかはすぐにわかる。核型検査についても同じことが言える。46本の染色体が全部そろっているかどうかを判断するのは簡単だ。けれども、その時点ではまだ、ぼくらの遺伝子を「印刷」したページが、各巻に安全かつ欠損なく収められているかどうかはわからない。

近年、ゲノムを調べる解像度は飛躍的に高まった。今では「マイクロアレイによる比較ゲノム・ハイブリダイゼーション（aCGH）」と呼ばれる、さらに詳しいタイプの検査法を使うことができる。これはひと言で言えば、個人のDNAの「フォルダを解凍して」、すでに判明しているDNAの検体と混ぜ合わせるものだ。両方のDNAを比べることにより、欠けていたり重複していたりする短区間のDNAを見つけることができる。これが明らかにするものは核型検査と同じだが、それより格段に詳しいレベルで情報を得ることができる[11]。

とはいえ、ゲノムの各文字に至るさらに詳しい情報、すなわち、染色体だけでなく、60億個のヌクレオチド（アデニン、チミン、シトシン、グアニン）の配列にある稀な変異を見つけたい場合は、DNAの塩基配列決定が必要になる。

イーサンについて言えば、ぼくらは、まったく予測していなかったことをひとつ発見することになった。X染色体上でSOX3（ソックス・スリー）という遺伝子が重複していたのだ。女の子に育つ赤ちゃんにはX染色体がふたつある。したがって、SOX3遺伝子もふたつあると考えられる。実際そうなのだが、通常、片方のX染色体は、XIST（イグジスト）と呼ばれる遺伝子が作り出す産物のおかげで、すべての細胞内でランダムにオフ（不活性状態）になっている。興味深いことに、イーサンはSOX3遺伝子を重複して持っていたために、不活性化（サイレンシング）されていないほうの染色体からSOX3遺伝子が発現する追加のチャンスを手にすることになったのだった。

遺伝子量について述べた第6章で見てきたように、メーガンはコデインを代謝する遺伝子の複製を余分に受け継いでいた。余分な数の遺伝子を持つと、全体的なタンパク質産生量が変化してしまうことがある。メーガンの場合、それはコデインの致命的な過剰摂取を招いていた。

実際、SOX3遺伝子の余分なコピーがあることは、イーサンにとって重要な意味を持っていることが判明した。この遺伝子のヌクレオチド配列は、約90パーセントがSRY領域のものと同じなのだ。SRY領域はY染色体の小さな一部で、男性になる道のりにおいて欠かせない道しるべである。この類似性はあまりに際立っているため、SOX3はSRYの遺伝的祖先である可能性が高い。両者の主な違いは、SRYはY染色体にしか存在しないが、SOX3は男女共通のX染色体にあることだ。

シャーロック・ホームズなら「面白くなってきたな」と言うところだろう。

Y染色体なしに男性となった10億人にひとりの子供

年老いた野球選手が、もう一度マウンドに立とうと隠退生活から抜け出してくるように、SOX3遺伝子はSRYのピンチヒッターになれるらしいことがイーサンのおかげで明らかになった。そして適切な時期、適切な状況下で、適切な場所に挿入されると、Y染色体の有無にかかわらず、SOX3遺伝子は、女の子から男の子を作れるということもわかったのである。

今では、イーサンのものとまったく同じではないが、よく似た遺伝子構造を持つ人がほかにも少数いることが判明している。そして事態をさらに複雑にすることに、イーサンのように重複するSOX3遺伝子を受け継いでいても、「女性化」のXX染色体対を持つ人は、解剖学的に正常な女性に発育するのだ。

では、なぜイーサンは他の人とこれほど違っているのだろう?

もし35年前に遺伝学者に向かって、痩せた茶色のネズミを太ったオレンジ色のネズミに変え、遺伝子をオンやオフに切り替える葉酸を与えることによって、その変化を子孫に遺伝させることができると言ったら、きっと笑い者にされていたに違いない。

急速に新たな理解が進む遺伝的眺望のもと、ぼくらは先入観を捨てることを迫られている。第3章で紹介したジャートルのアグーチマウスは、ゲノムに対する特異な環境要因の威力を示す、ほんの一例にすぎない。

もちろんぼくらの人生は、実験用マウスのように単一の影響しか受けない、というようなことはほぼない。人間の人生では、厖大な数の変数からなる巨大なスペクトラム全域にわたって無数の相互作用が生じている。そのことは、ぼくら自身の技術的――さらには知的な――理解をはるかに超えていることを思い出させて、ぼくらを謙虚にさせる。

正直に言うと、あらゆる高度な遺伝子ツールをもってしても、イーサンのものに似た遺伝子構造を持つ子供たちが通常の発生過程に留まって女の子になったにもかかわらず、なぜイーサンはそうならずに男の子になったのかは、今もってわからない。しかし、たとえば神経線維腫症I型を持つ一卵性双生児のアダムとニールのように、ほんの少しのきっかけが人生を永久に変えてしまうような遺伝子の発現または抑制を引き起こすことを、ぼくらは他の多くの例で見てきている。

ぼくらはまだ、人間の性分化に影響を与える遺伝的、エピジェネティック的要因の幅広いスペクトラムの表面をちょっとこすったにすぎない。にもかかわらず、イーサンのような子供たちの多くにとって、インパクトは未だに二者択一のやり方で降りかかって来る。男の子、女の子？　彼または彼女？　ピンクそれともブルー？

でも、そうならなくてもいいはずだ。

タイの赤線地帯で受けた「ディスモルフォロジー講座」

ぼくが初めて「カトゥーイ」（いわゆる「ニューハーフ」）に出会ったのは、タイで活動しているNGOの「人口と地域開発協会」（PDA：Population and Community Development Association）で、HIV予防対策プログラムの一員として働いていたときだった。

　彼女の名はティンティンと言い、バンコクの世界的に有名な赤線地区のパッポンで、ぼくが教育用のテントに座っていたときに、そのすぐそばの店で毎晩働いていた。タイにおけるＰＤＡの目的のひとつは、コンドームの使用を増やして、ＨＩＶの広がりを防ぐことにある。これはもちろん、バンコクのセックス産業従事者にとっては、ことさら重要なことだ。

　一方、ティンティンの目的は、それとは少し異なっており、セックスバラエティーショーを上演する地元のクラブにできるだけ多くの客を引き込むことにあった。

　ハイヒールを履いていたとはいえ、彼女はタイの女性にしては背が高いほうで、ミツバチが巣に群がるように売春婦が集まっている場所では、おそらくその身長のせいでひときわ目立っていた。

　パッポンは１９４０年代に、バンコク郊外の歓楽街としてにぎわいを見せはじめたが、そのみだらな繁栄を極めるようになったのは、ベトナム戦争の真っ最中である。大勢のアメリカ人兵士が休暇とドルを費やすためにやってきては、いつも兵士がやることをして帰っていった。今日そこには、観光客をぼったくるあやしい匂いが漂っている。パッポンは、果てしなく続くマルディグラみたいに、蚤の市と性の遊技場がひしめく街だ。

　ティンティンのような少女たちは、外国人男性や性的な冒険を求めるカップルをクラブに連れ込む従業員として、あるいはまた、クラブから出てきて、もうちょっと楽しむために、もうちょっと金を支払う用意のある客を拾う自営の実業家として、クラブの入口にたむろする。

　何日にもわたって、ティンティンはぼくの教育用テントをじろじろ眺めていたが、初めてテーブルに近寄ってきたのは、ある晩、土砂降りに襲われたときだった。濡れた地面と18センチ近いハイヒールにもかかわらず、彼女は驚くべき優雅さでテントに飛び込んできた。

そして、NGOが用意したパンフレットを手にとると、何気なく裏返してタイ語で書かれてある面を上向きにして訊いた。

「あんた結婚してるの？」それはびっくりするほど上手な英語だったが、ぼくが予想していたよりずっと低い声だった。

雨は30分ほど降りつづけ、ぼくらは止むまで話しつづけた。ティンティンと過ごしたこの30分は、ものすごく示唆に富む経験だった。

彼女は、次のようなことをぼくに教えてくれた。タイには「カトゥーイ」とみなされている人が約20万人いる。彼らは、タイ人の多く（保守的な人も含めて）から「第3の性」とみなされており、服装倒錯者の人たち、手術を待っているトランスジェンダーの人たち、手術で男性から女性に性転換しおえた人たちも含まれる。

彼らすべてがセックスワーカーというわけではない。カトゥーイは、衣料品工場から、航空会社、そしてタイの格闘技「ムエタイ」のリングまで、タイ社会のあらゆる面で働いている。それはほんとうだ。おそらくもっとも有名なカトゥーイは、チャンピオン選手だったパリンヤー・ジャルーンポンだろう。性別適合手術の資金を調達するためにムエタイ・ボクサーになった元仏僧だ。ときおり化粧をしてリングに上がり、相手をノックアウトしたあと、相手に試合終了のキスを与えていた。

とはいえ、カトゥーイがタイ国内で差別を受けることはない、というわけではない。実際、彼らはかなり差別されている。何と言っても、タイには男性から女性に性別を変える法的手段がない。たとえ遺伝学的に女性であっても、性別を変えることはできないのだ。毎年約10万人の若者が徴兵される国で、こうした状況は問題を引き起こしてきた。

性別適合手術を受けようとしている人々は、ほかにも問題を抱えている。タイの手術費は欧米の水準に比べれば安い。性転換手術を受けたい人を世界中から集めているのもそのためだ。しかしいくら安いとはいえ、多くのタイ人にとって、その手術費は簡単には手が届かない額だ。性転換手術という夢をかなえるため、ほかに手段のない多くのカトゥーイが売春に走っている。

そして、それはティンティンの身の上話でもあった。彼女はタイ東北部のコーンケン県の貧しい農家に生まれ、14歳のとき家計を助けるためにバンコクに出てきた。ぼくが出会ったときは24歳になっていて、いまだに性転換手術のための費用を細々とためつづけていたのだが、その望みはかなわないかもしれないという思いを、もうずいぶん前から抱いていた。彼女は今でも、毎月律儀に、故郷の両親に金を送りつづけていた。

「わたしのふるさとでは、息子が親の面倒を見ることになっているの」と彼女は言った。「今では、わたしは娘になっちゃったみたいなものだけどね。それでも面倒を見る責任は感じてるわ」

彼女については、それから数週間にわたってときおり交わした会話の中で、より多くを知ることになった。そしてぼくは、カトゥーイを見分ける最良の方法に関する「ディスモルフォロジー講座」を彼女に指南してもらうことになったのである。それは、うきうきするほど面白かった。

「わたしを見て」と、ある晩ティンティンは言った。「最初の手掛かりは身長よ。それがあんたへの最初のヒント」

彼女は正しかった。どの民族でも、遺伝学的に言って、男性は女性よりやや背が高いことが多い。

「オーケイ」ぼくはそう言って、道路の向かい側のバーの前に立っている背がそれほど高くはない少女を指さした。「じゃ、あそこにいる女の子は?」

「カトゥーイよ」ティンティンは言った。「喉を見てみなさいよ、あの大きな——これ、何て言うの?」

彼女は頭を後ろにそらして、自分の喉を指さした。

「喉ぼとけだ」とぼくは答えた。

「ああ——それよ」と彼女は言った。「それがヒント・ナンバー2」

ここでも彼女は遺伝学的に正しかった。医学用語で「喉頭隆起」と呼ぶ喉ぼとけは、男性ホルモンが思春期に遺伝子の発現を変化させて組織の成長を引き起こすために生じる。

「きみに関するヒントは、その声だったよ」とぼくは言った。

「でも、声で人をだますのは簡単よ」彼女は、喉ぼとけから生じる低い声を、それより2オクターブ高い声に変えて、そう言った。

「わかったよ」ぼくはそう答えて、もうひとりの少女を指さした。ぼくのテントにしょっちゅう来ていた子だった。「ニットはどうだい? 彼女は背が低い。喉ぼとけもない。そして声も高い」

「カトゥーイよ」ティンティンは言った。

「ほんとうかい?」

ティンティンはぼくを見て、心得顔で笑みを浮かべた。辛抱強い先生だ。

「もちろんよ。なぜかって——歩くときの腕のぐあいを見てみて。腕が見える？ 真っ直ぐでしょ。男の人の腕みたいに。あんたは本物のレディーを見てるんじゃない。彼女は男の子として生まれたのよ。いっぱい手術をしてるわ——運がいい子よね。でも、肘は嘘をつかない」

ティンティンが話していたのは「運搬角」のことだ。肘を曲げたときに、肘から下の部分が身体から外側に向く角度が、女性ではほんの少し男性より大きいのだ。あなたも自分で試してみるといい。鏡の前に立ち、トレイを運ぶ仕草をして、腕を曲げてみたらわかるだろう。

でも、ほかの人に比べて、あなたの腕が外側に大きく向いていて、しかもあなたがたまたま男性だったとしても、ご心配にはおよばない。ティンティンのアドバイスは適切だった——運搬角が大きければ大きいほど、女性である確率は高い——が、身体の多くの部位がそうであるように、運搬角も人によってずいぶん違う。

性差を生むのは、遺伝子、タイミング、環境のユニークな組み合わせ

ジェンダーに関して微妙な見解を持つ国は、タイだけではない。

ネパールでは2007年まで同性愛は違法だった。けれども2011年に、この人口2700万人の南アジアの小さな国は、国勢調査の性別欄の選択肢に初めて「第3の性」を含めた国として、世界史に名を残すことになった。この「第3の性」は、男女のカテゴリーいずれにもしっくりこない人々が選ぶことのできるカテゴリーだ。

その近隣のインドとパキスタンでは、生理学上は男性だが自らを女性と同一視し、去勢手術をすることもある「ヒジュラー」として知られる人たちが、そのステータスを認められた。インドの旅券発給機関は、2005年という早い段階でパスポートにヒジュラーの記載を認め、2009年にはパキスタンも同様の措置をとった。

こうした地域が認めた重要な見解は、「性同一性――あるいはそれに問題があること――は、自ら選べるようなことではない」という考えだ。残念ながらこうした考えも、多くの人が今も直面している偏見を改善するものにはまったくならないだろうが、比較的保守的な社会に、従来の二者択一的な性別にそぐわない人々を法的に認知して保護する手段を与えさせるきっかけにはなるだろう。ここで述べている人々は、欧米社会からジェンダーの流動性に関するリベラルで現代的な考えを学んだ個人やグループなどではないことに留意してほしい。とくにヒジュラーは、インドとパキスタン両国で、4000年以上の歴史がある。[12]

去勢もまた、南アジアだけの現象ではない。この風習は何十もの文化にまたがり、その中には比較的新しい西欧文化も含まれている。たとえばイタリアでは、16世紀から19世紀にかけて、数千人とはいわずとも数百名の少年が、音楽のために毎年睾丸を手放した。こうした少年たちは「カストラート」として知られるようになる。

カレスティーニ、ドメニキーノ、ギッツィエッロといった名は、今日だれでも知っているとは言いがたい。だが18世紀には、男性の肺活量と女性の音域を併せ持ったカストラートたちが、思春期前に凍結されたその声の質のおかげでイタリア声楽界を席巻していた。ゲオルク・フリードリヒ・

ヘンデルも彼らの声に特別の愛着を抱いたひとりで、たくさん作曲したオペラの中でも、とくにデビュー作『リナルド』は、カストラートの歌手を想定して作られている。

今日、カストラートの声として判明している録音記録は数えるほどしかなく、そのすべてが、１９１３年に隠退するまで30年にわたってバチカンのシスティーナ礼拝堂聖歌隊の第一ソプラノを務めたアレッサンドロ・モレスキのもので、記録媒体はトーマス・エジソンの蝋管（ろうかん）だった。[13] モレスキは１９２２年に63歳で永眠している。今日ではかなりの若死にだと思われるかもしれないが、当時のイタリアでは、男性の平均寿命を10年も上回っていた。

それは偶然ではなかったのかもしれない。韓国の李氏朝鮮時代に宮廷で働いていた宦官（かんがん）の生涯に関する研究によると、宦官たちは特徴的な声のほかに、王族を含めて宮廷にいた他の者たちより、10年以上も寿命が長かったことが判明している。この現象は、テストステロンのような男性ホルモンが長年にわたって遺伝子の発現と抑制を変化させ、心血管の健康を傷つけたり、免疫システムを弱めたりしていることの証拠なのではないかと研究者たちは示唆している。[14]

もちろん、寿命を数年延ばすために、去勢したらどうかと勧めているわけではない。ぼくが言いたいのは、性差は、遺伝学的な性別だけによってもたらされるものではなく、遺伝子、タイミング、そして環境がユニークに組み合わさったものによって生まれるということだ。

今まで何度も見てきたように、何らかの理由によって標準から外れた人々――イーサンのような10億人にひとりの症例だけではなく、男性らしさと女性らしさに関する硬直した従来の考えに、遺伝学的、生物学的、性的、社会的に合致しない世界中の何千万人もの人々――は、それ以外の人々に多くのことを教えてくれるのだ。

すべての変異を排除するのは、果たして正しいのか

ぼくらの遺伝子がとてつもなく敏感であることは、ますます明らかになってきている。食生活が変わったとき、陽の光を浴びたとき、さらには、いじめられたときまで、日々の暮らしの出来事は常に遺伝子に影響を伝えている。そして、遺伝子の発現や抑制について言えば、それを引き起こすきっかけは、ほんのわずかなものでいい。

結局のところ、イーサンを女の子から男の子にするには、百科事典全巻も、遺伝子素材1巻分もいらなかった。それを実現させたのは、発生時の特定の瞬間に生じた、ほんの少しの余分な遺伝子発現だけだった。こうしてイーサンは、ほんのおまけのSOX3遺伝子によって、ぼくらが抱いてきた人間の発生に関する考えの多くを永久的かつ完全に変えてしまったのだった。

あなたは次の格言を聞いたことがあるかもしれない。

「わたしたちの過去にあるものや将来にあるものは、今わたしたちに備わっているものに比べれば、ほんの些細なものでしかない[15]」

確かに名言である。でも、ぼくらが今学びつつあるのは、こういうことだ。

「今ぼくらに備わっている些細なものは、ぼくらの過去にあるものにも、そしてぼくらの将来にあるものにも、大きく関わっている。しかも、今まで想像もしてこなかったようなやり方で」

ぼくらの文化的環境も、性差の風景に大きなインパクトを与える。たとえば、中国で起きたことについて、もう一度考えてみてほしい。超音波検査が発育中の胎児の性別という基本的な画像をもたらすようになり、その情報がますます多くの人の手に届くようになったために、男の子がほしい親たちは100万人単位で女の子を抹殺したのだ。そしてもう一度思い出してほしい。これは、医療用のソナーを開発した目的ではなかったことを。本来の目的は、この世に生まれようとする命を助けることにあったはずだ。

中国の一部の親たちが、男の子を手にするために出生前超音波診断技術を利用していることは、西側諸国の多くの人々を困惑させている。とはいえ、ぼくらが今生きている世界では、性別は、選択したり排除したりできる数多くのことのほんのひとつでしかない。遺伝子検査を使えば、妊娠前または妊娠中にできることは、もっとずっとある。

ぼくらは、イーサンやティンティン、リチャードやグレースのような子供たちをはじめ、本書で紹介してきた他のすべての人たち——そしてもちろん、社会的、文化的、性的、美的、遺伝的な標準から外れた何百万人もの人たち——を遺伝子的に同定して、カリブ海の潜水艦みたいに排除するような世界を容認しようとしているのだろうか。

これから見ていくように、さらに高度な遺伝的完璧さを追い求めることにより、ぼくらは、社会的な基準に適合しない何百万もの人命よりもっと多くの物事を排除しているのかもしれない。必死の努力を傾けて解明しようとしている医学的問題の解決策そのものを、排除しつつあるのかもしれないのだ。

第11章

遺伝子とともに生きる

―6000の希少疾患に学ぶ「健康」のほんとうの意味

PUTTING IT ALL TOGETHER

ゲノムは人生の伴走者——問題があるまで、その大事さに気づけない

赤ちゃんがこの世に生まれてくるということは、一見とるに足りないけれども実は驚くべき遺伝子に関する出来事が、ぴったり正しい順序でぴったり適切なときに生じた結果だ。その事実を、あなたはもうすんなり受け入れられるようになっているに違いない。

そのことは、その子が人生最初の1日、最初の1週間、そして最初の1年を過ごすときにもあてはまる。

そしてそれは、さらに先へと続く。

思春期へ、青年期へ、親になり、中年期の変化を超えて、さらに先へと。そして第9章で学んだように、遺伝子を日々改悪しようと謀（はか）る生物学的、化学的、放射線学的要因に立ち向かうためにも、そうした出来事は日夜生じているのだ。

とはいえ、それぞれの瞬間に起きている生物学的な出来事については、ぼくらは気づいていないことが多い。心臓の鼓動から、呼吸のたびに肺が拡張して空気を取り込むことまで、日々の大部分の生物学的な営みとその遺伝学的な結果は、ひっそりと気づかれずに生じている。身体に大きな負担がかからなければ、自分の心臓は生まれる前から止まったことがないという事実を思い出すことはないだろう。興奮したり、心配になったり、運動したりしたために心臓がドキドキして初めて、人の注意は身体の内部に向かう。けれども、特定の変化が厖大な遺伝子的・生理学的メカニズムに調節されながらも、同時に、そうしたメカニズムに影響を与えてもいることについては、まず考え

たりはしないはずだ。

これまで見てきたように、ゲノムは、その人が暮らす環境に歩調を合わせて存在している。四六時中、遺伝子の発現と抑制を通して、必要とされる時期に必要とされるものを満たしているのだ。それは、朝食の消化を助けるために、酵素という形の分子メカニズムの作成が求められる、というような平凡なこともあれば、手術が身体に与えたトラウマからの回復を助けるために、構造支柱あるいは足場を作るコラーゲンのようなタンパク質のテンプレートをゲノムに提供させるというような、もっと大々的なことである場合もある。

何も問題が生じていないときには、ぼくらは、体内で遺伝子的な支えが働いてくれていることや、休んでいるときにも身体は常時動きつづけていることを、幸せにもまったく考えずに過ごしている。これは、いかにも残念なことだ。ぼくらは往々にして、自分、または愛する人に何か重大な不調が生じて初めて、自分が受精卵になり、赤ちゃんとなってこの世に産まれ、そして現在の状態に育つまで、不可解で複雑で唖然とするほど謎だらけの物事が生じてきたこと、そして現在も日々生じていることに、ようやく気づきはじめる。

とはいえ、障子（しょうじ）の背後でうごめく影のように、体内で起きていることが見られることもある。たとえば、興奮すると脈が速く感じられる。切り傷ができると、かさぶたができて、やがて傷が消える。けれども、こうしたことすべてが、避けられない死が訪れるまで途切れなくスムーズに生じるようにするには、数千とは言わずとも数百種類の遺伝子がひっきりなしに発現したり抑制されたりしなければならないということは、まったく意識していないだろう。

家の配管から水漏れが生じたときみたいに、ぼくらは、自分の身体の壁や床の裏側がどうなっているかについては、壊れるまでたいした注意を払わない。そして、いったんそうなると、そのことしか考えられなくなってしまう。

人生とはそうしたものだ。ほとんどの場合、ぼくらが引き続きこの世に存在しつづけることについて、大した見返りは求めない。1日数千カロリー、少量の水、そして軽い運動。それだけでいい。それがぼくらの大事な命を維持するための代金だ。

ぼくらの身体は、だいたいにおいて、かなり控えめなパーソナルトレーナーや栄養士としてぼくらを導いてくれる。分子シグナルを招集して、そっと（とはいえ、ときにはもう少し激しく）ぼくらに、食べたり飲んだり、寝たりする必要があることを思い出させるのだ。身体はこうした小さなメッセンジャーを放って、ぼくらに言うことを聞いてお行儀よくするように促す。けれども、こうしたバランスはいつだって不安定な種類のものだ。

そして、ぼくらが要求を無視したり、満足させる手段を持っていなかったりすると、身体は要求が満たされるまで、そわそわ落ち着かなくなる（トイレに行きたかったのに、トイレが見つからなかったときのことを思い出せるだろうか）。こうした一連のことは、あまりにもスムーズに行われているため、大方の人は、ほぼ完全に生理学的・遺伝学的なことなどまったく気にかけずに人生の大部分を過ごしている。

物事がうまくいっていたことに初めて気づくのは、何かちょっと調子が悪くなったときだ。そうなると、これからすぐに見ていくように、していたことさえ気づいていなかった目隠しがとれて、突然すべてがはっきり見えてくる。

毛髪の欠如＋静脈の拡張＋むくみ＋腎不全＝？——希少疾患患者ニコラスとの出会い

この地球には、あなたとまったく同じ人はひとりとしていない。

しかし、次のことははっきりさせておこう。あなたは遺伝子的に唯一無二の存在だけれども（一卵性双生児は例外だが、その場合でもエピゲノムは大きく異なっている可能性が高い）、あなたに非常に似ている人ならたくさんいるのだ。

とはいえ、人を他人と違うものにする原因は、前章で見てきたイーサンのケースのように、ほんのわずかな遺伝子の変異だけ、ということがある。このちょっとした違いが、重大なインパクトを与えて、ぼくらの人生を変えてしまうのだ。そして、こうした変異がきわめてユニークなものである場合には、同じ変異を持つ人を地球上で探すことが、とても難しくなる。もしあなたが遺伝学者だったら、人を唯一無二にしているものを見つけて研究していると、人類全体を見る目が完全に変わってしまうこともあるだろう。そして遺伝子学者たちがそうした種類の発見に実際に恵まれれば、それが世界中の何百万もの人に新たな治療法をもたらすきっかけになる場合だってある。

希少疾患には、そういった贈り物を与えてくれる力があるのだ。遺伝子的に例外な人のどこが違うのかがわかれば、自分たちの人生をまったく違った目で見ることができるようになる。稀な遺伝子疾患を持つ人が垣間見せてくれる姿を通して自分の遺伝的な姿を新しい目で見れば、人々を助ける医学的発見や治療法につながる道が開ける。

ここでニコラスを紹介したいのも、そのためだ。

ニコラスは、多くの理由で、若い「先生」だった。彼がこの世に存在すること自体がありそうもない事実だったことを考えると、彼から学べることがたくさんあることはわかっていた。ニコラスは世界でも非常に稀な「寡毛症・リンパ浮腫・毛細血管拡張症候群（ＨＬＴＳ）」を抱えていたのだ。

ニコラスがほかの人と違うことは、熟練したディスモルフォロジストでなくてもすぐに見抜ける。けれども、その差異が、すでに判明している原因によってもたらされていることを知るには、ぼくのような者の案内が必要だろう。

輝く青い瞳を持ち、常に何かを熟考しているような顔つきをしているこのハンサムな少年は、思わずこちらもつられて笑顔を作ってしまうほど満面に笑みを浮かべることがあった。彼はまだ10代はじめの少年だったが、その気質の何かが、歳にそぐわぬ賢者のような風格を与えていた。

そうした特徴があまりにも衝撃的で、人の目をくぎづけにするため、初めて彼に会った人は、この症候群の名称の由来になった他の特徴を見逃してしまいがちだ。それは、寡毛症（髪の毛がほとんどないこと）、リンパ浮腫（周期的なむくみに襲われること）、そして毛細血管拡張（皮膚の表面に静脈が浮き出ること）である。

毛髪の欠乏（ニコラスの毛髪は、頭のてっぺんに一筋の赤毛がひょろっと生えているだけだった）と皮膚の表面にうっすら現れているクモの巣のような静脈のふくらみは、主に美容上の問題だ。そうした問題がとるに足りないものだというわけではないが、命にかかわるものではない。だが、むくみは別問題だった。

　ふだんぼくらの身体では、日々の生活の中で細胞組織に集められるさまざまな水分が手際よく移動させられている。ときおり感染症やけがにより、ある場所に水分がふだんより長く留まることについては、だれでも人生のある時点で経験したことがあるだろう。たとえば、かかとや手首を捻挫したことがあったら、そのあとどんな経過をたどるか、よくご存じに違いない。多少の腫れやむくみは治癒過程の正常な一部で、通常、身体にとっていいことだ。けれどもＨＬＴＳを抱えている人にとって、むくみは、けがへの反応としてではなく、リンパ系の機能不全と考えられる継続的な症状として現れる。これは健康的な反応とはとても言えない。

　ＨＬＴＳは、世界中探しても1ダース未満の患者しかいない非常に稀な疾患だが、この3つの症状の組み合わせは、この疾患を持つ患者ではよく見られるものだ。けれどもニコラスは腎不全も患っており、腎臓移植を切実に必要としていた。ぼくらが知る限り、腎不全はＨＬＴＳ患者にとって決して「正常」なことではなく、ぼくらはその謎の答えを求めて世界中を駆け回ることになった。

　旅の多くがそうであるように、この旅も地図から始まった。だがこの地図に含まれていたのは、幹線道路の番号や通りの名前ではなく、当時ぼくらが知る限りニコラスのゲノムにしかなかった特定遺伝子の住所だった。こうしたＤＮＡ配列のすべての文字を、ＨＬＴＳの患者ではない人の既知のゲノムに照合し、枝分かれする地点を探した結果、ＨＬＴＳはＳＯＸ18（ソックス・エイティーン）という遺伝子の突然変異がもたらしていることがわかった。

　ときどきぼくは研究している遺伝子に愛着を抱いてニックネームをつけることがある。ＳＯＸ18

は、ジョニー・デーモン遺伝子と呼ぶことにした。かつてボサボサのあごひげを生やしていたデーモンは野球選手で、ボストンにいたレッドソックス時代に背番号18番をつけていた。その後、因縁のライバルだったヤンキースに鞍替えしてからも、ニューヨークで18番をつけつづけた。

ヤンキースがデーモンをヘッドハンティングしたのは、チームへの貢献を期待したからだ。当時彼は、11シーズンを通して通算打率2割9分を誇り、常に盗塁の危機感をあおり、外野の守備も万全だった。

遺伝子もそうだが、プレーヤーの過去の成績がわかれば、将来の成績がずっと楽に予測できる。ヤンキースに移籍してからの4シーズン、デーモンは2割9分に近い打率を維持しつづけた。だが、ブロンクスでの最終シーズンには、100回近くも三振を取られ（これは不運な自己最高記録だった）、盗塁数も今までの野球人生でシーズン最低、そしてアメリカンリーグの左翼手最多エラーのタイ記録を作ってしまった。2009年のシーズン終了時、フリーエージェントになったデーモンとの再契約に、ヤンキースは首を縦に振らなかった。

遺伝子もこれと同じように働く。特定の遺伝子が正常な状況でどう働くかがわかれば、ベンチマークを定めることができるため、予想通りに働いているとき、いないときがわかるのだ。SOX18遺伝子の場合、HLTSを抱える人々が教えてくれるのは、この遺伝子が通常果たしている役割の重要性だ。SOX18遺伝子は、組織の中や割れ目に漏れ出す過剰な水分を引き戻すメカニズムの発育を助けているのである。

これはとても役に立つ情報だ。とはいえ、もちろん、なぜニコラスが腎不全に苦しんでいるのかについては説明してくれない。

HLTSとニコラスの腎不全の組み合わせは、ただの偶然だったのだろうか？　確かに、まったく遺伝学的に関連していないふたつ以上の類似疾患にかかる人は世界中にいる。もしかしたらニコラスも、そうした不運な人のひとりだったのかもしれない。それでもぼくには、どうしてもそう思えなかった。ぼくは、このSOX18の突然変異と腎不全の関連性の謎を解明することに取り憑かれた。とくに、まったく説明がつかないことがたまらなかった。そこで、ニコラスを案内役として、ぼくらはもうひとつの冒険に旅立ったのだった。

10億人にひとりをもうひとり探すという無謀な医学的冒険

突然変異が特定できる患者に出会ったとき、その変異がオリジナルのものか、それとも遺伝したものなのかを知ることは有益であるだけでなく、ときには患者の生死を分けることにもなる。そのため、ぼくらが真っ先にやることのひとつは、患者の両親のDNAを調べて、どちらかの親の突然変異が遺伝したのかどうか、知ることだ。患者の両親の遺伝子に、患者と同じ突然変異が見当たらない場合、それは「デノボ」と呼ばれる新たな遺伝子変異である可能性がある。とはいえ、それがオリジナルな変異であるとすぐに決めつけることはできない。なぜなら、よくある人間の弱点——浮気——を考慮しなければならないからだ。

ご想像に難くないように、この点について調べることは、患者の両親のあいだに厄介で危険な口論をもたらしかねない。とりわけ、発見された遺伝病が、当人以外にとっても生死にかかわるものである場合には、なおさらだ。

ニコラスの場合、両親のＤＮＡのいずれにも、遺伝子の突然変異は見出されなかった――父親が実父であることを確認したのちにも。というわけで、さきほど言ったように、ぼくらが見ていた症例は、デノボ突然変異のはずだった。

だが、ひとつ悲劇的な事実があった。ニコラスが生まれた翌年、彼の母親ジェンは、また妊娠した。だが妊娠7か月目にジェンの容態がとても悪くなり、診察した結果、お腹の赤ちゃんが危険な状態にいることが判明した。その後すぐに緊急の手術を行ったのだが、赤ちゃんを救うことはできなかった。そして亡くなった赤ちゃんのＤＮＡを検査したところ、兄と同じＳＯＸ18遺伝子の変異を抱えていたのである。ニコラスはひとりぼっちではなかったのだ。

では、この兄弟は、まったく同じ新たな突然変異を別々に引き起こしたのだろうか？　それはあまりにもありえないシナリオだった。それよりぼくは、ニコラスの両親の片方の生殖細胞に突然変異があったのではないかと推測した。このタイプの遺伝パターン、つまり、突然変異を持たない両親に同じ遺伝子変異を持つ子供がふたり以上生まれた場合、それは「生殖細胞系列モザイク現象」と呼ばれる。

さて、ニコラスがＳＯＸ18遺伝子の突然変異を受け継いだと思われる方法がわかったため、ぼくはさらに掘り下げることができるようになった。そして調査を進めた結果、あることが何度も浮かびあがってきた。ほかにもニコラスと同じ疾患を抱えていることがわかっている少数の人は、ホモ接合型の突然変異をＳＯＸ18遺伝子上に持っていた。つまり、そういう人は、変異遺伝子のコピーをふたつ持っているのだ。しかしニコラスは、天邪鬼（あまのじゃく）なＳＯＸ18遺伝子のコピーをふたつではなく、ひとつしか持っていなかった。つまり、彼はヘテロ接合型の突然変異をＳＯＸ18遺伝子上に持っていたことになる。他の「保有者」の両親も、みなヘテロ接合型で、ニコラスと同じように、ＳＯＸ18遺伝子に突然変異のコピーを1個だけしか持っていなかった。にもかかわらず彼らは、ニコラスとは違ってＨＬＴＳを発症していなかった。このことは、遺伝学的に正しく考えれば、ニコラスはＨＬＴＳを発症するはずがなかったことを意味する。

遺伝学では、ひとつの疑問に答えを出そうとすると、5つ疑問が生じてしまうことがよくある。ぼくらがニコラスのために望んだのは、こうした疑問すべてが、ぼくらを腎不全の理由解明に近づけてくれることだった。彼の症例を見直すために一歩下がって考えたとき、ぼくの頭に浮かんできたのは、次の疑問だった――ニコラスの例外的な腎不全は、他の疾患、つまり遺伝子的に近いけれどもＨＬＴＳとは異なる疾患が原因なのではないか？

理論はあくまで理論だ。その正しさあるいは誤りを証明する試みは、もちろんまったく別の話である。理論を証明するためには、もう1本の遺伝学的な針を70億人の人々からなる干し草の山から拾わなければならない。現実的に言って、ニコラスとまったく同じ遺伝子変異とまったく同じ症状を持つもうひとりの人間を探し出せる可能性は、限りなくゼロに近かった。これほどの可能性のなさを考えると、失敗するのは目に見えていた。でもだからこそ、やってみる価値があると思えたのである。

こうして、ぼくは、答えを求めるまともな遺伝学者なら、だれもがすることをした。旅に出たのである。ニコラスの症例を世界中のできる限り多くの医学学会で発表しながら、ニコラスに似通った症状を持つ患者を見たことがあるという人が現れるのを願って。

今考えると、ぼくは何を考えていたのかと思う。それが実際に生じることなど、ほぼ不可能に近かったのに。それでも、そうなればニコラスが助けられるだけでなく、厖大な量の貴重な医学的知識が提供できることになるとわかっていたから、少なくとも、ダメモトでやってみる価値はあった。

今まで再三見てきたように、ニコラスのような珍しい疾患が理解できれば、ぼくらの人生をよりよいものに変えていくための大きな力を得ることができる。ありがたいことに、非常に複雑な医学ミステリーの解明に尽力している遺伝学者や医師は世界中にいる。そしてそのときぼくは知らなかったのだが、ニコラスの症状に酷似した患者の謎を追求していた献身的な医師と研究者のチームが、まったく違う大陸に存在していたのだ。そして、信じられない低い確率にもかかわらず、彼らの患者、トマスも、HLTSを抱えていたのである。

ニコラスとまったく同じように、同時にHLTSを抱えていた他の数名とは異なり、トマスはSOX18遺伝子の変異のコピーを1個しか持っていなかった。そして、決定的なことに——ぼくはあまりのことにぼう然としてしまった——彼も腎不全を抱え、腎臓の移植手術を受けていたのだった。

何より重要だったのは（この点はぼくらもまだ解明できていないのだが）、トマスはニコラスと同じ臨床的な特徴を備えていただけでなく、驚くことに、SOX18遺伝子のひとつにまったく同じ突然変異を持っていたのである。

ついにトマスの写真を目にしたときの経験は、まさにシュールなものだった。ある晩遅く、ひとりで自分の診察室にいたとき、ＰＣ画面からぼくを見つめていた男性は、14歳のニコラスが38歳になったときの姿――いや、それはニコラスの38歳の分身だと誓ってもいい――そのものだった。

ふたりとも同じ堂々とした、ほとんど毛髪のない頭をして、アーモンド型の目も同じ、ふっくらとして赤く弓なりに沿った唇も同じ、そして何より、同じ種類の思慮深い顔つきをしていた――まるでふたりとも同じ物質からできているかのように。

ふたりがたどってきたものすごく困難な道のりを考えれば、ある意味、そうだったのかもしれない。

現在のところ、歳の差と６４００キロの距離で隔てられたこのふたりの人間が、信じられないほどよく似た遺伝病の症状、外見、そして世界中でこのふたりだけが持つ腎不全を含めた医学的経緯を持つようになった謎は、まだ解明されていない。

この類似性は、他のすべてのことを含めて、たったひとつの結論をもたらすことになった。つまり、ぼくらはまったく新しい疾患を目にしていた、という結論だ。

次に「寡毛症－リンパ浮腫－毛細血管拡張－腎機能不全症候群（ＨＬＴＲＳ：追加のＲはrenal（腎臓のＲ））」と診断される人が手にする恩恵は明らかだろう。ニコラスは父親ジョーから何よりの素晴らしい贈り物、つまり新しい腎臓をもらって手術した後、かなり順調に回復している。学校の成績も上々だ。診察や入院であれだけ多く学校を休まなければならなかった少年にしては、素晴らしい手柄だと言えるだろう。

ニコラスはまた、かつての引っ込み思案の殻を脱ぎ捨て、人付き合いの才能を開花させている。彼が、素晴らしい支援を与えつづけてくれる愛情深い家族に恵まれた特別な少年であることはもちろんだ。だが実際的な生活の質の向上はまた、彼の症状がより正確に見きわめられるようになったあとに受けた綿密な医学的管理と、多くの専門分野にわたる医師と研究者のチームによるケアのおかげだと言えるだろう。

そして、ニコラスとトマスに効果があった治療法は、次に同じような症状を持つ人が現れたら、まっ先に試されることになるだろう。次に来る患者が、世界には仲間がいるということを今までよりずっと早く知ることができるようになるのは、言うまでもない。

もちろん、ここで話していることは、10億回に1回あるかないかの状況だ——確率はもっと低いかもしれない。次にこうした患者が現れるのは、ずっと先のことになるだろう。

では、こうしたことすべてはぼくらにとって、どんな意味があるのだろう、と読者の方は思われるかもしれない。

実は、かなり深い意味があるのだ。

6000もの希少疾患こそが、ぼくらの人生をよりよく変える

今日、希少疾患は判明しているだけで6000種類を超えている。全部ひとまとめにすると、3000万人ものアメリカ人がその影響を被っていることになる。[1] これは、アメリカに住んでいる

人のほぼ10人にひとり、あるいは、ネパールの全国民を上回る数にあたる。

この数がどれほどのものであるかを知るよい方法は、サッカースタジアムを想像してみることだ。観客はほぼ全員が白シャツを着ているけれども、10列ごとに赤いシャツを着た人が座っていると思ってほしい。さて、スタジアム全体を眺めたらどんなふうに見えるだろうか？　赤がすごく目立つはずだ。

次に、赤いシャツを着ている人が、それぞれ封筒を手にしていると考えてみよう。封筒には1枚の紙きれが入っていて、文がひとつ書かれている。そうした文をすべて結びつけたものは、スタジアムにいる人すべてに関わる話になる。

希少疾患の研究は、そんなふうにして、すべての人の役に立つ。すでにぼくらは、ＳＯＸ18遺伝子に突然変異のあるごく少数の人が、この遺伝子がリンパ系の構築に寄与する方法を教えてくれる例を見てきた。

そして、ニコラスとトマスがぼくらを助けてくれるのも、この点だ。がんの多くは、リンパ系を乗っ取り、それを通して体中に広まる。このプロセスにＳＯＸ18が関与する様子をマッピングすれば、特定のタイプのがん治療で切望されている新しいターゲットが提供できる。さらにニコラスとトマスは、健康な腎臓を支援するＳＯＸ18遺伝子の役割についても教えてくれるかもしれない。

だからこそ、ニコラスやトマスをはじめ、ぼくらの仕事を支えてくれる遺伝病を抱えた人たちには、何にもまして感謝すべきなのだ。医学の発展の歴史を振り返って考えると、彼らは、自ら手にするよりずっと多くの潜在的な医学的恩恵を、他人に施していると言えるだろう。

これは新しいコンセプトではない。現代の遺伝子医学に関する理解をはるかに遡るコンセプトだ。1882年のこと——グレゴール・メンデルの死の2年前——今や病理学の父のひとりとみなされているジェイムズ・パジェットという名の医師が、希少疾患を抱える人々を「〝珍しい〟とか〝運が悪い〟などといった浅はかな考えや言葉で片づけてしまうのは恥ずべきことだ」とイギリスの一流医学誌『ランセット』で述べている。

「そういう人の中に、意味を持たない者などひとりもいない」とパジェットは続ける。「素晴らしい知識のきっかけをつくってくれない者など、ひとりもいないのだ。もし我々が、なぜそれは稀なのか、あるいは、その稀な疾患は、なぜこのタイミングで生じたのか、という問いに答えを出そうとするならば」

パジェットは何を言おうとしていたのだろうか？　それを知るために、医学史上もっとも成功した薬の話に思いを巡らせよう。稀なことが、一般的なことをいかに明白に説明してくれるかがわかるだろう。

「医薬史上最大のブロックバスター薬」誕生秘話

ぼくらは脂肪を必要としている。十分な脂肪をとらないと、人生はかなり不快なものになる——食事の面からだけでなく、生理学的な面からも。超低脂肪ダイエットは、ビタミンA、D、Eといった脂溶性ビタミンの吸収を妨げるし、ある種の人々に対しては、うつや自殺との関連性が示されている。[2]

けれども、人生における多くのことと同様に、身体に悪いものを摂りすぎることは、ぜんぜん難しいことではない。そして、多くの人にとって高脂肪の食習慣の代償は、低比重リポ蛋白コレステロール（LDL、いわゆる悪玉コレステロール）が多くなりすぎることだ。過剰なLDLが血中にあふれていると、アテローム性動脈硬化症（artherosclerosis）が引き起こされる危険性がある。これは「*athero*」（ペースト）と「*skeleros*」（硬い）という古代ギリシア語に由来する言葉だ。「硬いペースト」とは、動脈壁の一部に築かれるプラークにぴったりのイメージだ。これが生じると、生命の存続に欠かせない血液の通路が狭まって柔軟性が失われる。何も気づいていない人を心臓発作や脳卒中にかかりやすくする命取りのコンビネーションだ。

残念なことに、これはまったく稀な疾患などではない。心血管疾患（CVD）にかかっているアメリカ人はおよそ800万人におよぶ。この病気はアメリカ第1位の死因で、毎年およそ50万人の命を奪っている。[3]

だが、もし家族性高コレステロール血症（FH）と呼ばれる非常に稀な遺伝病に出会わなかったら、CVDはまったく理解されていなかったかもしれないのだ。

1930年代後半、カール・ミュラーという名のノルウェー人の医師が、家族性高コレステロール血症を調べはじめた。この病気は言ってみれば、遺伝により、非常に高いコレステロール値を受け継ぐものだ。ミュラーが発見したのは、FHを抱えて生まれてきた人が、後にLDLを増やすというわけではないことだった――FHを受け継いで生まれてきた人は、最初からLDLの値が高いのである。

ぼくらの身体が機能するためには、ある程度のコレステロールが必要だ。コレステロールは、多くの種類のホルモンやビタミンDなどを作るとき、身体が最初に使う材料なのだ。けれども血中に過剰な量のコレステロールが浮かんでいると、心臓疾患に関連する合併症によって命を失いかねないリスクにさらされる。FHを抱えた人々にとって、そういった運命は、人生の初期でさえ襲ってくる。なぜなら、他のほとんどの人とは異なり、LDLを血中から肝臓に簡単に動かすことができないのだ。その結果、きわめて高濃度のコレステロールが循環系に閉じ込められてしまうことになる。

通常の場合、ぼくらの身体は、FHに関係があると考えられている遺伝子のひとつ、LDLR（エルディーエルアール）を使って、肝臓がLDLを吸い取るために利用する受容体を作る。ふつうはこれによって、血中に増えたLDLが酸化反応を起こして心臓に害を与えるのを妨げられるはずだ。だが、FHを引き起こす変異のあるLDLR遺伝子のコピーを抱えている人では、正常なコレステロールの移動が阻止されるため、心血管に残された多量の脂肪が暴れまわる可能性がある。

こうした遺伝子変異のコピーをふたつ持つ男性が、30代か、あるいはもっと若い時点で、心臓発作により命を落とすことは珍しくない。これは、たとえ日ごろマラソンをやり、史上最強のヘルシーな食習慣を実践していたとしても起こりうる。

当時ミュラー本人は想像だにしなかったろうが、実のところ彼は、医薬史上最大のブロックバスター薬（超大型新薬）のひとつを開発する概念段階の構築を助けていたのだった。

大部分の人の高いＬＤＬ値が食事療法と運動によって下げられることは、ずっと前からわかっていた。しかしＦＨを抱えた人にはそれでは不十分なため、ミュラーの後に続いた人は、この稀な疾患に関連する高いＬＤＬ値を低く下げる他の方法を模索していた。彼らが編み出した解決策は、ＨＭＧ－ＣｏＡ（エイチエムジー・コーエイ）還元酵素と呼ばれる酵素を標的にする薬だった。この酵素はふつう、夜間の睡眠中に、より多くのコレステロールが生合成されるのを助けている。そのため、この酵素をブロックすれば、血中ＬＤＬ濃度が下げられるかもしれない、と考えたのだ。あなたはこのグループの薬のことを聞いたことがあるだろう。むしろ、ひょっとしたら、毎日飲んでいるかもしれない。

リピトールという商品名で知られているアトルバスタチン*は、スタチン系薬剤として知られている薬の中で、もっとも人気のあるもののひとつだ。ブロックバスター薬として成功し、現在世界中の何百万人もの人に処方されている。しかし残念なことに、ＦＨをもたらす変異を受け継ぎ、基本的な医学的知識の発展に寄与した人たちの一部にとって、リピトールは一般の人に対するほどの効果は発揮しない。そうした人たちのために、いくつか有望な新しい稀用薬（オーファンドラッグ）〔その薬を必要とする患者数が少ないため、政府の補助で開発される薬剤〕が開発され、現在認可を待っているところだが、一部の人は、肝臓移植のほかに血中ＬＤＬ濃度を管理下に置く有効な手段はない。

しかし、それ以外の高コレステロール血症に悩む数百万人にとっては、リピトールはまさに命の

＊　アトルバスタチンは、最初に開発に成功したものではないが、もっともよく知られているスタチン系薬剤のひとつだ。

恩人だ。冠動脈疾患でこの世から早々と退場するのを防いでくれるのだから――その原因が遺伝子ではなく、気ままなライフスタイルに根ざしたものだったとしても。

こと薬について言えば、それをもっとも必要としている人――そしてもっともその薬に値する人――は、最初にその薬を手にする人ではないことがよくある。そしてときには、まったく手にできないこともある。

とはいえ、これから見ていくように、必ずそうであるとは限らない。

アルツハイマー病患者に光をもたらすことはできるか

ときおり、遺伝子の発見と革新的な治療手段の開発とのあいだには、何十年ものタイムラグが生じる。その例が、前に述べたPKU（フェニルケトン尿症）の治療法の探求だ。1930年代中盤のアズビョルン・フォーリングによる疾患の発見から、ロバート・ガスリーによる業績のおかげで、ほぼだれでも検査が利用できるようになるまで、何十年もの月日がかかった。

しかしときには、事態がもっとずっと早く進む場合もあり、こうしたケースは嬉しいことに、近年ますます増えている。アルギニノコハク酸尿症（ASA）もその一例だ。これは、尿素サイクルに影響を与える代謝疾患で、身体が正常な量のアンモニアを捨てられなくなるものだ。

どこかで聞いたことがある、と思わなかっただろうか？　そう、ASAは、シンディとリチャードの疾患、OTC欠損症（オルニチン・トランスカルバミラーゼ欠損症）にとてもよく似ている。OTC欠損症の場合と同じように、ＡＳＡを患っている人も、有毒なアンモニアを無害な尿素に変えていく経路に問題があるのだ。

ＡＳＡを患う人は、認知の遅れも抱えることがよくある。当初、そのような神経的影響は、リチャードの例のように、過剰なアンモニア濃度がもたらしているものと考えられた。しかし医師たちは、ＡＳＡを患う人では発達に関する問題が常時生じており、たとえ、血中アンモニア濃度を一貫して低く保てるようになったとしても、発達の問題は時が経つにつれて悪化するらしいことにすぐ気がついた。

けれども最近、ベイラー医科大学の研究者たちは、一部のＡＳＡ患者が抱えているもうひとつの症状に焦点を合わせはじめた。それは理由のつかない高血圧だ。研究者たちには、血圧を低く抑えるには、一酸化窒素という単純な分子がとても重要であることがわかっていた。さらに、ＡＳＡはある酵素が欠陥を抱えることで引き起こされるのだが、その酵素はまた、体内で一酸化窒素を生成する経路の主要ルートになっていることもわかっていた。

これらを考慮に入れ、ベイラー医科大学のチームは、アンモニアに関連する問題のいくつかはとりあえず棚上げし、その代わりに、一酸化窒素のドナーとして働く薬をＡＳＡ患者に直接投与することに焦点を定めたのである。すると驚くなかれ、患者の記憶と問題解決能力に、期待できる改善が見られたのだ。さらには、ボーナスとして、血圧も正常化した[4]。

根治療法とはとうてい言えないものの、この決定的な関連性を打ち立てるには、数十年どころか、たった数年しかかからず、その薬はすでに一部の医師によってＡＳＡの長期的な症状の治療に使われている。さらにこれは、一酸化窒素の欠乏の関与が疑われるアルツハイマー病のような、もっと一般的な疾患の解明にも、情報を提供するという形で貢献した。これも、希少疾患が何らかの方法で、すべての人に関わる病気に光をあてられることを思い出させる例のひとつだ。

なぜ遺伝学者が「スーパー耐性菌（バグ）」に効く新薬を発見できたのか？

希少疾患を抱える人がぼくらを助けてくれる方法は、ときに、とても単刀直入なものになる。すでに見てきた例では、高コレステロール血症と心臓発作を引き起こすFHのような遺伝病に関する研究がリピトールなどの薬剤の開発を導き、医師は今やそれを使って、何百万もの人を治療できるようになった。

だが、ぼく自身が経験した発見と医薬開発への道のりは曲がりくねったものだった。目立たない遺伝子疾患から新しい治療法への道筋は、ときおり一直線とはいかないことがある。希少疾患の研究に対するぼくの尽きせぬ関心は、最終的に、ぼくが「シデロシリン」と命名することになった新たな抗生物質の発見に結実した。この抗生物質のとくに革新的なところは、従来の薬剤が効かない「スーパー耐性菌（バグ）」による感染症をターゲットにして、スマート爆弾みたいに働くことだ。

だが1990年代の末、ヘモクロマトーシス（血色素沈着症）という疾患の研究に没頭していたぼくは、抗生物質にはまったく興味がなかった。ヘモクロマトーシスは食物から過剰な鉄分を体内に吸収してしまう遺伝病で、一部の人は、肝臓がんや心不全にかかったり、早すぎる死を迎えたりしてしまう。ヘモクロマトーシスの研究が教えてくれたのは、この遺伝病に関する原則のいくらかを応用すれば、キラー微生物を標的にした薬が作れるということだった。

アメリカ疾病対策センターによると、アメリカだけでも、従来の薬が効かないスーパー耐性菌で命を落とす人は毎年2万人を超えている。細菌がそれほどまでに致死的なものになっている理由は、ぼくらが医学的兵器庫に抱えている抗生物質のすべて、とまでは言わないものの、その多くのものについて細菌が耐性を獲得してしまったからだ。だからこそ、ぼくの発見した薬には、何百万人もの人々の治療に使われ、毎年何千人もの命が救える可能性がある。

だが、ぼくが最初にこの薬の開発を提案したとき、ヘモクロマトーシスとスーパー耐性菌感染とのあいだに科学的に確立された直線関係はなかった。実のところ、共同研究を行っていた他の研究者の多くは、なぜぼくが耐性菌とヘモクロマトーシスというふたつの異なる問題を同時に研究しているのかと、首をかしげていた。今ではその理由を理解しているけれども。

希少疾患の研究を通して得た知識は、ぼくに20件の世界的な特許をもたらしてくれた。人間に対するシデロシリンの臨床研究も近いうちに開始する予定だ。これは、ごく一部の人に関与する稀な遺伝病から得た知識を応用すれば、世の中すべての人に関与する新たな治療選択肢がもたらせることを示してくれる、ぼく自身が経験したもっともわかりやすい例だと思う。

稀な遺伝病は、ほかの方法でも人々の役に立つ。これからすぐに見ていくように、たかが数センチのために、よかれと思ってかえって自分の子供に害を与えてしまう、などということを思いとどまらせてくれる手段にもなるのだ。

ある病気と引き換えに、がんに対する免疫を備えられるとしたら?

遺伝のしがらみから自由になったときのことが想像できるだろうか。さまざまながんのリスクをもたらす遺伝子のことを忘れ去ることができたら……。オーケイ、そうするには代償を支払わなければならないことは認めよう。でも1個だけ。それもちょっとした代償だ――ラロン症候群を抱える必要があるだけだから。

この症候群を抱える人は、治療しないままになると、身長が150センチ以下になり、ひたいが突き出し、目が落ちくぼみ、鼻梁が平らになり、顎は小さめになり、体幹肥満になる。世界で約300人の患者が確認されており、その約3分の1が、エクアドル南部ロハ県のアンデス高原にある人里離れた村々に住んでいる[5]。

だが、彼らはみな実質的に、がんに対する免疫を備えているらしいのだ。

なぜかって? それを理解するには、ゴーリン症候群という、ラロン症候群とはスペクトラムの反対側に位置するもうひとつの遺伝子疾患について、ちょっと知っておいたほうがいいだろう。ゴーリン症候群を抱える人は、基底細胞がんと呼ばれる皮膚がんの一種にかかりやすい*。基底細胞がんは、長年にわたって太陽の光を浴びてきた成人のあいだで比較的よく見られるがんだが、ゴーリン症候群の人は、太陽の光をさほど浴びなくても、このタイプの皮膚がんを10代という早い時期に発症することがある。

ゴーリン症候群には約3万人にひとりがかかるが、その多くは、診断されないままになると考えられている。ふつう、本人か家族のだれかががんの診断を受けるまで、自分がそれにかかっているとは気づかないことが多い。とはいえ、だれにでも見分けられるディスモルフォロジー的なヒントが現れていることもときにはある。それは、巨大頭蓋症（大きな頭）、眼窩隔離症（目が離れている）、足の第2第3指間の合指症[6]（足の人差し指と中指のあいだに水かき状の皮膚がある）だ。これ以外によくある診断上の特徴は、手の平の小さなくぼみと、胸部X線写真で見られるユニークな形の肋骨だ。

では、なぜゴーリン症候群の人たちは、太陽の光を浴びなくても、皮膚がんのような悪性腫瘍にかかりやすいのだろう？　この質問に答えるには、ぼくらの身体はふつうこの遺伝子を使って、細胞の増殖を抑えるために不可欠なパッチト・ワン（Patched-1）という名のタンパク質を作る。けれども、ソニック・ヘッジホッグ（Sonic Hedgehog）と呼ばれるタンパク質が、パッチト・ワンが正常に機能していないゴーリン症候群の患者に現れると、細胞の増殖を抑制していた手は緩んでしまい、細胞は自由に分裂できるようになる。こうして細胞は、どんどん無制限に分裂を続けてしまう[7]。

もちろんこれは問題だ。というのは、今まで何度も見てきたように、無制限の成長は、いわば細胞の無政府状態みたいなものだからだ。そして残念なことに、その結果はがんをもたらす。

わかったよ、じゃあ、ゴーリン症候群は、ラロン症候群について何を教えてくれるんだい、と読

＊　毎年およそ200万件の症例が新たに見出されている基底細胞がんは、アメリカでもっともよく見られるタイプの皮膚がんだが、致死率がもっとも高い種類ではない。もちろん基底細胞がんにかかった人が、みなゴーリン症候群を抱えているわけではない。

者のみなさんは思っているかもしれない。突き詰めて言うと、ゴーリン症候群は、ある意味で、ラロン症候群の正反対の姿を示しているのだ。片や細胞の増殖が促され、片や細胞の増殖が抑制される。ラロン症候群を引き起こすのは、成長ホルモンの受容体に生じた突然変異だ。この変異により、ラロン症候群を抱える人は成長ホルモンに対する感受性を失ったり、免疫ができたりする。彼らの背がかなり低い理由もそのせいだ。

ゴーリン症候群の人が抱える細胞の無政府状態にひきかえ、ラロン症候群の人では、細胞増殖に対する厳しい締めつけが生じている。言ってみれば、細胞の極端な全体主義だ。

さて、政治的には、イデオロギーとしての全体主義にためらいを感じる人もいるだろう。だが生物学的な観点から見ると、これは素晴らしい成功なのだ。もしそうでなければ、あなたはこの本を読んではいないだろう。ぼくだってそうだ。地球上のあらゆる多細胞生物がいなくなってしまう。というのも、あなたやぼくを含めたあらゆる多細胞生物は、たとえどんなことがあろうとも細胞の絶対服従を促す生物学的全体主義の産物であるからだ。潜在的に誤った動作をしている細胞は、表面にある受容体によって服従を強いられる。そしてそうした細胞は「セップク」、すなわち「ハラキリ」を強要される。それは医学用語で「アポトーシス」として知られる、あらかじめプログラムされた細胞の自殺だ。

名誉を汚した「サムライ・ウォリアー」(武士)と同じく、厚かましくも群衆の一員(数十兆個のうちの1個)であることに飽き足らず野望を抱いた細胞は、自らの命を絶たなければならないと、あらかじめプログラムされている(また、ときに、そう命令される)。これと同じメカニズムによって、病原体に感染した細胞も、微生物の侵入者から身体を守るために自らを犠牲にする。さらには、すでに学んだように、胎児の発育中に手足の水かきをとり除くメカニズムもこれだ。もしこうした細胞が死ななかったら——ある種の遺伝病に見られるように——あなたの手はミトンみたいになってしまうだろう。

だからこそ、ほかのすべてのことと同じように、平衡が欠かせないのだ。成長を抑制するプロセスは、成長が必要なときとバランスをとる必要がある。ちょっとした切り傷から重大な事故まで、けがをしたときに何が起きたか考えてみよう。そのとき、あなたの身体が——自動的に——傷を修復して再構築したことを思い出してみてほしい。そうしたことすべては、細胞の生と死のあいだで、1日のあいだに、何百万回にもわたってバランスがとられているプロセスの結果なのだ。

あなたはこのバランスを乱したいと思うだろうか？

でも実際のところ、あなた自身、または知り合いが、すでにそんなことをしてしまっているかもしれない。

子供の背を少し伸ばすための成長ホルモン剤、その恐ろしすぎるリスク

背が高いことには、それなりの利点がある。背の高い子は、いじめられる割合も低いし、スポーツ競技で試合に出場できるチャンスも多い。研究によると、長身の大人は、背の低い大人に比べて、ステータスが高い仕事や権力のある仕事に就きやすく、平均的に言って、背の低い同僚より高い給

料を手にするという。[8]

もちろん例外もある。有名な例外は、ナポレオン・ボナパルトだろう。だが実際は、「身長の上でのハンディキャップ」がある人として世界でもっとも有名なこの男は、そこまで低身長ではなかったようだ。19世紀への変わり目の当時、フランスの「インチ」は、イギリスの「インチ」より少し長かった。そのため、ナポレオンの熱烈なファンとは言い難いイギリス人は、彼の身長を5フィート（152・4センチ）としたが、実際には5フィート5インチ（165・1センチ）に近く、もしかしたら5フィート7インチ（170・2センチ）ぐらいあったかもしれない。これなら、当時は背が低いとはまったく言えなかったはずだ。[9]

しかし、フランスのインチだろうが、イギリスのインチだろうが、こと身長に限っては、1インチでも欲しいのが人情だ。それに、正直なところ、踏み台なしに棚の一番上に手が届く人が周りにいるのは、便利なことでもある。

患者が小児専門の内分泌医を紹介される理由のうち、2番目に多いのが低身長——あるいはそう思い込んでいること——だということの背景も、そこにある。目いっぱい成長しても背が低かったらわが子を愛せない、なんてことはないけれど、ぼくらの世代では、身長は実物財産だ。そして、著しい発育不全のある少数の子供が遺伝子組み換え型成長ホルモン（GH）療法を使えるようになって50年以上経った今、親たちは、子供の身長に実質的な影響を与えられること、そして理論的に子供の将来に有利な差（レッグ・アップ）をつけられる手段があることをはっきり認識するようになった。[10]

今日、GH（ヒト成長ホルモンを人工的に作り出したもの）が治療用に処方される疾患のリストはますます長くなってきており、その中には、これまで本書で見てきた疾患も含まれている。プラダー・ウィリー症候群（エピジェネティクスに関連づけられた最初のヒトの疾患）からヌーナン症候群（数年前にディナーの席で、ぼくが家内の友人であるスーザンが患っていることを見抜いた疾患）まで、GHをそこに注射することで効果が得られる人々がたくさんいることを、研究者たちは見出しているのだ。

そうしたものの一部は非常に重篤な疾患で、病に悩む子供たちのニーズを満たすため、GHの投与は不可欠だ。けれども多くのケースでは、GHの投与（通常、定期的に計画された注射による）は、身長の問題のためだけに行われている。たとえば、特発性低身長は、子供の身長が平均値より標準偏差の2倍以上低く、原因となる遺伝的、生理学的、栄養学的異常が見当たらない症状のことを指す。言い換えれば、そういった子たちは、背がたまたまとても低い、正常な子供たちなのだ。

そして、それこそアーラン・ローゼンブルームを煩わせている問題なのである。ぼくが、このフロリダ大学の内分泌学者（ラロン症候群の患者がめったにがんにかからないことの発見に貢献した研究者のひとり）に、子供たちに成長ホルモンを与えることについて懸念があるかどうかと尋ねたとき、彼はばっさりとひと言で答えた。「内分泌美容学（endocosmetology）」だと。これは、ローゼンブルーム（と急速に数を増している彼の仲間たち）が、子供の身長を伸ばすことへの親のあくなき願望を含め、成長ホルモンを美容目的で使用することを嘲って表現した言葉だ[11]。

でも、GHが子供に対して使用することに関するあらゆる規制のハードルをクリアし（その数は多かった）、疫学調査でもGHを投与された子供たちにおけるがんリスクの増加が見出されていないなら、なぜ心配しなければならないのか？

その答えを出すには、身体が成長ホルモンの急増を感知すると分泌する、インスリン様成長因子1（IGF－1（アイジーエフ・ワン））と呼ばれる物質について考えてみるとわかりやすいだろう。IGF－1は身長の成長だけでなく、細胞の生存も促進する。もしあなたがお子さんの小さな体格を数センチ押し上げようとしているなら、それはいいことかもしれない。

けれども、お子さんにGHの治療を受けさせる前に、次のことを考えてほしい。IGF－1はまた、アポトーシス、すなわち細胞の自殺を妨げると考えられているのだ。そして、細胞群が自分勝手に行動しはじめた場合には、危険な状態になりかねない。

それは、致死的な状況さえもたらしかねないのだ。

ローゼンブルームの考えでは、ほかの子に比べてちょっと背が低いというだけで成長ホルモンを子供に投与するのは、何十年も経たなければ十分にわからない不必要なリスク――最終的にはがんを引き起こすもの――に子供をさらすことにほかならない。そして彼は、子供の治療にGHを使うかどうかの決断は、子供たちの長期的な健康を考えて下されているというよりも、製薬会社が市場主導型の販売促進を行った結果である場合がますます増えていると確信している。

今日、GH薬の市場は数十億ドルを下らない。そして製薬会社は毎年何百万ドルものマーケティング費用を投じて、大切な子供の背が低すぎるのではないかと心配する親たちに対し、ほんとうの問題ではないかもしれないものに高額な薬剤による介入が必要だと吹き込んでいるのだ。

ラロン症候群を抱える人たちががんにかからない理由は、彼らの身体が成長ホルモンに反応できないからだとしたら、ぼくらはがんのリスクを受け入れて、同じホルモンを人工的に合成した薬を子供たちに注射しつづけていいのだろうか？　もしより多くの親がラロン症候群について知れば、成長ホルモン剤の投与にまつわる潜在的ながんのリスクを考えて、薬の使用を望むことが少しは減るかもしれない。

遺伝子が教えてくれる人生の秘訣

　１９６０年代の半ばにラロン症候群の研究が初めて記述されたとき、その何十年もあとに、がんに対する免疫という貴重な情報を与えてくれること、あるいは希少疾患の研究が難解な医学的知識以上のものを与えてくれることになることは、だれも予想だにできなかっただろう。けれども、本書でこれまでたどってきた遺伝学のオデッセイ〔長きにわたる放浪の旅〕で見てきたように、結局のところ、大多数の人々のために医学的ブレイクスルーの発見を助けるのは、たとえば高コレステロール血症にかかりやすい遺伝子を持っている稀な家族といった人たちなのだ。何より、ヘモクロマトーシスを抱えている家族を研究することにより、ぼくは新しい抗生物質を発見することができた。ぼくらは、希少疾患を持つ人ひとりひとり、そしてその家族たちに、医学的な贈り物を授けてくれたことに対して深い感謝の念を抱く義務がある。

　ぼくは長い年月のあいだに、希少疾患を抱える素晴らしい人々に出会ってきた。とはいえ、どの人についても、その人になった気持ちが想像できるとは言えない。ほんとうのことを言えば、それはだれにもできないことだろう。

けれども、医師と研究者という役割のおかげで、ぼくはユニークな視点を与えられてきた。実際それは、今まで会った中でもっともタフな人たちの世界を近くで眺められる、とても見晴らしのいい場所だ。患者、両親、伴侶、兄弟姉妹。そうした人々はみな、我慢強さ、思いやり、身体的忍耐力、そして強い心が試される困難な診断内容を告げられても、信じられないほどの不屈の勇気を示してきた。

たとえば、ニコラスの母親。長い歳月をかけて、ジェンは、息子のために断固とした揺るがない支援運動を展開して「カンフー・ママ」という評判を得た。

ぼくは一度、このニックネームのことをジェンに話したことがある。すると彼女は誇らしさで胸を膨らませた（そしてニコラスはヒステリックに笑い転げた）。それはいいことだ。なぜなら正直に言うと、医師は彼女のような親に促されて、子供たちの疾患を深く探り、クリエイティブに考えることができるからだ。

そしてまた、あなたを今日いるところに連れてくるために日々生じてきた一見とるに足りない物事がある。そうした物事に感謝すべきことを教えてくれる機会は、どこにでもある。それは、何かがうまくいかなくなるという滅多に起きないことが起こるまで、気づくこともなかった出来事だ。

ぼくが言っているのは、ゲノムの中で生じていることだけではない。人間であるとはどういうことか。そして生きるということ、克服するということ、愛するということは、どういうことか。そういったことについて語っているのだ。

さらに、まだ先がある。これまで何度も見てきたように、こうした驚くべき患者や、気持ちを奮い立たせてくれる彼らの家族たちはまた、無数の他の疾患について診断を下し治療を行って病気を治すぼくらを助けてくれる力を持っている。そういう人々のそばにいると、教えるよりも、より多くのものを学ばせてもらう立場に自分がいることを気づかされる。

ぼくらはみなそうした恩恵を受けているのだ。

なぜなら、稀な遺伝病を抱えるすべての人の奥底に隠されていた秘密を、彼らが明かす気になってくれれば、それが治療に結びつき、いつかぼくらの最後のひとりまでが救われる日がやってくるかもしれないからだ。

エピローグ——運命を握るのは

カリブ海の底から富士山の山頂まで、ぼくらは広大な領域を旅してきた。そしてその道のりで、遺伝子にドーピングさせられたスポーツ選手、驚くべき人間針刺し、昔の骨、そしてゲノムのハッキング問題に出会ってきた。

ぼくらはまた、遺伝子がいじめの記憶を簡単には忘れないこと、たった1種類の食べ物の違いが働き蜂を女王蜂に変えること、そして次の休暇で気をつけないと、ほんのちょっとの軽はずみな行動が簡単にDNAを変えてしまう可能性があることを知った。

こうした例を通して見えてきたのは、遺伝がぼくらの経験を変え、ぼくらの経験が遺伝を変える姿だ。ぼくらの——そして地球というこの惑星に暮らすすべての生物にとって——生命の鍵は柔軟さにある。そして本書で見てきたように、柔軟さの欠乏は、ときにぼくらの力を奪う予想外の手ごわい敵になる。

胚の発生時にゲノムの発現がほんの少し変わるだけで、人の性別は逆転してしまう。イーサンが女の子ではなく男の子になったのは、そうなる遺伝子を受け継いだからではなく、遺伝子発現の決定的な瞬間に小さな変異が起きたからだった。イーサンに似た遺伝子配列を持つ子のほとんどは女児になったことを思い出してほしい。

また、ＤＮＡの働きに関する理解が進んだのは、稀な遺伝病を持つ人からの贈り物のおかげであること、ぼくらはそうした人々に感謝すべきであることも学んだ。

意外なことに、ぼくらが遺伝で受け継いだ制約を理解することこそが、それを乗り越える最大のチャンスを与えてくれることになる。自分の受け継いだものが理解できれば、それを形づくるパワーが手に入るからだ。

「最近、果物や野菜をたくさん食べるようになったんだけど、お腹にたくさんガスが溜まって、疲れやすいの」と友人に言われたとき、あなたは「シェフのジェフ」のことを思い出すだろう。ジェフが抱えていた病名までは思い出せないかもしれないが（遺伝性果糖不耐症だ）、それよりずっと重要なことはきっと覚えているに違いない。つまり、万人に効く食習慣はないということだ。ジェフが教えてくれたように、多くの人に適した食習慣でも、一部の人には命取りになることがある。

そして、あなたに何人かお子さんが生まれて、そのうちのひとりがほかの子よりちょっと小さかったとき、だれかが成長ホルモン療法の話をしているのを耳にしたとしよう。もしかしたらこの本のおかげで、エクアドルの山中に住んでいる１００人かそこらの人々に影響を与えている遺伝病（ラロン症候群）のこと、そして、そこの人たちは成長ホルモンに対して免疫があるので、がんにかからないらしい、という話を思い出すかもしれない。このように、いつでも取り出せる情報を身につけておけば、十分な情報に基づいた判断を下すことができるようになる。

メーガンのことを覚えているだろうか？　ＣＹＰ２Ｄ６という遺伝子のコピーをいくつか余分に持っていただけで、コデインの処方が死刑宣告になってしまった女の子だ。この子の例は、あなたのお子さんたちのため、そして世のすべての人に重要な医学的知識を提供してくれる希少疾患を持つ人たちのために、声を大にして行動を起こす勇気を与えてくれるだろう。

そしてそれこそ、まさにリズとデイヴィッドが幼いグレースのためにやっていることだ。グレースの骨がほかの人ほど強くなることはおそらくないだろう。だが彼女は、ぼくや周囲の人たちに、遺伝子というのは、すでに書き終わり、編集され、出版された本ではないということを日々教えてくれている。それは、彼女が今も書き綴っている物語なのだ。

あの孤児院の職員の言葉を覚えているだろうか？

彼女は「この子の運命を握っているのは、あなたがたです」と言った。運命を握るのは「この子の遺伝子」でもなく「この子のもろい骨」でもなく、グレースの親になる必要があると決心し、彼女が当然受け取るべきだった権利を新たに贈り物として与えた女性と男性であると。リズとデイヴィッドは、遺伝により受け継いだものにかかわらずこの世にながらえる新しいチャンス、そして素晴らしい人生を送る機会をグレースにもたらしたのだった。

ぼくらが今見出しつつあるように、遺伝的強みとは、ただ自分より前の世代から渡された遺伝子を受け取ることによってしか得られないものではない。それは、自分が受け取ったもの、そして自分が与えるものを変えるチャンスからも生まれる。

そして、そうする中で、ぼくらの人生の道のりはまったく別のものになりうるのだ。

謝辞

それぞれがたどってきた医学的な旅路の物語を、本書を通じてぼくに語らせてくださった患者のみなさんとその家族の方々に御礼申し上げる。また、医学やその他の物事において、ぼくを指導してくださった先生方や恩師のみなさんにも心から感謝している。とりわけ、デイヴィッド・チタヤット医師には謝意を表したい。構想段階から与えつづけてくれた、インスピレーションにあふれる支援と熱意は、本書の最終的な成功に欠かせないものだった。さらに、ディスモルフォロジー、遺伝学、医学において他人を夢中にさせる熱意を、長年にわたってぼくと共有してくれてきたことにも感謝している。

ぼくのエージェント、3アーツ社のリチャード・アベイトは、本書のプロジェクトに最初から信を置いてくれ、「遺伝学者はどう考えるか」について読者に伝えることの重要性に気づかせてくれた。本書の内容は、原稿を読んでくださった数多くの人たちの助言と導きにより大いに向上した。とりわけ、グランド・セントラル・パブリッシング社の素晴らしい編集長、ベン・グリーンバーグについては、ことさら感謝したい。彼の知的な追求と粘り強さのおかげで、複雑な遺伝学的プロセスや考えを明確に表現することができた。ベンはまた、本書の最初期の擁護者で、本書にふさわしいと彼が信じた読者の関心を集めるために奔走してくれた。イギリスのセプター社の編集者ドラモンド・

モアーにも、土壇場のピンチヒッター編集者として有益な助言をくれたことに感謝したい。ヤスミン・マシューーには制作担当編集者としての綿密な仕事に感謝している。それから、3アーツ社のメリッサ・カーン、グランド・セントラルのピッパ・ホワイトは、進捗状況を常に一歩先んじて管理してくれ、納期に間に合わせるのを意外な楽しみにしてくれた。ぼくの広報担当、グランド・セントラルのマシュー・バラストとキャサリン・ホワイトサイドは、本書に対する大事な関心を呼び起こすうえで素晴らしい仕事をしてくれた。リサーチ・アシスタントのリチャード・ヴァーヴァーには、その断固とした目ざとさと、言語にかかわりなく一次資料を徹底的に追求することに、いつも驚嘆させられている。

ウェイレレ・エステーツ・コナ・コーヒーのアレイナ・デハヴィラードは、巧みなコーヒー抽出のおかげで、本書の多くのページにインスピレーションを吹き込んでくれた。そして、ウォーリーへ。心からのもてなしと温かい家庭は、本書を完成させるためにぴったりの環境だった。原稿推敲のための助言をぼくに与えるために厖大な時間とエネルギーを割いてくれたジョーダン・ピーターソンにも特別の感謝を。そしてもちろん、ジャーナリストの才能と気分を爽快にしてくれるユーモアのセンスで、このプロジェクトを高みに押し上げてくれたマシュー・ラプラントにも感謝している。

最後になったが、ぼくが手がける新しいプロジェクトや試みに、尽きせぬ愛情と支援とたゆみない熱意をいつも寄せてくれる家族と友人に心からの謝意を表したい。

訳者あとがき

本書は、現役の臨床医師にして学術的研究者、かつ起業家および世界で絶賛されるライターという顔を持つ、シャロン・モアレムの第3作だ。

ベストセラーになった『迷惑な進化――病気の遺伝子はどこから来たのか』と『人はなぜＳＥＸをするのか？――進化のための遺伝子の最新研究』では、生物学、進化学、生理学、解剖学、脳神経学、社会学から歴史までの知識を総動員して、おもしろおかしく、しかし真面目に進化医学にまつわる話を教えてくれた。

さて今回の主要テーマは、ずばり「遺伝子は、変えられる」。著者のもうひとつの顔、遺伝学者としての真骨頂である。

学校で習ったえんどう豆の法則を覚えているだろうか。それによると、あなたは「お母さんからちょっともらってきて、お父さんからもちょっともらってきて、ちゃちゃちゃっと混ぜれば」出来上がるはずだ。

でも、モアレムに言わせると、これは「完全に誤っている」。なぜなら、メンデルは、重大なこと（表現度の差）を見過ごしてしまったから。つまり、ある遺伝子を受け継いでも、その形質が現れるかどうか（表現されるかどうか）は、人と場合によって違うのだ。だから、一卵性の双子なのに、まったく違った外見になることもあれば、健康そのものの金髪碧眼イケメンの精子をもらって生んだ子供たちに、はなはだしい異常が生じることもある。

こうした差異が生じる理由は、DNAは不変ではなく、常に改変されつづけているからにほかならない。「それは言ってみれば、何千という小さな電球の個々のスイッチが、あなたがやっていること、見ていること、感じていることに応じて、オンになったり、オフになったりするようなもの」なのだ。

たとえば、女王蜂を見てみよう。じつは、女王蜂と働き蜂の遺伝子はまったく同じだ。違うのは生育期の食べ物だけ。ローヤルゼリーをたっぷり与えられて育つと女王蜂になる。これがDNAの配列変化によらない遺伝子発現を制御・伝達するシステム「エピジェネティクス」だ。というと何やらむずかしく聞こえるが、そこは稀有なストーリーテラーのモアレムのこと。こうした遺伝学の最先端の知識を、わかりやすく楽しく教えてくれる。ほうれん草を食べたり、緑茶を飲んだりするといいかもしれない、ということも。

モアレムによると、これからは、自分の遺伝子を知ることによって、自ら命を守ることができるようになるという。乳がんで母親を亡くしたアンジェリーナ・ジョリーが遺伝子検査を受けた結果、自分の遺伝子にも変異があって高い確率で乳がんになることを知り、乳房切除術を受けたことは記憶に新しい（今では、こうした人々のことを、「サバイバー」ならぬ「プリバイバー」というそうだ）。

また、遺伝病を抱えていることを知らずに、医師に勧められた食事療法を行って死にかけたシェフの話や、ある遺伝子のコピーをいくつか余分に持っていただけで、ふつうの鎮痛薬の処方が死刑宣告になってしまった気の毒な女の子の話など、豊富なエピソードが紹介される。その一方で、婚約者に遺伝病があるのではないかという苦しい思いにさいなまれた友人が、「ゲノムハッキング」の片棒を担ぐように頼んできた話も明かされる。今後、こうした倫理的ジレンマはますます増えていくに違いない。

本書ではまた、著者の「ディスモロフォロジスト（異形学者）」の面も存分に発揮される。その最たるものが、妻の友人に夫婦で呼ばれたディナーの席で、女主人に希少疾患を見つけてしまったエピソードだ。妻の当惑をよそに、モアレムは女主人から目が離せなくなってしまう。医師の職業倫理とマナーの板挟みになった彼が、この問題をどう解決したのかは見ものだ。異形学者は、いわば現代のシャーロック・ホームズ。かすかな外見の違いから、その下に潜む遺伝疾患を鋭く見抜く。

それに関して、思わず膝を打った箇所がある。「ジャッキー・ケネディー・オナシスの目」だ。なぜ彼女が（ファーストレディーだったときから）、あれほど美人としてもてはやされるのか、わたしはずっと不思議に思っていた。またその一方で、目がくっついて見える往年のテニスプレーヤー、ビヨルン・ボルグが、なぜ一部の人に小馬鹿にされるのかも不思議だった。その答えが本書にあった！（詳しくは第1章で）

著者は異形学者であると同時に、希少疾患の専門医でもある。だから、こう強調するのを忘れない。

「遺伝子的に例外な人のどこが違うのかがわかれば、自分たちの人生をまったく違った目で見ることができるようになる。稀な遺伝子疾患を持つ人が垣間見せてくれる姿を通して自分の遺伝的な姿を新しい目で見れば、人々を助ける医学的発見や治療法につながる道が開ける」

まさにそのとおり。今や多くの人がお世話になっている悪玉コレステロール撃退用のスタチン剤も、希少疾患の家族性高コレステロール血症の研究がなかったら開発されていなかったかもしれない。ノルウェーにいたひとりの母親と、希少疾患をわずらったその子供たちがいなかったら、現在、日本を含め世界中で行われている新生児マススクリーニングもなかったろう。だから、希少疾患の研究には多くの人を救うチャンスがあり、長い目で見れば費用対効果が低いとは決して言えないのだ。

なお、第11章の希少疾患の頻度（アメリカでは10人にひとりが何らかの希少疾患を抱えている）のたとえについて、本人がナレーションを行っている楽しいアニメ動画がある。また本書（原題は*Inheritance*）の宣伝用の動画もある。興味を持たれた方は、ぜひユーチューブでSharon Moalemと入力してみてほしい。

モアレムの次作は、〝*DNA Restart*〟。歴史的な栄養状態や食物選択がいかに人々の遺伝子に影響を与え、差異を導いたかを考察するもので、「自分のＤＮＡを知るだけで、みるみる痩せる、若返る」という実利的な側面もあって、熱い視線を集めている。こちらも翻訳刊行が決まっているので、ぜひご期待いただきたい。

今回も素晴らしい編集手腕により読みやすい本に仕上げてくださったダイヤモンド社の廣畑達也氏に厚く御礼申し上げる。

また私事で恐縮だが、本書の翻訳にあたって協力してくれた息子の千博と久弥にも感謝を捧げたい（生まれてきてくれてありがとう。親は変えられなくても、「遺伝子は、変えられる」からね！）

２０１７年４月

15 よく誤ってラルフ・ワルド・エマーソンの言葉だと思われているが、この言葉は、匿名の株式証券トレーダーによって書かれた本の中で最初に使われたもので、著者の身元はずっとあとになって、『ニューヨーク・タイムズ』紙により明らかにされた。詳しくは次を参照されたい。H. Haskins (1940). ***Meditations in Wall Street.*** New York: William Morrow.

第11章

1 テキサス州の全人口より多い。National Organization for Rare Disordersによる。

2 脂肪は評判が悪い。けれども、ほとんどの人にとって脂肪はなくてはならないものだ。この研究で判明したように、脂肪の摂取とうつ病の報告は、ぼくらが当初予測したよりもっとずっと複雑で、脂肪の特定のタイプに依存している可能性がある。A. Sánchez-Villegas et al. (2011). Dietary fat intake and the risk of depression: The SUN Project. ***PLOS One, 26***: e16268.

3 心臓病は、ときおり「隠れた」流行病と呼ばれることがある。D. L. Hoyert and J. Q. Xu (2012). Deaths: Preliminary data for 2011. ***Natural Vital Statistics Reports, 61***: 1-52.

4 S. C. Nagamani et al. (2012). Nitric-oxide supplementation for treatment of long-term complications in argininosuccinic aciduria. ***American Journal of Human Genetics, 90***: 836-846; C. Ficicioglu et al (2009). Argininosuccinate lyase deficiency: Longterm outcome of 13 patients detected by newborn screening. ***Molecular Genetics and Metabolism, 98***: 273-277.

5 A. Williams (2013, Apr. 3). The Ecuadorian dwarf community "immune to cancer and diabetes" who could hold cure to diseases. ***The Daily Mail.***

6 ゴーリン症候群は、足の指にみずかきができる唯一の理由ではない。そのため、合指症があっても、必ず皮膚がんにかかりやすいというわけではない。

7 N. Boutet et al. (2003). Spectrum of ***PTCH1*** mutations in French patients with Gorlin syndrome. ***The Journal of Investigative Dermatology, 121***: 478-481.

8 A. Case and C. Paxson (2006). ***Stature and Statues: Height, Ability, and Labor Market Outcomes.*** National Bureau of Economic Research Working Paper No. 12466.

9 フランス人はずっと前から「ナポレオンはチビな男で、その背の低さは、彼が大帝国の構築を目論んだ一因だった」という世間一般の考えを転覆させようとする、勝ち目のない戦いを続けている。M. Dunan (1963). La taille de Napoléon. ***La Revue de l'Institut Napoléon, 89***: 178-179.

10 V. Ayyar (2011). History of growth hormone therapy. ***Indian Journal of Endocrinology and Metabolism, 15***: S162-S165.

11 A. Rosenbloom (2011). Pediatric endo-cosmetology and the evolution of growth diagnosis and treatment. ***The Journal of Pediatrics, 158***: 187-193.

developed. ***Annals of the Royal College of Surgeons of England, 54***: 132-140.

3 この逸話と、Uボートに関するさらに多くの話は、次のサイトで読むことができる。www.uboat.net

4 R. Brooks (2013, Mar. 4). China's biggest problem? Too many men. ***CNN.com***.

5 Y. Chen et al. (2013). Prenatal sex selection and missing girls in China: Evidence from the diffusion of diagnostic ultrasound. ***The Journal of Human Resources, 48***: 36-70.

6 アメリカの歴史のある時点、それもさほど昔のことではない時点で、衣類の「エキスパート」は、男の子にピンクの服を、女の子にブルーの服を着せるように提言していた。だが1950年代から60年代までに、ジェンダー・パラダイムがひっくりかえってしまった。超音波とソノグラムの到来がなかったら、それはまた元に戻ったかもしれないし、大人の流行の色がそうであるように、完全に違う色になっていたかもしれない。J. Paoletti (2012). ***Pink and Blue: Telling the Boys from the Girls in America***. Indiana University Press.

7 このエピソードは、すでに発表済みの複数の症例研究や他の似たような患者との出会いを組み合わせたもので、氏名、記述、シナリオは変えられている。

8 メイヨー・クリニックの疾患インデックス(Mayo Clinic's Disease Index)には、尿道下裂をはじめ、他の数千におよぶ疾患に関する、詳しい説明がある。http://www.mayoclinic.com/health/DiseasesIndex

9 この病気は、ヒトにおいてもっともよく見られる常染色体劣性遺伝疾患のひとつかもしれない。P. W. Speiser et al. (1985). High frequency of nonclassical steroid 21-hydroxylase deficiency. ***American Journal of Human Genetics, 37***: 650-667.

10 ちょうど時計のように、染色体の一方の腕は短く("p"として表す)、もう一方は通常長い("q"として表す)。各染色体には、独特の縞模様があり、顕微鏡でみると、バーコードのように見える。細胞遺伝学者は、これらの唯一無二の縞模様を使って、染色体の完全性と品質の同定や評価を行う。

11 核型解析とは異なり、aCGH(アレイCGH)の重要な制約のひとつに、ゲノムのある領域から他の領域への均衡型の転座や逆位があったかどうかがわからないことがある。これは重要な問題だ。百科事典にたとえれば、このような変化は、記載内容の順序を変えてしまうことになる。これはぼくらのゲノムにとっては、ゆゆしき事態になりかねないが、アレイCGHは、それが生じたかどうかを明らかにしてはくれないのだ。

12 ヒジュラーにまつわる迷信のひとつは、結婚式の日に幸運を呼び込むには、式が執り行われる場所かその近くにヒジュラーがいなければならないというもの。多くのインド人がこの迷信を信じている。N. Harvey (2008, May 13). India's transgendered – the Hijras. ***New Statesman***.

13 モレスキの歌声については、18曲を収めたCDが販売されている。音はかすれていて、ときおりむらがあるが、それでも魅了される。***The Last Castrato***. (1993) Opal.

14 K. J. Min et al. (2012). The Lifespan of Korean eunuchs. ***Current Biology, 22***: R792-R793.

Statistics. Natural Health Interview Survey 1965-2009.
12 1955年6月7日に放映された『*See It Now*』の「Cigarettes and Lung Cancer」のエピソードをすべて書き起こした原稿は、「レガシー・タバコ・ドキュメンツ・ライブラリー(Legacy Tobacco Documents Library)」の次のウェブサイトで読むことができる。https://www.industrydocumentslibrary.ucsf.edu/tobacco/docs/#id=rkwv0035
13 剣歯虎(実際にはトラではない)の獲物が何であったかについてはたくさんの憶測が出回っているが、剣歯虎は、ぼくらの最初期の祖先の一部をかみしめるのにぴったりな時期と場所に存在していたと研究者は指摘している。L. de Bonis et al. (2010). New saber-toothed cats in the Lake Miocene of Toros Menalla (Chad). *Comptes Rendus Palevol, 9*: 221-227.
14 B. Ramazzini (2001). *De Morbis Artificum Diatriba. American Journal of Public Health, 91*: 1380-1382.
15 T. Lewin (2001, February 10). Commission sues railroad to end genetic testing in work injury cases. *The New York Times.*
16 P. A. Schulte and G. Lomax (2003). Assessment of the scientific basis for genetic testing of railroad workers with carpal tunnel syndrome. *Journal of Occupational and Environmental Medicine, 45*: 592-600.
17 通常、これらは珍しい疾患のある家族であり、研究者たちは、患者がかかっていた疾患が稀なものであったがゆえに、身元を特定できたのかもしれない。いずれにせよ、研究者が患者の身元を特定できたスピードには、ぞっとするものがある。M. Gymrek et al. (2013). Identifying personal genomes by surname inference. *Science, 339*: 321-324.
18 J. Smith (2013, Apr. 16). How social media can help (or hurt) you in your job search. *Forbes.com.*
19 アメリカでは、雇用者と健康保険の提供者は、調べられる遺伝子情報が制限されている。
20 しかし2012年、アメリカでも「生命倫理問題研究のための大統領諮問委員会」(Presidential Commission for the Study of Bioethical Issues)が、プライバシーに対する懸念の広がりを受けて、このような検査を違法にすることを求める報告書を作成した。S. Begley (2012, Oct. 11). Citing privacy concerns, U. S. panel urges end to secret DNA testing. *Reuters.*
21 A. Jolie (2103, May 14). My medical choice. *The New York Times.*
22 D. Grady et al. (2013, May 14). Jolie's disclosure of preventive mastectomy highlights dilemma. *The New York Times.*

第10章

1 Wrecksite(レックサイト)は、沈没船に関する世界最大のオンライン・データベースで、14万隻以上の船について永眠の地の情報を提供している。これはまた、船がその最後を遂げたときに何をしていたのかを知ることができる情報の宝庫でもある。http://www.wrecksite.eu
2 次を参照されたい。I. Donald (1974). Apologia: How and why medical sonar

Academy of Sciences, 90: 4495-4499.

7 アパ・シェルパは、2006年に妻と子供たちとアメリカに移住して以来、毎年ネパールを訪れて、気候変動とシェルパ共同体の教育改善の差し迫った必要性を訴えつづけている。アパ・シェルパに関してさらに詳しいことが知りたい方は、次の記事を読まれたい。M. LaPlante (2008, June 2). Everest record-holder proudly calls Utah home. ***The Salt Lake Tribune.***

8 D. J. Gaskin et al. (2012). The economic costs of pain in the United States. ***The Journal of Pain, 13***: 715-724.

9 B. Huppert (2011, Feb. 9). Minn. girl who feels no pain, Gabby Gingras, is happy to "feel normal." ***KARE11***; K. Oppenheim (2006, Feb. 3). Life full of danger for little girl who can't feel pain. ***CNN.com.***

10 J. J. Cox et al. (2006). An SCN9A channelopathy causes congenital inability to experience pain. ***Nature, 444: 894-898.***

第9章

1 さまざまなタイプのがんの罹患率に関する統計資料を詳しく知りたければ、まず、全米がん協会（the American Cancer Society）のウェブサイトを訪れるといいだろう。www.cancer.org

2 C. Brown (2009, Apr). The king herself. ***National Geographic, 215***(4).

3 がんを発症した特定の種の恐竜において、食習慣がどのような役割を果たしていたのかは、いまだに定かではない。というのは、すべての種が同じように影響を受けたわけではないからだ。この心躍る研究についてより詳しく知りたい方は、次の文献を読まれたい。B. M. Rothschild et al. (2003). Epidemiologic study of tumors in dinosaurs. ***Naturwissenschaften, 90***: 495-500、およびJ. Whitfield (2003, Oct. 21). Bone scans reveal tumors only in duck-billed species. ***Nature News.***

4 世界保健機関による。

5 肺がんの有病率と原因についての詳細は、次の米国疾病対策センター（Centers for Disease Control and Prevention）のサイトを参照されたい。www.cdc.gov

6 A. Marx. (1994-1995, Winter). The ultimate cigar aficionado. ***Cigar Aficionado.***

7 タバコ広告で莫大な広告費を稼いでいた雑誌や他の出版媒体も、タバコ批判を繰り広げたのだった。

8 R. Norr. (1952, December). Cancer by the carton. ***The Reader's Digest.***

9 さらに喫煙本数に関する歴史的データに関心のある向きは、次のウェブサイトをご覧いただきたい。www.lung.org

10 ***See It Now*** (1955, June 7). CBSテレビの放映中に、Hill and Knowlton, Inc. 用に作成されたテープ録音を書き起こした原稿より。

11 U.S. Department of Agriculture. (2007). Tobacco Situation and Outlook Report Yearbook; Centers for Disease Control and Prevention. ***Natural Center for Health***

disorders. ***Genome Medicine, 2***: 27; K. R. Warren and T. K. Li (2005). Genetic polymorphisms: Impact on the risk of fetal alcohol spectrum disorders. ***Birth Defects Research Part A: Clinical and Molecular Teratology, 73***: 195-203.

10 E. Domellöf et al. (2009). Atypical functional lateralization in children with fetal alcohol syndrome. ***Developmental Psychobiology, 51***: 696-705.

11 ナランホの話は、まさに驚くべきものだ。仕事をする彼の姿を、ぜひYouTubeで探して見てほしい〔名前のスペルはMichael Naranjo〕。そして、次の記事もぜひ読んでほしい。B. Edelman (2002, July 2). Michael Naranjo: The artist who sees with his hands. ***Veterans Advantage***. http://www.veteransadvantage.com/cms/content/michael-naranjo

12 S. Moalem et al. (2013). Broadening the ciliopathy spectrum: Motile cilia dyskinesia, and nephronophthisis associated with a previously unreported homozygous mutation in the ***INVS/NPHP2*** gene. ***American Journal of Medical Genetics Part A, 161***: 1792-1796.

13 隕石は、湖に落ちたときに、そこにあったアミノ酸をちょっと拾っただけだったのでは? この質問については、科学者たちが答えを出している。次を参照されたい。D. P. Glavin et al. (2012). Unusual nonterrestrial l-proteinogenic amino acid excesses in the Tagish Lake meteorite. ***Meteorites & Planetary Science, 47***: 1347-1364.

14 S. N. Han et al. (2004). Vitamin E and gene expression in immune cells. ***Annals of the New York Academy of Sciences, 1031***: 96-101.

15 G. J. Handelsman et al. (1985). Oral alpha-tocopherol supplements decrease plasma gamma-tocopherol levels in humans. ***The Journal of Nutrition, 115***: 807-813.

16 J. M. Major et al. (2012). Genome-wide association study identifies three common variants associated with serologic response to vitamin E supplementation in men. ***The Journal of Nutrition, 142***: 866-871.

第8章

1 さらに詳しくは、ナショナル ジオグラフィックのサイトで。www.nationalgeographic.com

2 M. Hanaoka et al. (2012). Genetic variants in EPAS1 contribute to adaptation to high-altitude hypoxia in Sherpas. ***PLOS One, 7***: e50566.

3 パイロットやクルーが気をつけている兆候のひとつは、突然ゲラゲラと笑い出すことだ。航空機の機体が減圧されて酸素量が低下したことを示す印であることがあるからだ。

4 P. H. Hackett (2010). Caffeine at high altitude: Java at base camp. ***High Altitude Medicine & Biology, 11***: 13-17.

5 1940年代の中頃に使われていたコカ・コーラのロゴ。

6 A. de La Chapelle et al. (1993). Truncated erythropoietin receptor causes dominantly inherited benign human erythrocytosis. ***Proceedings of the National***

Edinburgh, 38: 89-91.

9 M. Hall (2012). ***Mish-Mash of Marmite: A-Z of Tar-in-a-Jar***. London: BeWrite Books.

10 このような所見についてさらに知りたい方には、次の論文をおすすめする。P. Surén et al. (2013). Association between maternal use of folic acid supplements and risk of autism spectrum disorders in children. ***The Journal of the American Medical Association, 309***: 570-577.

11 L. Yan et al. (2012). Association of the maternal *MTHFR C677T* polymorphism with susceptibility to neural tube defects in offsprings: Evidence from 25 case-control studies. ***PLOS One, 7***: e411689.

12 A. Keller et al. (2012). New insights into the Tyrolean Iceman's origin and phenotype as inferred by whole-genome sequencing. ***Nature Communications, 3***: 698.

13 このサービスにサインインしても、末日聖徒イエス・キリスト教会の伝道者の訪問を受けることにはならない、とは保証できない。www.familysearch.org.

第7章

1 サーフィンのファンじゃない人は、ダンスリアリティー番組の『ダンシング・ウィズ・ザ・スターズ』〔日本版は『シャル・ウィ・ダンス?～オールスター社交ダンス選手権～』〕の出演者としてのオクルーポを覚えているかもしれない。あの人気テレビ番組の予選に出場する前の彼の驚くべき人生については、次を参照されたい。M. Occhilupo and T. Baker (2008). ***Occy: The Rise and Fall and Rise of Mark Occhilupo***. Melbourne: Random House Australia.

2 P. Hilts (1989, Aug. 29). A sinister bias: New studies cite perils for lefties. ***The New York Times***.

3 L. Fritschi et al. (2007). Left-handedness and risk of breast cancer. ***British Journal of Cancer, 5***: 686-687.

4 このウォルト・ディズニーの短編アニメ『*Hawaiian Holiday*』を視聴したい方は、次のリンク先へ。www.youtube.com/watch?v=SdIaEQCUVbk

5 E. Domellöf et al. (2011). Handedness in preterm born children: A systematic review and a meta-analysis. ***Neuropsychologia, 49***: 2299-2310.

6 このトピックについてもっと詳しく知りたい方は、次の論文を読まれたい。O. Basso (2007). Right or wrong? On the difficult relationship between epidemiologists and handedness. ***Epidemiology, 18***: 191-193.

7 A. Rodriguez et al. (2010). Mixed-handedness is linked to mental health problems in children and adolescents. ***Pediatrics, 125***: e340-e348.

8 G. Lynch et al. (2001). ***Tom Blake: The Uncommon Journey of a Pioneer Waterman***. Irvine: Croul Family Foundation.

9 M. Ramsay (2010). Genetic and epigenetic insights into etal alcohol spectrum

The story of a young couple, two retarded children, and a scientist. ***Pediatrics, 105***: 89-103.

15 P. Buck (1950). ***The Child Who Never Grew***, New York: John Day.（邦訳:パール・バック著『母よ嘆くなかれ:新訳版』伊藤隆二訳、法政大学出版局、2013年）

第6章

1 メーガンのようなケースをさらに知りたければ、手始めに次の文献を読まれるといいだろう。L. E. Kelly et al. (2012). More codeine fatalities after tonsillectomy in North American children. ***Pediatrics, 129***: e1343-1347.

2 そのあいだに何が起きていたのかというと、数多くの目立たない運動が続けられ、最終的に命を救う結果がもたらされたのだった。残念ながら、医学とは、そうしたものであることが多い。次の文献を参照されたい。B. M Kuehn (2013). FDA: No codeine after tonsillectomy for children. ***Journal of American Medical Association, 309***: 1100.

3 A. Gaedigk et al. (2010). ***CYP2D7-2D6*** hybrid tandems: Identification of novel ***CYP2D6*** duplication arrangements and implications for phenotype prediction. ***Pharmacogenomics, 11***: 43-53; D. G. Williams et al. (2002). Pharmacogenetics of codeine metabolism in an urban population of children and its implications for analgesic reliability. ***British Journal of Anesthesia, 89***: 839-845; E. Aklillu et al. (1996). Frequent distribution of ultrarapid metabolizers of debrisoquine in an Ethiopian population carrying duplicated and multiduplicated functional ***CYP2D6*** alleles. ***Journal of Pharmacology and Experimental Therapeutics, 278***: 441-446.

4 1993年に亡くなったローズは、多くの医師や研究者たちのヒーローだ。彼はそうした称賛にまさに値する人物だった。B. Miall (1993, Nov. 16). Obituary: Professor Geoffrey Rose. ***The Independent.***

5 コデインの作用は個人が遺伝によって受け継いだものによって大きく異なることが判明したが、それと同時に、ほぼすべての医学的介入の影響もひとりひとり非常に異なることがわかっている。それは、よい方向に作用する場合も、悪い方向に作用する場合もある。G. Rose (1985). Sick individuals and sick populations. ***International Journal of Epidemiology, 14***: 32-38.

6 次を参照されたい。A. M. Minihane et al. (2000). ***APOE*** polymorphism and fish oil supplementation in subjects with an atherogenic lipoprotein phenotype. ***Arteriosclerosis, Thrombosis, and Vascular Biology, 20***: 1990-1997; A. Minihane (2010). Fatty acid-genotype interactions and cardiovascular risk. ***Prostaglandins, Leukotrienes and Essential Fatty Acids, 82***: 259-264.

7 M. Park (2011, April 13). Half of Americans use supplements. ***CNN.com.***

8 H. Bastion (2008). Lucy Wills (1888-1964): The life and research of an adventurous independent woman. ***The Journal of the Royal College of Physicians of***

1833-1844.

3 D. Martin (2011, Aug. 18). From omnivore to vegan: The dietary education of Bill Clinton. *CNN.com.*

4 S. Bown (2003). ***Scurvy: How a Surgeon, a Mariner and a Gentleman Solved the Greatest Medical Mystery of the Age of Sail.*** West Sussex: Summersdale Publishing Ltd.

5 L. E. Cahill and A. El-Sohemy (2009). Vitamin C transporter gene polymorphisms, dietary vitamin C and serum ascorbic acid. ***Journal of Nutrigenetics and Nutrigenomics, 2***: 292-301.

6 H. C. Erichsen et al. (2006). Genetic variation in the sodium-dependent vitamin C transporters, ***SLC23A1***, and ***SLC23A2*** and risk for preterm delivery. ***American Journal of Epidemiology, 163***: 245-254.

7 より詳しく知りたい方には、こうした考えのいくつかを省察した次の論文をおすすめする。E. L Stuart et al. (2004). Reduced collagen and ascorbic acid concentrations and increased proteolytic susceptibility with prelabor fetal membrane rupture in women. ***Biology of Reproduction, 72***: 230-235.

8 第1章で出会った「シェフのジェフ」は、医師が提供する栄養アドバイスに従ったがために、この状況に陥ったのだった。

9 カフェイン摂取に関する薬理遺伝学的情報をより詳しく知りたい方には、次の2編の論文をおすすめする。Palatini et al. (2009). ***CYP1A2*** genotype modifies the association between coffee intake and the risk of hypertension. ***Journal of Hypertension, 27***: 1594-601、およびM.C. Cornelis et al. (2006). Coffee, ***CYP1A2*** genotype, and risk of myocardial infarction. ***The Journal of the American Medical Association, 295***: 1135-1141.

10 I. Sekirov et al. (2010). Gut microbiota in health and disease. ***Physiological Reviews, 90***: 859-904.

11 手術の際は、発達中の体腔に腸を納める空間ができるまで、数週間待たなければならないことがよくある。待っているあいだは、体外に飛び出した腸を「サイロ」と呼ばれるケースのようなものによって一時的に包んで保護する。腹壁破裂を起こしている乳児の親御さんや家族にとって、このサイロは痛々しく見えるが、小腸を体内に戻すための十分な空間が成長する期間を待つことは必要だ。そのあとで、小腸を腹壁に安全に戻し、手術によって腹壁を閉じることができる。

12 N. Fei and L. Zhao (2013). An opportunistic pathogen isolated from the gut of an obese human causes obesity in germfree mice. ***The ISME Journal, 7***: 880-884.

13 このトピックをより深く掘り下げたい方は、次の論文を参照されたい。R. A. Koeth et al. (2013). Intestinal microbiota metabolism of l-carnitine, a nutrient in red meat, promotes atherosclerosis. ***Nature Medicine, 19***: 576-585.

14 S. A. Centerwall and W. R. Centerwall (2000). The discovery of phenylketonuria:

load placement on spine deformation and repositioning error in schoolchildren. ***Ergonomics, 53***: 56-64.

11 A. A. Kane et al. (1996). Observations on a recent increase in plagiocephaly without synostosis. ***Pediatrics, 97***: 877-885; W. S. Biggs (2004). The "epidemic" of deformational plagiocephaly and the American Academy of Pediatrics' response. ***JPO: Journal of Prosthetics and Orthotics, 16***: S5-S8.

12 頭蓋変形矯正ヘルメットに大枚をはたく前に、次の論文をぜひ読んでほしい。J. F. Wilbrand et al. (2013). A prospective randomized trial on preventative methods for positional head deformity: Physiotherapy versus a positioning pillow. ***The Journal of Pediatrics, 162***: 1216-1221.

13 これは、素晴らしく興味深い魚だ。より詳しくは、次の論文を読まれたい。J. G. Lundberg and B. Chernoff (1992). A Miocene fossil of the Amazonian fish ***Arapaima*** (Teleostei Arapaimidae) from the Magdalena River region of Colombia – Biogeographic and evolutionary implications. ***Biotropica, 24***: 2-14.

14 M. A. Meyers et al. (2012). Battle in the Amazon: Arapaima versus piranha. ***Advanced Engineering Materials, 14***: 279-288.

15 致死タイプのOIをもたらす遺伝子の非常に微々たる変異の発見は、たった1個のヌクレオチドの変異の力を明らかにして注目を浴びたが、それは数多くの素晴らしい発見の最初のひとつにすぎない。次を参照されたい。D. H. Cohn et al. (1986). Lethan osteogenesis imperfecta resulting from a single nucleotide change in one human pro alpha 1 (I) collagen allele. ***Proceedings of the National Academy of Science, 83***: 6045-6047.

16 D. R. Taaffe et al. (1995). Differential effects of swimming versus weight-bearing activity on bone mineral status of eumenorrheic athletes. ***Journal of Bone and Mineral Research, 10***: 586-593.

17 この宇宙カプセルの着陸時の様子を写した写真と動画では、3人の宇宙飛行士が、地球の重力にさらされて戸惑う姿が見られる。次の記事を参照されたい。P. Leonard (2012, July 2). "It's a bullseye": Russian Soyuz capsule lands back on Earth after 193-day space mission. ***Associated Press.***

18 A. Leblanc et al. (2013). Bisphosphonates as a supplement to exercise to protect bone during long-duration spaceflight. ***Osteoporosis International, 24***: 2105-2114.

第5章

1 F. Rohrer (2007, Aug. 7). "China drinks its milk." ***BBC News Magazine.***

2 料理の仕方もたいして知らない人が大勢いることを考えれば(おいしくて栄養価の高い料理の作り方については言わずもがなだ)、これには納得がいく。詳しくは、次の論文を参照されたい。P. J. Curtis et al. (2012). Effects on nutrient intake of a family-based intervention to promote increased consumption of low-fat starchy foods through education, cooking skills and personalized goal. ***British Journal of Nutrition, 107***:

9 R. Yehuda et al. (2009). Gene expression patterns associated with posttraumatic stress disorder following exposure to the World Trade Center attacks. ***Biological Psychiatry, 66***: 708-711; R. Yehuda et al. (2005). Transgenerational effects of posttraumatic stress disorder in babies of mothers exposed to the World Trade Center attacks during pregnancy. ***Journal of Clinical Endocrinology & Metabolism, 90***: 4115-4118.

10 S. Sookoian et al. (2013). Fetal metabolic programming and epigenetic modifications: A systems biology approach. ***Pediatric Research, 73***: 531-542.

第4章

1 E. Quijano (2013, Mar. 4). "Kid President": A boy easily broken teaching how to be strong. ***CBSNews.com.***

2 ありがたいことに、このような話はさほど多くない。とはいえ、このケースはまさに悲劇というよりほかになかった。H. Weathers (2011, Aug. 19). They branded us abusers, stole our children and killed our marriage: Parents of boy with brittle bones attack social workers who claimed they beat him. ***The Daily Mail.***

3 U. S. Department of Health & Human Services (2011). ***Child Maltreatment.***

4 FOPについては、250年も前から医学文献で紹介されていたが、その原因については、最近まで医学ミステリーのひとつだった。FOPに関して、より詳しいことを知りたい方には、次の文献をおすすめする。F. Kaplan et al. (2008). Fibrodysplasia ossificans progressive. ***Best Practice & Research: Clinical Rheumatology. 22***: 191-205.

5 アリーの家族は、娘と他のFOP患者のために「挙兵」した。N. Golgowski (2012, June 1). The girl who is turning into stone: Five year old with rare condition faces race against time for cure. ***The Daily Mail.***

6 今日では、FOPを疑われる人の足の親指を観察するのは、異形症学の標準的な検査になっている。M. Kartal-Kaess et al. (2010). Fibrodysplasia ossificans progressive (FOP): Watch the great toes. ***European Journal of Pediatrics, 169***: 1417-1421.

7 A. Stirland (1993). Asymmetry and activity related change in the male humerus. ***International Journal of Osteoarcheology, 3***: 105-113.

8 メアリーローズ号は長いこと海底に眠っていたが、1982年に引き上げられた。以来、科学者たちは、乗船していた水兵の身元と生涯を明らかにしようと競っている。A. Hough (2012, Nov. 18), ***Mary Rose***: Scientists identify shipwreck's elite archers by RSI. ***The Telegraph.***

9 外反母趾の遺伝について興味のある方は、次の論文をぜひ読まれたい。M. T. Hannan et al. (2013). Hallux valgus and lesser toe deformities are highly heritable in adult men and women: The Framingham foot study. ***Arthritis Care Research*** (Hoboken).

10 他の文脈であれば、本や学用品のいっぱい詰まったバックパックは拷問具とみなされるかもしれない。次を参照のこと。D. H. Chow et al. (2010). Short-term effects of backpack

City Publishing.〔『我が一生と事業:ヘンリー・フォード自叙伝』ヘンリー・フォード述、サミュール・クロザー編、加藤三郎訳、加藤三郎、1926年刊〕

15 D. Magee (2007). ***How Toyota Became #1: Leadership Lessons from the World's Greatest Car Company.*** New York: Penguin Group.

16 A. Johnson (2011, Apr. 16). One giant step for better heart research? ***The Wall Street Journal.***

17 このトピックに関する文献はたくさんあるが、筆者がとりわけ楽しんで読んだのは、次の1本である。H. Katsume et al. (1992). Disuse atrophy of the left ventiricle in chronically bedridden elderly people. ***Japanese Circulation Journal, 53***: 201-206.

18 J. M. Bostrack and W. Millington (1962). On the determination of leaf from in an aquatic heterophyllous species of ***Ranunculus. Bulletin of the Torrey Botanical Club, 89***:1-20.

第3章

1 次の論文は、100本近くの他の論文に引用され、画期的な業績として傑出している。M. Kamakura (2011). Royalactin induces queen differentiation in honeybees. ***Nature, 473***: 478. あなたもぼくと同じようにミツバチに魅せられているとしたら、次の論文にも興味を惹かれるだろう。A. Chittka and L. Chittka (2010). Epigenetics of royalty. ***PLOS Biology, 8***: e1000532.

2 F. Lyko et al. (2010). The honeybee epigenomes: Differential methylation of brain DNA in queens and workers. ***PLOS Biology, 8***: e1000506.

3 R. Kucharski et al. (2008). Nutritional control of reproductive status in honeybees via DNA methylation. ***Science, 319***: 1827-1830.

4 B. Herb et al. (2012). Reversible switching between epigenetic states in honeybee behavioral subcastes. ***Nature Neuroscience, 15***: 1371-1373.

5 ヒトには***DNMT3A***と***DNMT3B***というふたつのバージョンがある。これらは、***Apis mellifera***(セイヨウミツバチ)のDnmt3遺伝子に対する相同性と類似性を触媒ドメインにおいて共有している。このことに関するより詳しい説明については、次の論文を参照されたい。Y. Wang et al. (2006). Functional CpG methylation system in a social insect. ***Science, 27***: 645-647.

6 M. Parasramka et al. (2012). MicroRNA profiling of carcinogen-induced rat colon tumors and the influence of dietary spinach. ***Molecular Nutrition & Food Research, 56***: 1259-1269.

7 A. Moleres et al. (2013). Differential DNA methylation patterns between high and low responders to a weight loss intervention in overweight or obese adolescents: The EVASYON study. ***FASEB Journal, 27***: 2504-2512.

8 T. Franklin et al. (2010). Epigenetic transmission of the impact of early stress across generations. ***Biological Psychiatry, 68***: 408-415.

13 異形学は、解剖学的特徴を活用して、その人の持つ遺伝的·環境的歴史を探ろうとする医学の下位専門分野だ。異形学で使われる用語に興味を持たれた方には、次の文献をおすすめする。Special Issue: Elements of Morphology: Standard Terminology (2009). ***American Journal of Medical Genetics Part A, 149:*** 1-127. この魅力的な分野についてさらに詳しいことを知りたい方は、症例や研究が記載されている査読つき科学誌『***Clinical Dysmorphology***』を手始めに読まれるとよいだろう。

第2章

1 S. Manzoor (2012, Nov. 2). Come inside: The world's biggest sperm bank. ***The Guardian.***

2 C. Hsu (2012, Sept. 25). Denmark tightens sperm donation law after "Donor 7042" passes rare genetic disease to 5 babies. ***Medical Daily.***

3 R. Henig (2000). ***The Monk in the Garden: The Lost and Found Genius of Gregor Mendel, the Father of Genetics.*** New York: Houghton Mifflin.

4 メンデルは論文を発表した際、ドイツ語の***vererbung***という言葉を使った。これを英訳すると「inheritance」になる。この用語は、メンデルの論文よりも前に使われていた。

5 D. Lowe (2011, Jan. 24). These identical twins both have the same genetic defect. It affects Neil on the inside and Adam on the outside. U.K.: ***The Sun.***

6 M. Marchione (2007, Apr. 5). Disease underlies Hatfield-McCoy feud. ***The Associated Press.***

7 フォン·ヒッペル·リンドウ病(VHL)に関するより詳しい情報と支援組織については、次のNORDウェブサイトを参照されたい〔NORDは、National Organization of Rare Disorders 全米希少疾患患者組織の略称。サイトは英語のみ〕。http://rarediseases.org/organizations/vhl-alliance/

8 L. Davies (2008, Sept. 18). Unknown Mozart score discovered in French library. ***The Guardian.***

9 M. Doucleff (2012, Feb. 11). Anatomy of a tear-jerker: Why does Adele's "Someone Like You" make everyone cry? Science has found the formula. ***The Wall Street Journal.***

10 モーツァルトのピアノを弾くライシンガーの演奏は、次のサイトで聴くことができる。www.themozartfestival.org

11 G. Yaxley et al. (2012). ***Diamonds in Antarctica? Discovery of Antarctic Kimberlites Extends Vast Gondwanan Cretaceous Kimberlite Province.*** Research School of Earth Sciences, Australian National University.

12 E. Goldschein (2011, Dec. 19). The incredible story of how De Beers created and lost the most powerful monopoly ever. ***Business Insider.***

13 E. J. Epstein (1982, Feb. 1). Have you ever tried to sell a diamond? ***The Atlantic.***

14 H. Ford and S. Crowther (1922). ***My Life and Work.*** Garden City, NY: Garden

遺伝子は、変えられる。

原注

NOTES

第1章

1 患者、友人、知人、同僚の身元を秘匿するため、あるいは、既存の考えや診断を明確にするため、本書に登場する一部の人物については、氏名を変えたり、その身元、記述、シナリオを変更したり組み合わせたりしている場合がある。

2 全エクソームDNA配列検査も全ゲノム塩基配列解読も、解析自体については価格が大幅に低下したものの、解析結果の解釈に関連する時間とコストについては、依然として考慮しなければならない。

3 これには、何らかの根本的な心理学的原則が関与している。詳しくは、次を参照されたい。J. Nevid (2009). ***Psychology Concepts and Applications.*** Boston: Houghton Mifflin.

4 M. Rosenfield (1979, Jan. 15). Model expert offers "something special." ***The Pittsburgh Press.***

5 P. Pasols (2012). ***Louis Vuitton: The Birth of Modern Luxury.*** New York: Abrams.

6 The National Center for Biotechnology Information（全米バイオテクノロジー情報センター）は、ファンコーニ貧血を含め、あらゆる種類の疾患に関する包括的で信頼できる公的な情報源だ。www.ncbi.nlm.nih.gov

7 PAX3遺伝子の転移はまた、卵巣状横紋筋肉腫と呼ばれる、稀ながんに関与していると考えられる。S. Medic and M. Ziman (2010). ***PAX3*** expression in normal skin melanocytes and melanocytic lesions (naevi and melanomas). ***PLOS One, 5***: e9977.

8 新生児のおよそ700人につきひとりがダウン症候群を抱えている。

9 今日、所定の検査として行われているわけではないものの、胎便を分析して脂肪酸エチルエステル（FAEE）という化学物質の有無を調べることにより、妊娠中の胎児のアルコール曝露を調べることは可能だ。

10 親指がちょっと太目であることすら隠さなければならないとしたら、もっとずっと気になる身体的な特徴を持つ人はどうしたらいいというのだろう？　ぼくにはこの一件は、マーケッターたちが「パーフェクトな人」、とくに「パーフェクトな女性」というアイデアを確立するためにやった行きすぎた行為に思える。次の記事を参照されたい。I. Lapowsky (2010, Feb. 8). Megan Fox uses a thumb double for her sexy bubble bath commercial. ***New York Daily News.***（「ミーガン・フォックス、セクシーな泡風呂CMに替え玉の親指を起用」ニューヨーク・デイリー・ニュース、2010年2月8日）

11 K. Bosse et al. (2000). Localization of a gene for syndactyly type 1 to chromosome 2q34-q36. ***American Journal of Human Genetics, 67***: 492-497.

12 親族間の婚姻では、遺伝病を抱える率が2倍以上に増える。その率は人種によって異なる。

マ行

ヤ行

ラ行

ワ行

タ行

ナ行

ハ行

カ行

サ行

索引

INDEX

英数

ア行

［著者］

シャロン・モアレム（Sharon Moalem, MD, PhD）

受賞歴のある科学者、内科医、そしてノンフィクション作家で、研究と著作を通じ、医学、遺伝学、歴史、生物学をブレンドするという新しく魅力的な方法によって、人間の身体が機能する仕組みを説いている。ニューヨークのマウント・サイナイ医学大学院にて医学を修め、神経遺伝学、進化医学、人間生理学において博士号を取得。その科学的な研究は、「スーパーバグ」すなわち薬が効かない多剤耐性微生物に対する画期的な抗生物質「シデロシリン」の発見につながった。また、バイオテクノロジーやヒトの健康に関する特許を世界中で25件以上取得していて、バイオテクノロジー企業2社の共同創設者でもある。もともとはアルツハイマー病による祖父の死と遺伝病の関係を疑ったことをきっかけに医学研究の道に進んだ人物で、同病の遺伝的関係の新発見で知られるようになった。希少疾患や遺伝病への深い洞察は、本書においても大きく活かされている。

著書に、『ニューヨーク・タイムズ』紙のベストセラーリストに列せられた『迷惑な進化』（NHK出版）、『人はなぜＳＥＸをするのか？』（アスペクト）があり、35を超える言語に翻訳されている。また、医学誌『ジャーナル・オブ・アルツハイマーズ・ディジーズ』のアソシエート・エディターも務めた。さらに彼の研究は広く一般でも注目されており、『ニューヨーク・タイムズ』紙、『ニュー・サイエンティスト』誌、『タイム』誌などに掲載されたほか、テレビ番組の『ザ・デイリー・ショウ・ウィズ・ジョン・スチュワート』『ザ・トゥデイ・ショウ』などでも取り上げられている。

http://sharonmoalem.com/

［訳者］

中里京子（なかざと・きょうこ）

翻訳家。20年以上実務翻訳に携わった後、出版翻訳の世界に。訳書に『依存症ビジネス』『勝手に選別される世界』（ともにダイヤモンド社）、『ハチはなぜ大量死したのか』（文藝春秋）、『不死細胞ヒーラ』『ぼくは科学の力で世界を変えることに決めた』（ともに講談社）、『食べられないために』『ファルマゲドン』（ともにみすず書房）、『おいしさの人類史』『描かれた病』（ともに河出書房新社）、『チャップリン自伝』（新潮社）など。

遺伝子は、変えられる。

——あなたの人生を根本から変えるエピジェネティクスの真実

2017年４月19日　第１刷発行

著　者——シャロン・モアレム
訳　者——中里京子
発行所——ダイヤモンド社
〒150-8409　東京都渋谷区神宮前6-12-17
http://www.diamond.co.jp/
電話／03･5778･7232（編集）　03･5778･7240（販売）

ブックデザイン——松昭教（bookwall）
カバー写真——Getty Images
校正——鷗来堂
製作進行——ダイヤモンド・グラフィック社
印刷——勇進印刷（本文）・加藤文明社（カバー）
製本——ブックアート
編集担当——廣畑達也

ISBN 978-4-478-02826-1